新城疫病毒抗肿瘤研究

吴云舟　主　编
何金娇　副主编

黑龙江科学技术出版社

图书在版编目（CIP）数据

新城疫病毒抗肿瘤研究 / 吴云舟主编. -- 哈尔滨 ：黑龙江科学技术出版社, 2020.12（2022.5 重印）
ISBN 978-7-5719-0795-2

Ⅰ. ①新… Ⅱ. ①吴… Ⅲ. ①病毒 – 抗肿瘤作用 – 研究 Ⅳ. ①Q939.4②R961

中国版本图书馆 CIP 数据核字(2020)第 258323 号

新城疫病毒抗肿瘤研究
XINCHENGYI BINGDU KANG ZHONGLIU YANJIU
吴云舟　主编

责任编辑　梁祥崇
封面设计　林　子
出　　版　黑龙江科学技术出版社
地址：哈尔滨市南岗区公安街 70-2 号　邮编：150007
电话：（0451）53642106　传真：（0451）53642143
网址：www.lkcbs.cn
发　　行　全国新华书店
印　　刷　北京天恒嘉业印刷有限公司
开　　本　787 mm×1092 mm　1/16
印　　张　13
字　　数　300 千字
版　　次　2020 年 12 月第 1 版
印　　次　2022 年 5 月第 2 次印刷
书　　号　ISBN 978-7-5719-0795-2
定　　价　118.00 元

目　录

绪　论

重组新城疫病毒在现代疫苗学中的应用前景

疫苗无疑是最有效的传染病防治手段之一。它们在历史上被用来彻底根除或至少在很大程度上减少许多人类和动物疾病的威胁[1-3]。传统的疫苗可大致分为两类：第一类是减毒活疫苗，这些疫苗的效果非常好，因为它们能够诱导免疫反应，这种免疫反应在本质上与自然感染引起的免疫反应相似[4-5]。遗憾的是，这些疫苗往往保留着恢复毒性的倾向。第二类是灭活疫苗，由于其不复制的特性而被认为是非常安全的，但其免疫原性通常较差，因此不能引起长期免疫[6]。此外，减毒活疫苗和灭活疫苗都未能有效遏制全球多种主要病原体的威胁。这些局限性共同推动开发新的疫苗战略，从而有可能克服传统疫苗的弱点。有趣的是，分子遗传学和生物信息学的最新进展为下一代疫苗技术的出现开辟了道路，例如合成肽、DNA 疫苗、重组病毒载体疫苗和基于反向遗传学的疫苗，这些技术目前都用在革新医学和兽医疫苗学上[7-8]。

新城疫病病毒是一种重要的禽流感病毒，给全球家禽业造成巨大经济损失[9]。该病毒具有高度的遗传多样性，根据最近提出的 NDV 分类标准[10]，从系统遗传学上来看，目前有 20 多种不同的系统遗传学基因型。自从 20 年前通过反向遗传学拯救了第一个病毒毒株后[11]，在对各种病毒毒株的遗传操作方面取得了巨大的进展。到目前为止，NDV 通过表达设计合理、安全、高度稳定的保护性抗原，用于防治多种人和动物病原体。该病毒还能经过基因重组，以提高溶瘤作用来抵抗多种人类癌症。因此，在现代疫苗学时代，如何强调重组新城疫病毒的前景都不为过。在本文中，我们首先描述了 NDV 的分子生物学和再病毒的遗传操作中用于有效疫苗传递的各种方法。然后，我们讨论了重组病毒作为疫苗治疗癌症和其他威胁人类生命的疾病，以及治疗各种家畜中对经济有重要影响的病毒。

1 新城疫病毒结构和基因组构成

超微结构上，NDV 颗粒呈多形性，直径在 100～500nm 之间。它们主要由被病毒包膜包裹的核糖核蛋白(RNP)和其表面呈尖刺状分布的糖蛋白组成，RNP 由被核衣壳蛋白（NP）包住的 RNA 基因组组成。其他与 RNP 相关的蛋白包括 RNA 依赖的 RNA 聚合酶的大蛋白(L)及其辅助因子磷酸蛋白（P）[12]。它们一起形成一个螺旋状结构，被脂质双层膜包围，表面有血凝素神经氨酸酶(HN)和融合蛋白(F)[13]。基质蛋白(M)位于病毒包膜下方，维持着病毒粒子的形状和结构[14]。NDV 的基因组大小为 15 198,15 192 或 15 186 bp。它是一种单链、不分节段的负链 RNA，由 6 个基因以 3'-NP-P-M-F-HN-L-5'分隔的头部非翻译区 (55 个核苷酸)和尾部非翻译区(114 个核苷酸)末端序列组成[12,15]。这些末端序列在大多数副黏病毒中高度保守，并包含病毒复制的调控信号[16]。此外，NDV 基因组中的每个基因编码一个蛋白质，其特征是编码序列两侧分别带有高度保守的基因起始 (GS)和基因终止(GE)转录信号[17]。NDV 基因组的这些特征是大多数副黏病毒所共有的，这表明它们具有共同的转录和复制模式。

2 反向遗传系统

反向遗传学是用来描述从克隆的cDNA中拯救出来的重组病毒的术语[18]。通过反向遗传学产生的病毒可以被改造成既能编码固有病毒基因所需的突变，也能作为附加蛋白表达外源抗原。因此，反向遗传学是一种最先进的重组DNA技术，在现代疫苗的设计、开发和发展方面具有相当大的影响。已知的第一类适于反向遗传学的病毒是正义RNA病毒[19]，其遗传物质与细胞mRNA具有相同的极性，因此可以直接作为蛋白质合成的模板。然而，由于负链RNA病毒复制的复杂性和挑战，反向遗传学还不能立即应用于操作这些病毒[20]，直到1994年狂犬病毒成为第一个成功从克隆的cDNA中拯救出来的负链RNA病毒[21]。随后，在其他负链病毒中建立了反向遗传系统，并于1999年从其克隆的cDNA中完全拯救了第一个新城疫病毒株(NDV)[11]。

2.1 重组NDV的拯救

重组NDV的拯救需要辅助质粒和全长cDNA克隆。辅助质粒是编码NDV转录复制的最小转录单元(NP、P、L基因) 的真核表达载体[22]。另一方面，全长cDNA克隆是由T7启动子控制的包含了NDV整个反基因组的转录载体。为了拯救重组NDV，将全长cDNA组分和辅助质粒以优化比例共转染表达T7 RNA聚合酶的细胞中，启动病毒感染周期[23]。NDV拯救中常用的细胞是感染了表达T7 RNA聚合酶的改良牛痘病毒的人上皮样癌细胞(Hep-2)和组成表达T7聚合酶的基因工程改造的幼仓鼠肾细胞(BST-T7)。转染后，病毒RNA将从全长结构转录，辅助质粒表达的蛋白将与其结合产生RNP模板。遗憾的是，这一步骤在很大程度上效率很低，因此是NDV反向遗传学中最大的限速步骤[24]。一旦RNP在细胞内形成，病毒的感染生命周期就被激活。简而言之，成功地从克隆的新城疫病毒全长cDNA中产生感染性病毒需要将全长结构精确地转录成病毒RNA； *NP*、*P*和*L*基因的最佳共表达以启动复制过程；以及其他病毒基因的表达促进复制过程的进行和组装病毒颗粒的释放。

2.2 NDV拯救系统的最新改进

与NDV反向遗传学相关的困难主要是由于需要将至少四个质粒构建体共转染到同一细胞中。为了提高转染效率，[25]开发了一个双质粒反向遗传系统，极大地提高了NDV的拯救效率。当与传统的四质粒系统相比时，新开发的系统似乎更优越，使得病毒的回收时间更早，数量更多。在某些情况下，借助于这种改进的反向遗传系统，成功地恢复了使用传统系统无法拯救的病毒。最近，一个基于单质粒的NDV反向遗传学系统被开发出来[26]。在这种方法中，在T7启动子控制下的全长构建体被设计成在*P*和*L*基因的GS上游具有额外的T7启动子序列。因此，当质粒被转染到已被表达T7 RNA聚合酶的鸡痘病毒感染的细胞时，全长病毒RNA和两个亚基因组RNA被转录。可以说，一些亚基因组和全长病毒核糖核酸可能分别在5'和3'末端被一些鸡痘酶封闭和聚腺苷酸化。mRNA由细胞蛋白质合成机制依次转录为NP,P和L蛋白。因此，仅仅将这种单一质粒转染到FP-T7感染的细胞中，就导致了RNP胞质内组装，并最终产生了感染性病毒颗粒。为了证实鸡痘酶负责亚基因组RNA的封闭和多聚腺苷酸化，将相同的质粒构建体转染到组成型表达T7聚合酶的BSR细胞中，并且没有拯救出病毒。因此，这项技术提高了NDV拯救的效率，在今后的NDV反向遗传学实验中可能有重要的应用价值[26]。

2.3 利用 NDV 载体表达外源基因的策略

与其他副黏病毒相似，NDV病毒可以接受一个或多个外源基因插入其基因组，而不会损害病毒的生物学特性。传统上，这些外源基因(*FG*)作为独立的转录单元(ITU)插入，由GE、IR、GS和Kozak序列所组成，然后是目的基因的编码区（GOI)[27]。如果外源抗原需要表达在NDV的表面，则必须与NDV F蛋白的细胞质和跨膜结构域融合[28]。值得注意的是，*FG*的表达水平在很大程度上取决于其在NDV主干中的基因组位置。最近，*FG*表达的最佳位点被证明是P-M之间，与NDV基因组的所有其他位点相比，它产生最强的表达信号[29]。相反，序列转录现象表明，基因越靠近基因组的3'端，其表达水平越高[30]。鉴于P-M连接处不是位于NDV基因组的3'末端，那么就会存在这样的疑问，到底是什么导致了该基因组位点最强的基因表达水平？先前的研究表明，副黏病毒的有效复制需要一个最佳的氮磷比[31]。因此，在NDV基因组中*P*基因的上游位置插入额外的基因可能会影响下游蛋白质的相对丰度，从而导致氮磷比的破坏，最终影响病毒的复制。另一方面，当额外的基因在*P*基因下游的基因边界表达时，这种氮磷比仍然不受影响[29]。这大概解释了为什么选择P-M作为*FG*表达的最佳位点。

*FG*表达的另一种方式是通过内部核糖体进入位点转录体(IRES)，它允许单个mRNA转录本中的两个基因表达[32]。在这个系统中，IRES序列直接插入NDV主链中任何基因的终止密码子的下游，然后是目的基因的编码区。在转录过程中，由IRES序列分离的两个基因被转录成一个单一的mRNA，这样第一个基因就可以使用默认的Cap依赖的翻译机制进行翻译，而下游基因的翻译与Cap依赖无关[33]。该系统的优点是基因表达水平可以通过利用NDV的顺序转录机制来调控。因此，当外源基因是需要高水平基因表达的免疫原时，IRES序列可以紧接在目的基因之后插入到NP基因的下游。另一方面，如果FG是用于癌症免疫治疗的促炎性细胞因子，IRES和外源基因可以位于M基因的下游，从而使其表达适度以避免细胞因子风暴[34]。使用这一策略，[35]产生了表达C型禽副黏病毒F和G蛋白的嵌合NDV，作为火鸡的潜在候选疫苗。

在另一个策略中，NDV被改造成通过一个新的整合转录单元来表达FG[36]。在这个系统中，由外源基因和2AUbi组成的融合序列被直接插入NDV主链中任何基因的翻译起始密码子的上游。2AUbi 实际上是由口蹄疫病毒 2A 肽和泛素编码序列组成的 94 个氨基酸序列[37]。因此，*FG* 被表达为与下游蛋白的融合蛋白，其在翻译后被体内 2A 肽的自切割活性分离。当与利用独立转录单位(ITU)的系统相比时，该系统具有更高的表达效率。到目前为止，通过整合的转录单元表达 *FG* 只被证明是在 NDV 基因组中 NP、M 和 L 蛋白。初步结果表明，利用这种系统表达 *FG*，*M* 基因产生了最佳结果[36]。

总之，有各种方法可以利用 NDV 骨架表达 *FG*，根据所需基因表达的水平和方式为各种选择提供了空间。ITU 系统是目前最流行和最常用的利用 NDV 载体表达外源基因的方法。最近发展的其他方法包括 IRES 系统以及整合转录单元系统。而在 ITU 和整合转录单位系统中，外源基因表达的最佳位点是 P-M 连接处，后者紧接在 *M* 基因起始密码子的上游；在 IRES 介导的表达中，NP-P 连接处产生最高水平的基因表达。然而，需要进一步的研究来确定作为融合蛋白的外源基因表达水平，特别是与新城疫病毒的 *P*、*F* 和 *HN* 基因形成融合蛋白的表达水平，以验证当外源基因位于 M 起始密码子的紧邻上游时表达量最高的说法。这对重组 NDV 载体疫苗的设计具有实际意义。

3 NDV 作为抗传染病的疫苗载体

3.1 NDV 作为疫苗载体的独特属性

反向遗传学技术最有吸引力的应用之一是操纵病毒 RNA 基因组来表达针对几种人类和动物病原体的疫苗抗原[38]。虽然许多病毒已被用作疫苗载体，但由于病毒基因组的一些独特结构特征，NDV 在人类和动物中的基因传递效率无与伦比。首先，与痘病毒和疱疹病毒不同，NDV 病毒的基因组很简单，只编码少数结构蛋白，这减少了与 *FG* 一起表达的蛋白的数量，因此增强了针对表达的异源蛋白的特异性免疫应答[39]。其次，每个基因在其 3'和 5'端分别具有保守的 GS 和 GE 序列，这意味着当侧翼带有这些转录信号时，外源抗原可以以与天然 NDV 蛋白相同的方式有效表达[40]。此外，NDV 病毒的整个复制周期发生在细胞质中，从而避免了病毒基因组随机整合到宿主细胞 DNA 中的风险[16]。这些有用的特性共同使 NDV 成为在不同宿主物种中传递疫苗的有效载体。

多种研究结果表明，NDV 既可作为家禽双价疫苗[28,35,41-48]，也可作为反刍动物和单胃的动物的疫苗载体[49-53]。NDV 载体不仅在家禽中是一种有效的疫苗载体，而且在其他动物（例如牛，骆驼，狗等）中也被证明是很有前景的载体。由于 NDV 在非禽类中是无致病性的，因此应加强其作为疫苗载体在不同动物物种中的应用，特别是针对那些控制策略面临许多缺陷和挑战的疾病。

3.2 重组 NDV 作为人类的疫苗载体

NDV 的基因操作也已被证明可用于人类疫苗的递送[54]。这对于具有严重生物安全问题的病原体尤其重要[30,32]。例如，可在人类中引起高度致命疾病的埃博拉病毒，由于它具有在人与人之间传播的潜力，因此只能在 BSL-4 设施下对其进行处理[55]。因此，传统的埃博拉减毒活疫苗不太可能是安全的，因为它们有可能恢复毒性。此外，已被证明是安全的灭活埃博拉疫苗只能诱导不理想的免疫反应，不能完全抵御致命埃博拉病毒的攻击[56]。因此，需要一种更安全，更有效的疫苗平台。在所有下一代埃博拉疫苗中，重组病毒载体疫苗似乎是最有前途的[57-58]。表达埃博拉 GP 的狂犬病病毒和委内瑞拉马脑炎病毒是最近正在人类中进行临床试验的一些疫苗。在猴中加强免疫后，表达埃博拉病毒 GP 的重组 NDV 也被证明在加强疫苗接种后也能刺激强烈的中和系统免疫和黏膜免疫[59-60]。这表明 NDV 具有作为疫苗有效传递埃博拉病毒免疫原的能力。

4 新城疫疫苗作为一种改良的癌症疫苗

4.1 NDV 诱导溶瘤的分子机制

早在 70 年前，NDV 就被认为在哺乳动物癌细胞中的复制要比在正常细胞中更有效。NDV 的这种自然溶瘤趋势已在细胞培养系统和不同的动物模型中得到证实[61]。实际上，许多溶瘤 NDV 菌株目前处于用于人类的临床试验的各个阶段。NDV 在癌细胞中选择性复制的可能机制之一是正常细胞和癌细胞中干扰素信号传导途径的差异激活。正常人细胞配备有 RIG-I 受体，该受体可有效感应 NDV 的存在并诱导明显的干扰素反应[62]。另一方面，大多数人类癌症的干扰素途径均存在缺陷，因此它们无法轻易拮抗 NDV 的侵袭和复制。然而，已显示某些 NDV 菌株可在具有完整干扰素抗病毒系统的癌症中有效复制，表明 NDV 诱导的溶瘤的其他机制也参与其中[63]。以前，NDV 已显示出可刺激单核细胞上 TNF 相关的凋亡诱导配体（TRAIL）的表达上调，从而在带有 TRAIL-R2 受体的肿瘤细胞中产生巨大的溶瘤作用[64]。同样，NDV 已显示出通过触发某些内质网应激以与不依赖 P53 基因表达的方式诱导许多癌细胞系的凋亡[65]。因此，NDV 的溶瘤功效也可能与其刺激内在和外在凋亡途径的能力有关。NDV 诱导的溶瘤的其他机制包括主要组织相容性分子和细胞黏附受体的表达上调，以及肿瘤部位周围促炎性细胞因子的分泌增加[66]。总之，NDV 介导的溶瘤策略可大致分为涉及细胞抗病毒和抗凋亡途径操纵的其他策略，以及涉及先天免疫和适应性免疫应答激活的其他间接机制。

4.2 重组 NDV 作为改良的溶瘤剂

尽管野生型 NDV 的溶瘤作用已广为人知，但某些类型的癌症仍然对该病毒的活性具有耐药性[66]。然而，随着反向遗传学的出现，提高病毒溶瘤作用的策略出现了[67]。其中一种方法涉及改造病毒的 F 蛋白裂解位点。在一项研究中，据报道无毒的新城疫病毒已被设计成编码多碱性而不是单碱性 F 裂解位点。当评估重组病毒的抗癌活性时，发现与野生型病毒相比，重组病毒在许多人类癌细胞系中细胞间融合活性、复制动力学和肿瘤杀伤作用显著增强[68]。这表明该病毒的治疗潜力有所提高。然而，由于具有多价 F 裂解位点的新城疫在鸡体内具有潜在的致病性，由于担心其会意外泄漏到环境中，目前不鼓励将其用于人类的癌症疫苗。本专著中第 2 章，则是通过对新城疫病毒弱毒株基因组中的 HN 蛋白进行替换，在保持其毒力不变的情况下，提高其溶瘤效果。因此，目前的研究重点是重组 NDV 的研究，该重组 NDV 在人体内具有良好的抗肿瘤作用，同时在鸡体内保持其安全性[69]。

根据目前 NDV 肿瘤学的研究热点，通过消除 NDV V 蛋白的表达[70]，产生了 1 型干扰素敏感的无毒性 NDV。尽管重组病毒由于干扰素的拮抗作用而不能在正常细胞中有效生长，但它在许多具有干扰素信号传导系统缺陷的人类癌细胞中生长至更高的滴度，并确实诱导了细胞凋亡。不幸的是，由于该病毒对干扰素敏感，因此该重组病毒的溶瘤前景仅限于具有无功能干扰素途径的癌症。因此，为了克服这一局限性[67]，对一种无毒新城疫的基因组进行了两次重大改变，并利用反向遗传学方法拯救了重组病毒。这些改变是 F 的裂解位点由单碱基修饰为多碱基，以及流感病毒的 *NS*-1 基因插入到 NDV 的主链中。虽然多碱性裂解位点的建立有助于病毒在癌细胞中的细胞间传播，但流感病毒 NS-1 蛋白通过其强大的抗干扰素和抗凋亡特性，使病毒在感染后逃避先天免疫应答[68]。因此，当表达该蛋白的重组 NDV 用于治疗多种癌细胞系时，尤其在恶性黑色素瘤细胞系中发现复制效率高，合胞体形成更好，溶瘤作用增强。

其他增强 NDV 溶瘤作用的方法包括重新构建病毒，使其组成性表达某些干扰素和促炎细胞因子[66]。一种表达可溶性 IL-2 的重组 NDV 已被证明可以有效地消退小鼠肝癌，并建立强大的免疫系统，从而完全保护已治愈的小鼠免于将来受到癌细胞的攻击[71]。此外，NDV 上 IL-2 和 IL-12 的共同表达增强了小鼠的抗肝癌活性。在另一项研究中，NDV 被设计成表达 IL-12 或 IL-2，这两种重组病毒被证明是比野生型病毒更好的抗癌药物[72]。此外，经设计表达 IL-12 的重组 NDV 菌株 AF2240 对人乳腺癌疗效显著[73]。此外，[74]在概念验证研究中显示，与野生型病毒相比，表达 GM-CSF 的重组 NDV 具有极佳的溶瘤活性，并增强了先天免疫细胞的免疫刺激。因此，尽管 NDV 具有自然溶瘤作用，但反向遗传学技术可用于改善其特性，以克服与使用野生型病毒相关的潜在限制[75]。最近，重组 NDV 表达 IL-24 已被证明在小鼠黑色素瘤模型中增强溶瘤作用。本专著中的第 1 章详细地描述了通过重新构建病毒，使其表达干扰素（IL-2）和肿瘤坏死因子相关凋亡诱导配体（TRAIL）等，达到增强 NDV 溶瘤效果的目的。

5 总　结

几十年来，NDV 仅被认为是一种家禽病原体，对人类癌症有一定的治疗潜力[76-77]。然而，随着反向遗传学的发现，这种病毒的许多其他前景已经被发掘出来。如今，该病毒可以很容易地被设计成一种保护性的二价疫苗，以对抗高毒性新城疫和其他经济上重要的家禽疾病[78]。该病毒还可以通过操纵产生合理设计的疫苗，以预防各种家畜的几种新出现的传染病。此外，该病毒不仅可以提供针对致命人类疾病的疫苗抗原，而且还可以作为一种的抗多种人类癌症的改良溶瘤剂。因此，重组新城疫在现代疫苗学中的影响是巨大的。鉴于其简单的基因组、高效的复制、宿主限制以及在大多数哺乳动物中无致病性，新城疫很可能成为许多其他人和家畜新发疾病的首选载体。

参考文献

[1] GREENWOOD B. The contribution of vaccination to global health: past, present and future[J]. PhilosTrans R SocLondB Biol Sci. 2014, 369:20130433.

[2] TAYLOR W P，BHAT P N，NANDA Y P. The principles and practice of rinderpest eradication[J]. VetMicrobiol. 1995, 44:359–367

[3] HENDERSON D A. The eradication of smallpox-An overview of the past, present, and future[J]. Vaccine,2011, 29: D7–D9.

[4]BURNETT M S，WANG N，HOFMANN M，et al. Potential live vaccines for HIV[J]. Vaccine, 2000, 19: 735–742.

[5]CHEN G L，SUBBARAO K. Live attenuated vaccines for pandemic influenza[J]. Curr TopMicrobiolImmunol.2009, 333:109–132.

[6]GENDON L Z. Advantages and disadvantages of inactivated and live influenza vaccine[J]. VoprVirusol. 2004, 49, 4–12.

[7]HE Y，RAPPUOLI R，DE GROOT A S，et al. Emerging vaccine informatics[J]. J BiomedBiotechnol.2010, 2010: 218590.

[8]BELLO M B，YUSOFFFF K，IDERIS A，et al.Diagnostic and vaccination approaches for Newcastle disease virus in poultry: the current and emergineperspectives[J]. BiomedResInt. 2018, 2018:7278459.

[9]ALEXANDER D J. Newcastle disease[J]. Br Poult Sci. 2001, 42: 5–22.

[10]DIMITROV K M，ABOLNIK C，AFONSOC L,et al. Updated unifified phylogenetic classifification system and revised nomenclature for Newcastle disease virus[J]. Infect GenetEvol. 2019, 74: 103917.

[11]PEETERS B P，DE LEEUW O S，KOCH G，et al. Rescue of Newcastle disease virus from cloned cDNA: evidence that cleavability of the fusion protein is a major determinant for virulence[J]. JVirol.1999, 73: 5001–5009.

[12]NAGAI Y，HAMAGUCHI M，TOYODA T. Molecular biology of Newcastle disease virus[J]. Prog Vet MicrobiolImmunol.1989, 5: 16–64.

[13]YUSOFFFF K，TAN W S. Newcastle disease virus: macromolecules and opportunities[J]. Avian Pathol.2001, 30: 439–455.

[14]CZEGLÉDI A，UJVÁRI D，SOMOGYI E，et al. Third genome size category of avian paramyxovirus serotype 1 (Newcastle disease virus) and evolutionary implications[J]. Virus Res. 2006, 120: 36–48.

[15]MURULITHARAN K，YUSOFFFF K，OMAR A R，et al. Characterization of Malaysian velogenic NDV strain AF2240-I genomic sequence: A comparative study[J]. Virus Genes.2013, 46: 431–440.

[16]CURRAN J，KOLAKOFSKY D. Replication of paramyxoviruses[J]. Adv Virus Res. 1999, 54: 403–422.

[17]MUNIR M，ZOHARI S，ABBAS M，et al. Sequencing and analysis of the complete genome of Newcastle disease virus isolated from a commercial poultry farm in 2010[J].ArchVirol.2012, 157: 765–768.

[18]GURURAJ K，KIRUBAHARAN J J，GUPTA V K，et al. Review Article Past and Present of Reverse Genetics in Animal Virology with Special Reference to Non–Segmented Negative Stranded RNA Viruses: A Review[J]. AdvAnim Vet Sci. 2014, 2: 40–48.

[19]TANIGUCHI T，PALMIERI M，WEISSMANN C. QBDNA-containing hybrid plasmids giving rise to QB phage formation in the bacterial host[J]. Nature 1978, 274: 223–228.

[20]WHELAN S P J, BARR J N, WERTZ G W, et al. Transcription and replication of nonsegmented negative-strand RNA viruses[J]. Curr Top MicrobiolImmunol.2004, 283: 61-119.

[21]CONZELMANN K K，SCHNELL M. Rescue of synthetic genomic RNA analogs of rabies virus by plasmid-encoded proteins[J]. JVirol.1994, 68: 713–719.

[22]JIANG Y，LIU H，LIU P，et al. Plasmids driven minigenome rescue system for Newcastle disease virus V4 strain[J]. MolBiol Rep. 2009, 36: 1909–1914.

[23]SU J，DOU Y，YOU Y，et al. Application of minigenome technology in virology research of the Paramyxoviridaefamily[J]. J MicrobiolImmunol Infect. 2015, 48: 123–129.

[24]CONZELMANN K K. Reverse genetics of mononegavirales[J]. Curr Top Microbio-lImmunol.2004, 283: 1–41.

[25]LIU H，ALBINA E，GIL P，et al. Two-plasmid system to increase the rescue effiffifficiency of paramyxoviruses by reverse genetics: The example of rescuing Newcastle Disease Virus[J]. Virology.2017, 509: 42–51.

[26]PEETERS B，DE LEEUW O. A single-plasmid reverse genetics system for the rescue of non-segmented negative-strand RNA viruses from cloned full-length cDNA[J]. J Virol Methods.2017, 248: 187–190.

[27]SCHIRRMACHER V，FOURNIER P. Newcastle disease virus: A promising vector for viral therapy, immune therapy, and gene therapy of cancer[J]. Methods Mol Biol. 2009, 542: 565–605.

[28]SHIRVANI E, PALDURAI A, MANOHARAN V K, et al. A recombinant Newcastle disease virus(NDV) expressing S protein of Infectious bronchitis virus(IBV) protects chickens against IBV and NDV[J]. Sci Rep. 2018, 8: 1-14.

[29]ZHAO W, ZHANG Z, ZSAK L, et al. P and M gene junction is the optimal insertion site in Newcastle disease virus vaccine vector for foreign gene expression[J]. J GenVirol.2015, 96: 40–45.

[30]HUANG Z, KRISHNAMURTHY S, PANDA A, et al. High-level expression of a foreign gene from the most 3'-proximal locus of a recombinant Newcastle disease virus[J]. J GenVirol.2001, 82: 1729–1736.

[31]NAGAI Y. Paramyxovirus replication and pathogenesis. Reverse genetics transforms understanding[J]. Rev MedVirol.1999, 9: 83–99.

[32]ZHANG Z，ZHAO W，LI D，et al. Development of a Newcastle disease virus vector expressing a foreign gene through an internal ribosomal entry site provides direct proof for a sequential transcription mechanism[J]. J GenVirol.2015, 96: 2028–2035.

[33]KIEFT J S. Viral IRES RNA structures and ribosome interactions[J]. Trends Biochem Sci. 2008, 33: 274–283.

[34]SUSTA L，CORNAX I，DIEL D G，et al. Expression of interferon gamma by a highly virulent strain of Newcastle disease virus decreases its pathogenicity in chickens[J]. MicrobPathog. 2013, 61–62: 73–83.

[35]HU H，ROTH J P，ZSAK L，et al. Engineered Newcastle disease virus expressing the F and G proteins of AMPV-C confers protection against challenges in turkeys[J]. Sci Rep. 2017, 7: 1–8.

[36]WEN G，CHEN C，GUO J，et al. Development of a novel thermostable Newcastle disease virus vaccine vector for expression of a heterologous gene[J]. J GenVirol.2015, 96: 1219–1228.

[37]RYAN M D，DREW J. Foot-and-mouth disease virus 2A oligopeptide mediated cleavage of an artifificialpolyprotein[J]. EMBO J. 1994, 13: 928–933.

[38]STOBART C C，MOORE M L. RNA virus reverse genetics and vaccine design[J]. Viruses.2014, 6: 2531–2550.

[39]GANAR K, DAS M, SINHA S, et al. Newcastle disease virus: current status and our understanding[J]. Virus Res. 2014, 184: 71-81.

[40]CONZELMANN K K. Reverse genetics of mononegavirales[J]. Curr Top Microbio–lImmunol.2004, 283: 1–41.

[41]SCHR ER D, VEITS J, KEIL G, et al. Efficacy of Newcastle disease virus recombinant expressing avian influenza virus H6 hemagglutinin against Newcastle discasc and low pathogenic avian influenza in chickens and turkeys[J]. Avian Dis. 2011, 55: 201-211.
[42]HUANG Z, ELANKUMARAN S, YUNUS A S， et al. A recombinant Newcastle disease virus(NDV) expressing VP2 protein of infectious bursal disease virus(IBDV) protects against NDV and IBDV[J]. J Virol.2004, 78: 10054-10063.
[43]WANG J, CONG Y, YIN R, et al. Generation and evaluation of a recombinant genotype VII Newcastle disease virus expressing VP3 protein of Goose parvovirus as a bivalent vaccine in goslings[J]. Virus Res. 2015, 203: 77-83.
[44]PARK M S, STEEL J, GARC A-SASTRE A. Engineered viral vaccine constructs with dual specificity: Avian influenza and Newcastle disease[J]. Proc Natl AcadSci USA. 2006, 103: 8203-8208.
[45]LIU I， MA J， BAWA B， et al. Newcastle Disease Virus-Vectored H7 and H5 Live Vaccines Protect Chickens from Challenge with H7N9 or H5N1 Avian Influenza Viruses[J]. J Virol.2015, 89: 7401–7408.
[46]MCKINLEY E T，HILT D A，JACKWOOD M W. Avian coronavirus infectious bronchitis attenuated live vaccines undergo selection of subpopulations and mutations following vaccination[J]. Vaccine.2008, 26: 1274–1284.
[47]BICKERTON E, KEEP S M, BRITTON P. Reverse genetics system for the avian coronavirus infectious bronchitis virus[M]. In Methods in Molecular Biology; Humana Press: NewYork, NY, USA, 2017; Volume 1602, 83-102.
[48]JOHNSON D I, VAGNOZZI A, DOREA F, et al. Protection against infectious laryngotracheitis by in ovo vaccination with commercially available viral vector recombinant vaccines[J]. Avian Dis Dig.2010, 54: 1251-1259.
[49]LIU R, GE J, WANG J, et al.Newcastle disease virus-based MERS-CoV candidate vaccine elicits high-level and lasting neutralizing antibodies in Bactrian camels[J]. J Integr Agric. 2017, 16: 2264-2273.
[50]KHATTAR S K, COLLINS P L, SAMAL S K. Immunization of cattle with recombinant Newcastle disease virus expressing bovine herpesvirus-1(BHV-1) glycoprotein D induces mucosal and serum antibody responses and provides partial protection against BHV-1[J]. Vaccine.2010, 28: 3159-3170.
[51]ZHANG M, GE J, WEN Z, et al. Characterization of a recombinant Newcastle disease virus expressing the glycoprotein of bovine ephemeral fever virus[J]. Arch Virol.2017, 162: 359-367.

[52]GE J, WANG X, TAO L, et al. Newcastle disease virus-vectored rabies vaccine is safe, highly immunogenic, and provides long-lasting protection in dogs and cats[J]. J Virol.2011, 85: 8241-8252.
[53]GE J, WANG X, TIAN M, et al. Recombinant Newcastle disease viral vector expressing hemagglutinin or fusion of canine distemper virus is safe and immunogenic in minks[J]. Vaccine, 2015, 33: 2457—2462.
[54]KIM S H, SAMAL S K. Newcastle disease virus as a vaccine vector for development of human and veterinary vaccines[J]. Viruses. 2016, 8: 183
[55]QURESHI A I. Ebola virus disease[M]. In Ebola virus disease; Academic Press: Cambridge, MA, USA, 2016, 139-157.
[56]VENKATRAMAN N, SILMAN D, FOLEGATTI P M, et al. Vaccines againse Ebola virus[J]. Vaccine.2017, 36: 5454-5459.
[57]PAPANERI A B, WIRBLICH C, CANN J A, et al. A replication-deficient rabies virus vaccine expressing Ebola virus glycoprotein is highly attenuated for neurovirulence[J].Virology. 2012, 434: 18-26.
[58]PUSHKO P, BRAY M, LUDWIG G V, et al. Recombinant RNA replicons derived from attenuated Venezuelan equine encephalitis virus protect guinea pigs and mice from Ebola hemorrhagic fever virus[J]. Vaccine.2000, 19: 142-153.
[59]WEN Z，ZHAO B，SONG K， et al. Recombinant lentogenic Newcastle disease virus expressing Ebola virus GP infects cells independently of exogenous trypsin and uses macropinocytosis as the major pathway for cell entry[J]. Virol J. 2013, 10: 331.
[60]DINAPOLI J M，YANG L，SAMAL S K， et al. Respiratory tract immunization of non-human primates with a Newcastle disease virus-vectored vaccine candidate against Ebola virus elicits a neutralizing antibody response[J]. Vaccine.2010, 29: 17–25.
[61]TAYEB S, ZAKAY-RONES Z, PANET A. Therapeutic potential of oncolytic Newcastle disease virus: A critical review[J]. Oncolytic Virother. 2015, 4: 49-62.
[62]RAVINDRA P V, TIWARI A K, RATTA B, et al. Newcastle disease virus-induce cytopathic effect in infected cells is caused by apoptosis[J]. Virus Res. 2009, 141: 13-20.
[63]LAZAR I, YAACOV B, SHILOACH T, et al.The oncolytic activity of Newcastle disease virus NDV-HUJ on chemoresistant primary melanoma cells is dependent on the proapoptotic activity of the inhibitor of apoptosis protein livin[J]. J Virol.2010, 84: 639-646.
[64]WASHBURN B, WEIGAND M A, GROSSE-WILDE A, et al. TNF-related apoptosis-inducing ligand mediates tumoricidal activity of human monocytes stimulated by Newcastle disease virus[J]. J Immunol.2003, 170: 1814-1821.

[65]FABIAN Z, CSATARY C M, SZEBERENYI J, et al. p53-indepent endoplasmic reticulum stress-mediated cytotoxicity of a Newcastle disease virus strain in tumor cell lines[J]. J Virol. 2007, 81：2817-2830.
[66]ZAMARIN D, PALESE P. Oncolytic Newcastle disease virus for cancer therapy: old challenges and new directions[J]. Future Microbiol.2012, 7: 347-367.
[67]VIGIL A, PARK M S, MARTINEZ O, et al. Use of reverse genetics to enhance the oncolytic properties of Newcastle disease virus[J]. Cancer Res. 2007, 67: 8285-8292.
[68]ZAMARIN D, MART NEZ-SOBRIDO L, KELLY K, et al. Enhancement of oncolytic properties of recombinant Newcastle disease virus through antagonism of cellular innate immune responses[J]. MolTher.2009, 17: 697-706.
[69]KALYANASUNDRAM J，HAMID A，YUSOFFFF K，et al. Newcastle disease virus strain AF2240 as an oncolytic virus: A review[J]. Acta Trop. 2018, 183: 126–133.
[70]ELANKUMARAN S， CHAVAN V， QIAO D， et al. Type I Interferon-Sensitive Recombinant Newcastle Disease Virus for Oncolytic Virotherapy[J]. J Virol.2010, 84: 3835–3844.
[71]WU Y， HE J， AN Y， et al. Recombinant Newcastle disease virus (NDV/Anh-IL-2) expressing human IL-2 as a potential candidate for suppressing growth of hepatoma therapy[J]. J Pharmacol Sci. 2016, 132: 24–30.
[72]REN G， TIAN G， LIU Y， et al. Recombinant Newcastle Disease Virus Encoding IL-12 and/or IL-2 as Potential Candidate for Hepatoma Carcinoma Therapy[J]. Technol Cancer Res Treat. 2016, 15: NP83–NP94.
[73]MOHAMED A Z， CHE ANI M A， TAN S W， et al. Evaluation of a Recombinant Newcastle Disease Virus Expressing Human IL12 against Human Breast Cancer[J].Sci Rep. 2019, 9: 13999.
[74]JANKE M， PEETERS B， DE LEEUW O， et al. Recombinant Newcastle disease virus (NDV) with inserted gene coding for GM-CSF as a new vector for cancer immunogenetherapy[J]. Gene Ther. 2007, 14: 1639–1649.
[75]XU X， YI C， YANG X， et al. Tumor Cells Modified with Newcastle Disease Virus Expressing IL-24 as a Cancer Vaccine[J]. MolTherOncolytics.2019, 14: 213–221.
[76]BELLO M B，YUSOFFFF K M，IDERIS A，et al. Genotype diversity of Newcastle disease virus in nigeria: disease control challenges and future outlook[J]. AdvVirol. 2018, 2018: 6097291.
[77]RASOLI M， YEAP S K， TAN S W， et al. Alteration in lymphocyte responses, cytokine and chemokine profifiles in chickens infected with genotype VII and VIII velogenic Newcastle disease virus[J]. CompImmunolMicrobiol Infect Dis. 2014, 37: 11–21.

[78]RAVINDRA P V，TIWARI A K，SHARMA B，et al. Newcastle disease virus as an oncolytic agent[J]. Indian J Med Res. 2009, 130: 507–513.

第 1 章

重组新城疫病毒 RANH/IL-2 和 RANH/TRAIL 的研究

1 引　言

1.1 研究的目的和意义

新城疫病毒(Newcastle disease virus，NDV)为不分节段的单股负链 RNA 病毒，隶属副黏病毒科副黏病毒亚科的禽副黏病毒属，能够特异地杀伤人肿瘤细胞，而对人正常细胞无明显影响，因此,其溶瘤作用及机制一直受到广泛的关注并已经在国外进行了大量的 I 期、II 期临床试验。

反向遗传操作技术（Reverse geneticsmanipulation technique）是指在体外通过构建 RNA 病毒的感染性分子克隆，将病毒基因组 RNA 逆转录成 cDNA，在 DNA 分子水平上对其进行各种体外人工操作，通过将携带病毒基因组 cDNA 和表达各种辅助蛋白的质粒共转染包装细胞来获得新一代具有感染活性的子代病毒的一项研究技术，又常被称为"病毒拯救"。由于这种拯救病毒是来自全长 cDNA 分子，因此可以在 DNA 水平上对新城疫病毒基因组进行修饰或改造，从而改善新城疫病毒的自然性状。

本实验利用反向遗传技术分别拯救表达 IL-2 和 TRAIL 的 NDV Anhinga 株，初步探讨重组 NDV Anhinga 在体内及体外实验中对不同肿瘤细胞的抑制作用及机制，为构建具备良好抑瘤效果的重组新城疫病毒打下坚实基础。

1.2 新城疫病毒治疗肿瘤的研究

新城疫病毒是目前进行临床评价的用于溶瘤治疗、基因治疗和免疫刺激的五种病毒之一（Aghi M，2005；Chlichlia K，2005；Schirrmacher V，2005）。使用病毒治疗癌症可以追溯到 20 世纪早期。其理论基础是感染了自然界存在的病毒（如麻疹病毒、腮腺炎病毒或注射弱病毒疫苗）的肿瘤患者，其病情发生了明显的好转（Sinkovics J，1993；Asada T，1974；ShimizuY，1988；Csatary L K，1993）。这一发现在 20 世纪 60 年代到 70 年代兴起了应用病毒治疗癌症的研究，由于新的临床前及临床研究成果的出现，在 20 世纪 80 年代至 90 年代又掀起了新的高潮（Csatary L K，1993；Reichard M W，1992；Sinkovics J G，1991；Schirrmacher V，1986；Heicappell R，1986；Lorence, R M，1994；Umansky V，1996；Cassel W A，1992）。在所有应用的病毒中，RNA 病毒作为有治疗癌症能力的病毒迅速脱颖而出（Russell S J，2002）。所有 RNA 病毒的生命周期是形成双链 RNA，并激活包括 I 型干扰素（IFN-α和 IFN-β）在内的一系列细胞防御机制。肿瘤为 RNA 病毒的繁殖提供了基础，因为肿瘤细胞中的突变使干扰素系统失活，从而失去对增殖的抑制，并产生对凋亡的抵抗（Stoidl D F，2000）。目前最有应用前景的 RNA 病毒是经过致弱的腮腺炎病毒、新城疫病毒、麻疹病毒水泡口炎病毒、人呼肠病毒、脊髓灰质炎病毒和流感病毒（KasuyaH，2007）。虽然人 RNA 病毒通过进化适应了人类的免疫系统产生免疫逃逸机制，NDV 的优势是鸟类病毒，只适应于禽类的免疫系统（Alexander D J，1997；Lorence R M，2003），在人体中不会出现免疫逃逸现象。

NDV 的命名是根据 1926 年第一次报道在英国新城附近鸡当中发病（Alexander D J，1988；Doyle T M，1927）。NDV 为禽副黏病毒-1（APMV-1），现在归类于单股负链病毒目副黏病毒科腮腺炎病毒属（de Leeuw O，1999）。NDV 是具有外膜的病毒，其直径在 100～

300nm，具有单链负 RNA 基因组，约 16 000 个核苷酸。基因组有 6 个基因分别编码 NDV 主要的 6 种蛋白，大聚合酶蛋白（L，200ku），血凝素神经氨酸酶蛋白（HN，74ku），融合蛋白（F，67ku），基质蛋白（M，40ku），磷酸化蛋白（P，53ku）及核蛋白（NP，55ku）。通过重叠的开放阅读框，*P* 基因还编码一个附加的基因产物——V 蛋白。RNA 依赖的 RNA 聚合酶包括 L，P 和 NP 蛋白，这些蛋白在感染后的细胞中由细胞质内游离的核糖体进行翻译。F 糖蛋白首先合成无活性的前体形式（F0，67ku），经由蛋白水解酶产生具有活性的蛋白，包括二硫键连接的 F1（55ku）和 F2（12.5ku）两条肽链（Lamb RA，2007）。

NDV 应用于癌症治疗距今大约有 45 年。1964 年 Wheelock 和 Dingle 报道经脉注射 NDV 使患有白血病的病人症状显著缓解（Wheelock E F，1964）。1965 年 Cassel 和 Garrett 报道瘤内注射 NDV 治疗颈部癌症（Cassel W A，1965）。经注射的肿瘤以及锁骨淋巴结转移病灶都有显著减小，病人对治疗的耐受性也非常乐观。1971 年 Csatary 发现感染了 NDV 的农场主已经发生转移的癌症得到缓解（Csatary L Kr，1971）。在同一报告中，还发现其他三位接种 NDV 病毒的患者，肿瘤病情也得到缓解（Sinkovics J G，2005）。从此，开展了一系列应用 NDV 治疗癌症的临床研究。NDV 被美国国家癌症中心认定为补充替代医疗（complementary and alternative medicine，CAM）。

从首次 NDV 证明具有抗癌能力开始，人们针对 NDV 治疗癌症或免疫接种方面，进行了如下理论研究和探索（Wheelock E F，1964；Cassel W A，1965）：

（1）应用其对肿瘤的特异性杀伤（病毒溶瘤）（Sinkovics J G，2000）。

（2）应用其非特异性的免疫激活（诱导细胞因子和干扰素）（Sinkovics J，1993）。

（3）在肿瘤疫苗中作为针对细胞毒性 T 细胞的激活迟发型超敏反应的佐剂和预警信号（Schirrmacher V，1999）。

（4）作为病毒载体运送治疗基因（Janke M，2007）。

（5）作为疫苗载体对出现的病原体产生免疫（DiNapoli J M，2007）。

1.3 作用机制

1.3.1 NDV 的感染和复制

NDV 感染细胞可以简单的分为 2 步。第一步包括病毒通过 HN 蛋白与宿主细胞表面的结合区结合。随后通过 F 蛋白进行融合。F 蛋白与 HN 蛋白协同作用介导了病毒囊膜与宿主细胞膜的融合。该融合过程使病毒的基因组进入宿主细胞的细胞质。随后负链 RNA 基因组转录出信使 RNA（mRNA）并翻译出病毒的蛋白（第一步）。NP，P，L 蛋白对核壳体的装配是必须的。核壳体与互补基因组成为病毒复制的模板（第二步）。M 蛋白与外膜蛋白 HN 和 F 蛋白经过翻译后修饰，转移到宿主细胞膜上，等待病毒组装进行出芽生殖（Nagai Y，1989；Yusoff K，2001）。在这一过程中，NDV 基因组单拷贝进行缠绕进入宿主细胞膜上形成的病毒外膜。基因组长度必须是六的倍数，是病毒进行有效复制的前提。该原则被称为“六碱基原则”（Calain P，1993）。该原则基于假说，即每一个 NP 的亚单位都与六个核苷酸结合，并且这种排列是高效复制所必需的（Peeters B P，2000）。

此外，近来有报道称具有外膜的病毒如 NDV 可以通过两种主要途径进入细胞：

1）通过直接将外膜与细胞膜融合，如上所述（Lamb R A，2007）。对 NDV 来说膜融合过程的发生不依赖 pH 值的变化（Lamb R A，2006）。F 蛋白的激活是通过病毒的糖蛋白与细胞上含有唾液酸的受体如细胞表面大量表达的神经节苷脂、N-糖蛋白结合（Suzuki Y，1985；Ferreira L，2004；Villar E，2006）。

2）通过受体介导的细胞内吞作用（Cantin C，2007）。有研究表明 NDV 可能也通过依赖胞膜窖（caveolae）的内吞通路作为候选方式感染细胞（Cantin C，2007）。一部分病毒粒子可能通过胞吞作用形成内涵体而在 pH 值较低时则发生融合（Cantin C，2007）。

研究表明，有感染活性的 NDV 的有效组装和释放是依赖于细胞膜上的膜质筏（membrane lipid raft）（Laliberte J P，2006）。这些膜质筏是细胞质膜外呈叶状，富含胆固醇和鞘类脂质的微环境（Laliberte J P，2006）。新产生的病毒蛋白 HN、F 和 NP 在膜质筏聚集，并包含脂质筏相关蛋白 caveolin-1、flotillin-2 和 actin，但没有非脂质筏参与转运（Laliberte J P，2006）。通过禽源细胞组装和释放的 NDV 病毒样颗粒（NDV virus-like particles，VLPs）表达所有可能的病毒蛋白组合，证明 M 蛋白对形成 VLPs 是必须的，M 蛋白本身即可形成 VLPs（Pantua H D，2006）。M-HN 和 M-NP 的相互作用可以形成 VLPs，F 蛋白参与是由于与 NP 和 HN 蛋白相互作用（Pantua H D，2006）。

1.3.2 NDV 的肿瘤选择性

在非致瘤性人 T 细胞（尽管应用白细胞介素-2 培养），NDV 的复制周期仍然停滞，肿瘤细胞中，病毒继续复制循环并在感染后 10～50h 产生病毒颗粒（Schirrmacher V，1999）。一些 NDV 的毒株在新生的肿瘤变异细胞复制频率比正常细胞高 10 000 倍（Schirrmacher V，1999）。NDV 对人类无毒性并且可以应用于肿瘤治疗这一事实已经被广泛接受。最值引人注意的是 NDV 可以通过病毒蛋白和病毒 RNA 诱导生成 I 型干扰素（Fournier P，2003）。病毒在所感染细胞的复制会启动内源性抗病毒程序，激活对 RNA 敏感的基因的转录。这种反应通过对干扰素调节因子家族的转录产生多种基因调节模式（Taniguchi T，2002）。NDV 在人外周血单核细胞（PBMC）激活干扰素诱导的基因（ISG），例如具有抗病毒作用的酶蛋白酶 R（PKR），针对双链 RNA 的蛋白激酶；MxA，一种有抗病毒活性的动力蛋白相似的 GTP 酶；及核糖核酸酶 L（Sadler A J，2007；Fiola C，2006；Haller O，2007）。后者在最近研究中表明可以产生小的自体 RNA，从而进一步增强对病毒的内源性免疫（Malathi K，2007）。

为了阐明病毒对肿瘤细胞和非肿瘤细胞易感性的差异，研究人员对干扰素诱导的具有抗病毒作用的酶的动力学反应进行了研究。研究发现肿瘤细胞在一些抗病毒防御过程中存在缺陷：肿瘤细胞对紫外线灭活的 NDV 没有反应，而非肿瘤细胞则会诱导生成大量的具有抗病毒作用的酶如 PKR 和 MxA（Fiola C，2006）。由此推论在非肿瘤细胞中发生的早期高效的抗病毒反应可以在 NDV 产生正链 RNA 后使其复制周期停止（Fiola C，2006）。相反，肿瘤细胞对病毒的防御缓慢，并且程度微弱（Fiola C，2006）。这一结果可以解释病毒蛋白的高效表达和复制周期的连续性（Fiola C，2006）。

1.3.3 NDV 的溶瘤特性

NDV 作为抗肿瘤治疗的制剂可以分为溶瘤株非溶瘤株。溶瘤株和非溶瘤株在肿瘤中的复制效率都远高于在绝大多数的正常细胞。这两种基因型都作为候选抗癌制剂进行研究。

溶瘤株和非溶瘤株之间的主要区别是溶瘤株可以在人源肿瘤细胞中产生有感染能力的子代病毒粒子，而非溶瘤病毒则无法产生（Ahlert T，1990）。因为非溶瘤病毒的后代的病毒粒子包含的 F 蛋白是无活性的形式。有溶瘤能力的 NDV 毒株的优势是可以在第一轮病毒感染后产生具有感染活性的子代病毒颗粒，因此可以经过多次复制后在肿瘤组织中进行扩散。相反，非溶瘤株只能进行单周期复制。

溶瘤 NDV 病毒株对外胚层、内胚层和中胚层来源的肿瘤细胞都具有毒性作用（Fábián U，2007）。他们通过内源性和外源性的 caspase 依赖的细胞死亡途径发挥溶瘤作用（Elankumaran S，2006）。NDV 感染后会导致线粒体膜电位的降低并释放线粒体蛋白细胞色素 C（Fábián U，2007），从而导致早期 caspase-9 和 caspase-3 的激活。相反，caspase-8 是由 NDV 所介导的肿瘤凋亡晚期所产生的肿瘤坏死因子相关凋亡诱导配体（TRAIL）（Fábián U，2007）经过死亡受体途径所激活的。由 NDV 在肿瘤细胞中产生的死亡信号最终在线粒体中汇集（Fábián U，2007）。

最近对 p53 蛋白的表达抑制人源恶性胶质瘤细胞系的研究显示，NDV 对表达 p53 细胞和 p53 缺失细胞的敏感性没有差异(Elankumaran S，2006)。这说明 NDV 诱导的凋亡过程并不依赖 p53。在两株人源肿瘤细胞系中，病毒的复制会引起内质网压力，例如蛋白激酶 R 样内质网激酶和延伸因子 2α（eIF2α）的磷酸化(Elankumaran S，2006)。因此，NDV 的溶瘤作用在体外可以引起内质网压力从而通过不依赖 p53 的方式导致细胞凋亡，特异地杀死肿瘤细胞(Elankumaran S，2006)。

近年来，由于这种细胞毒作用，引起了应用 NDV 进行肿瘤临床治疗的广泛研究（Aghi M，2005；Lorence R M，2003；Sinkovics J G，2000；Liu T C，2007）。为检测 NDV 在体内对肿瘤的杀伤作用，在无胸腺裸鼠皮下注射 9×10^6 肿瘤细胞，并在瘤内注射 1×10^6pfu 的新城疫溶瘤病毒（Reichard M W，1992）。这一治疗方法师无胸腺小鼠的肿瘤完全消失并具有较高的治疗指数（therapeutic index）（Apostolidis L，2007）。最近研究人员对一些 NDV 毒株的病毒学的、免疫学的和抗肿瘤方面的特性进行了分析。研究发现，*MTH/68H* 是所有检测的 NDV 毒株中诱导产生 IFN-α最强的毒株（Apostolidis L，2007）。在经过紫外线灭活后，*MTH/68H* 是唯一可以在体外诱导 PBMC 产生抗肿瘤作用的毒株（Apostolidis L，2007）。对负荷病毒敏感的皮内移植肿瘤的模型小鼠全身应用高剂量 NDV，发现 *Italien* 株和 *MTH/68H* 株没有明显的抗肿瘤作用。治疗过程中产生了明显的副作用即体重明显减轻（Apostolidis L，2007）。相反，当使用局部给药治疗负荷转有荧光素酶的鼠源 CT26 结肠癌细胞并发生肝部转移的小鼠时，*MTH/68H* 治疗组的肿瘤增长明显减缓，延长了小鼠的生存期，而没有对体重产生影响（Apostolidis L，2007）。奇怪的是这种鼠源肿瘤细胞在体外对病毒的感染和溶瘤作用产生抵抗作用（Apostolidis L，2007）。这些结果说明：①局部应用有溶瘤作用的 NDV 比静脉全身给药更加有效。②溶瘤 NDV 病毒可能通过宿主介导的机制对病毒抵抗肿瘤细胞系产生溶瘤作用。

1.3.4 NDV 的免疫调节能力

1.3.4.1激活先固有免疫

（1）NDV 与自然杀伤细胞

NDV 的免疫刺激能力早已被发现，但是导致激活人体免疫系统的确切机制仍有待研究（Ito Y，1982；Lorence R M，1988）。NDV 感染肿瘤细胞后，可激活人体内的 NK 细胞，从而产生抗肿瘤的细胞毒作用，而未感染的肿瘤细胞则不会激活 NK 细胞。这种被激活的 NK 细胞在体外加在单层培养的人源肿瘤细胞时可以引起明显的“旁观者效应”（Aigner M，2008）。NK 细胞的抗病毒反应包括通过 IFN-α /β诱导 TRAIL 表达（Sato K，2001）。

（2）NDV 与巨噬细胞/单核细胞

NDV 被证明可以激活鼠源巨噬细胞，因此，在上清中可以检测到多种巨噬细胞酶[（包括腺苷脱氨酶（ADA）、诱导型一氧化氮合成酶（iNOS）、溶菌酶、磷酸酶]及有抗肿瘤效应的分子，如一氧化氮（NO）和肿瘤坏死因子（TNF）-α含量提高（Schirrmacher V，2000）。NDV 激活的巨噬细胞可以在体外对多种肿瘤细胞系产生杀伤作用，包括发生免疫逃逸的变体（Schirrmacher V，2000）。并且通过静脉反复注射 NDV 激活的巨噬细胞可以显著抑制乳腺癌和肺癌在肺部的转移（Schirrmacher V，2000）。

NDV 诱导巨噬细胞合成 NO 与 NF-κB 的激活相关联（Umansky V，1996）。这些反应是全部激活过程的一部分，包括激活 ADA 和 5'核苷酸酶。这些现象说明信号传导需与 NDV 激活的巨噬细胞一样，需要 NF-κB 激活和 NO 的产生（Umansky V，1996）。

在另一项研究中，证明在 NDV 刺激人单核细胞后 TRAIL 参与肿瘤杀伤作用（Washburn B，2003）。将 NDV 与单核细胞共培养 4h，发现 TRAIL 的 mRNA 经诱导大量上调（Washburn B，2003）。14h 后，NDV 激活的单核细胞发挥抗肿瘤的细胞毒作用并可以杀伤表达 TRAIL 受体 2 的肿瘤细胞系（Washburn B，2003）。这种细胞毒作用可以部分被可溶性 TRAIL-Fc 抗体所阻断，但是不能被重组的 TNF-α-Fc 融合蛋白或 iNOS 抑制剂所阻断（Washburn B，2003）。

1.3.4.2 NDV激活适应性免疫

（1）NDV 与树突状细胞（DCs）

DCs 的主要功能包括抗原摄入，抗原加工和抗原提呈以及识别危险信号。DCs 可以由 PBMC 衍生的单核细胞大量产生，并且 DCs 在体内和体外都可以进行抗原负载。DCs 的成熟，激活和保护是通过 dsRNA 基序调节（Cella M，1999）。肿瘤细胞抗原可以通过病毒感染的肿瘤细胞或 DCs 负载的溶瘤制剂而作为病毒感染的危险信号。

据报道，被病毒溶瘤制剂刺激的树突状细胞可以刺激癌症病人自体 T 细胞（Bai L，2002）。在这项研究中，来自乳腺癌病人的 DCs 被 MCF-7 乳腺癌细胞系（Tu-L）或被 NDV 感染的 MCF-7 细胞（TuN-L，病毒溶瘤制剂）溶解物刺激，并应用酶联免疫斑点法比较刺激自体骨髓衍生记忆 T 细胞的能力（Bai L，2002）。DCs 被病毒溶瘤制剂刺激后可以增加协同刺激因子（如 CD86，CD40 和 CD40L）的表达，并且显著地引起酶联免疫斑点法记忆 T 细胞反应的加强（Bai L，2002）。这些共培养物与没有感染病毒的肿瘤溶解物刺激的 T 细胞和 DCs 培养物相比，上清包含 IFN-α，IFN-γ及白细胞介素（IL）-15 的滴度有所增加（Bai L，2002）。IL-15 已知可以导致单核细胞分化成 DCs，并且可以在细胞增殖和保持 CD8T 细胞记忆方面有重要作用（Lodolce J P，2001）。近年来有报道称 IL-15 诱导人 DCs 的效率主要使黑色素瘤特异的初始 T 细胞分化成 CTL（Dubsky P，2007）。

这些结果说明 DC 受病毒溶瘤制剂包括一些危险信号（例如 dsRNA，细胞因子，热休克蛋白）作用后对 T 细胞的刺激，要比 DC 与没有被感染的肿瘤溶解物作用后对 T 细胞的刺激强（Bai L，2002）。

（2）NDV 与 T 淋巴细胞

NDV 对 T 淋巴细胞也有作用。鼠源 ESb 肿瘤细胞被少量 NDV 感染，便可以通过体外致敏或体外再刺激导致肿瘤特异 CTL 溶瘤活性的增加（Von Hoegen P，1988）。通过有限稀释法分析每个脾中 ESb 特异的 CTL 数量会从 3300 个增加到 9100 个。在 split-type 实验中，在克隆水平上病毒的修饰不改变 CTL 的 ESb 特异性（Von Hoegen P，1988）。因此，肿瘤细胞经 NDV 修饰后会导致 TAA 特异 CTL 的选择性放大（Von Hoegen P，1988）。

在另一项研究中，少量 NDV 对肿瘤细胞的修饰通过 CD4 和 CD8T 细胞的协调作用导致肿瘤特异 T 细胞反应的扩大（Schild H J，1988）。经 ESb-NDV 免疫的 CD4 辅助性 T 细胞在抗原刺激后比单纯针对 ESb 的免疫细胞产生更多 IL-2（Schild H J，1988）。病毒介导的 CD8CTL 放大反应包括增加辅助 T 细胞的活性，但是不包括以病毒抗原作为新的决定簇的识别。因此肿瘤细胞的病毒异构化（Viral xenogenization）无法说明 NDV 作为肿瘤疫苗的作用机制（Schild H J，1988）。

发生肿瘤转移小鼠的肿瘤特异 CTL 前体（CTLp）的术后激活需要有特异的抗原刺激，使其他信号参与（Schild H J，1988）。对肿瘤免疫的小鼠及荷瘤鼠的脾脏的免疫数据分析来看有明显不同（Schild H J，1988）。发生转移的小鼠 CTLp 的激活需要辅助因子的参与（如 IL-2 或 NDV），而肿瘤免疫的小鼠则不需要辅助因子（Von Hoegen P，1988）。

研究人员对 T 细胞刺激的机制进行了进一步研究。NDV 的 HN 蛋白也被证明可以增强肽类特异的细胞毒性 T 细胞的反应（Ertel C，1993）。实验中观察到流感核蛋白多肽（50～63 个氨基酸）特异的 CTL 反应，与培养物中表达病毒 HN 蛋白（通过 cDNA 转染或病毒感染）的多肽致敏的同系 Ltk 成纤维细胞刺激后增加达到 6 倍以上（Ertel C，1993）。这些结果说明 HN 在抗原提呈细胞或肿瘤细胞表达均可是 T 细胞共刺激功能（Ertel C，1993）。

据报道，人黑色素瘤感染 NDV 后可以介导 T 细胞共刺激功能从而发挥免疫作用（Termeer C C，2000）。NDV 的溶瘤作用已经被广泛应用于治疗恶性黑色素瘤。黑色素瘤细胞和肿瘤浸润 CD4T 淋巴细胞（TILs）取自切除的肿瘤，并且对 TILs 进行有限稀释克隆（Termeer C C，2000）。一个 T 辅助细胞的克隆对自体肿瘤细胞刺激无反应，即使同时应用 IL-2 刺激（Termeer C C，2000）。NDV 感染的黑色素瘤细胞不仅完全恢复了辅助性 T 细胞的增殖反应，而且防止出现免疫失能。电泳迁移率检测结果显示通过与 NDV 感染的黑色素瘤细胞孵育可以诱导 T 细胞中生成 CD28 敏感的复合物。并且 CD28 通路的激活并不包括 B7-1/B7-2 配体（Termeer C C，2000）。

其他研究表明 NDV 感染肿瘤细胞后可以增加红细胞和淋巴细胞的黏着性（Haas C，1998）。这种黏着性可以通过抗 HN 蛋白的单克隆抗体所阻断，但是抗 F 蛋白的单克隆抗体则无效（Haas C，1998）。HN 的 cDNA 转染后产物也可增加淋巴细胞的黏着（Haas C，1998）。NDV 的突变株 Australian Victoria (AV-L1)可以显著降低神经氨酶的活性，与 NDVUlster 株在黏着性和 T 细胞共刺激方面功能相似，然而亲代 AV 株的 HN 分子有较高的神经氨酶活性则没有这两种功能（Haas C，1998）。NDVUlster 病毒粒子的共刺激作用，可以在用病毒粒子和亚适浓度的抗 CD3 鼠源单克隆抗体包被到微孔板进行诱导 CD4T 细胞增殖的实验中得到证明（Haas C，1998）。在人自体淋巴细胞肿瘤混合培养物中，发现经 NDV 修饰的肿瘤细胞培养物中分子标记为 CD69 和 CD25 的 T 细胞上调，而未经修饰的肿瘤细胞则无上调现象（Haas C，1998）。

针对 NDV 增加肿瘤细胞的黏着，从而导致抗肿瘤免疫反应增强的另一种解释是被 NDV 感染的人肿瘤细胞可以导致 HLA 分子的上调（Washburn B，2002）。在所有被检测的肿瘤细胞中发现，被有复制能力的 NDV 感染后可以诱导趋化因子 RANTES 和干扰素-γ诱导的蛋白 10（IP-10）（Washburn B，2002）。这些趋化因子增加趋化性并可以招募单核细胞和 T 细胞到应用疫苗的位置。被 NDVUlster 株感染 72h 后，肿瘤细胞大量死亡或处于凋亡的早期或晚期（Washburn B，2002）。凋亡被认为是非炎症性的细胞死亡。病毒感染导致的凋亡可能会促进炎症反应并导致抗原交叉致敏。

1.3.4.3 NDV激活I型干扰素反应

NDV 感染细胞后会引发宿主免疫系统产生强烈的内源性免疫反应，导致迅速产生 I 型干扰素（IFN-α/β），从而阻止病毒的复制。这种抗病毒反应的起始通过识别病毒的产物，如 dsDNA，通过两种病原体识别受体：Toll 样受体（TLRs）（Takeda K，2003）和 RIG-I 样受体（RLRs）（Thompson AJ，2007）。TLR 家族包括十几个成员，表达在细胞表面或内涵体表面（Takeda K，2003）。RLRs 是细胞质 RNA 解旋酶家族包括 RIG-I 和 MDA-5（Thompson AJ，2007）。

NDV 在细胞质中复制产生的 dsRNA 分子可以细胞型或病原型特异的方式，被 TLR-3 和 RIG-I/MDA-5 识别（Kato H，2005；Melchjorsen J，2005）。对 RIG-1 和 MDA-5 缺陷的小鼠的研究表明，在 NDV 感染后，从这些缺陷小鼠分离的传统树突细胞、巨噬细胞和成纤维细胞发现 I 型干扰素诱导缺陷，然而在浆细胞样树突细胞仍然可以产生 IFN（Melchjorsen J，2005）。树突细胞可以产生大量的 IFN-α（Magyarics Z，2005）。因此，TLR 系统对浆细胞样树突细胞诱导的抗病毒反应是必须的，而对传统树突细胞、巨噬细胞和成纤维细胞来说 RLRs 对 NDV 的识别是必须的。

近年的研究表明被病毒感染的死细胞形成的凋亡小体中的 dsRNA 可以被高表达 TLR-3 的 CD8α树突细胞识别（Kawai T，2005）。这一机制促进了针对病毒感染细胞的 T 细胞交叉激活（Schulz O，2005）。通过激活 DCs（骨髓和浆细胞样）和单核细胞，诱导 PBMC 释放的大量 IFN-α（Janke M，2007）。

直到最近才发现 IFN-α像往常一样，是病毒引起的免疫反应中非常重要的辅助因素（Lindenmann J，1974）。I 型干扰素的辅助功能可以解释为何绝大多数活病毒的多肽，虽然只有很弱的免疫源性或免疫耐受性（除非加入外源佐剂）仍然可引起强烈的免疫反应（Kyburz D，1993）。IFN-α被证明可以诱导单核细胞和 NK（Sato K，2001）细胞产生 TRAIL，并且可以诱导细胞介导的细胞毒作用（Washburn B，2003）。有趣的是在 IFN 和 TRAIL 的信号通路中还存在交叉（Kumar-Sinha C，2002）。这可以说明在单核细胞中，NDV 上调 TRAIL 的表达，从而导致了 NDV 对肿瘤的杀伤（Washburn B，2003）。

NDV 可以诱导产生被 DC 识别的危险信号，并激活树突细胞（Bai L，2002；Le Bon A，2001）。因此促进了树突细胞抗原提呈的免疫刺激功能。第一个建立的免疫危险模型（Matzinger P，1994；Matzinger P，2002）只提出一种免疫系统对危险识别机制，即免疫系统接收到 DC 从其周围患病细胞坏死后释放的细胞内溶物提呈的信号。最近的一种医学假说提出 T 淋巴细胞自身也与抗原危险信号有关（Forden C，2004）。在这一模型中，如果非溶瘤病毒感染宿主细胞，会导致宿主细胞上调危险信号，由此将危险信号与非溶瘤病毒联系在一起（Forden C，2004）。

NDV 的一些特性增加了其作为疫苗载体的能力，因为它可以在其感染的位置诱导产生激活免疫系统的危险信号。相反，其他病毒已经适应了哺乳动物免疫系统，并具有病毒编码的免疫抑制因子，如 TAP 抑制因子，细胞因子诱饵，microRNA 和可拮抗 I 型干扰素的病毒蛋白（Goodbourn L，2000；Hengel U H，2005）。

NDV 在感染的早期和晚期可以诱导强烈的干扰素反应。在早期，维甲酸诱导基因（RIG-I）（Yoneyama M，2004）在 cDC 和肿瘤细胞中作为病毒 RNA 的受体。RIG-I 参与副黏病毒和正黏液病毒的识别（Melchjorsen J，2005），MDA-5 是识别微小 RNA 病毒的主要因素（Gitlin　L，2006）。RIG-I 可以特异地与包含 5'磷酸盐的 RNA 结合如病毒的 RNA（Hornung V，2006），而哺乳动物的 mRNA 含有帽子结构或其他的基本修饰。RIG-I 因此可以识别自身的 RNA 和外来的（病毒）RNA（Bowie A G，2007）。RNA 激活的 RIG-I 结合到 caspase 活化和招募域（Caspase Activation and Recruitment Domains，CARD），该区域包含结合蛋白干扰素-β启动刺激分子-1（IPS-1），可以进一步对信号进行级联放大，在早期活化干扰素调节因子（IRF）-3，该因子经磷酸化后转移到核内，诱导发生干扰素反应。在干扰素反应的晚期，分泌出的干扰素分子与细胞表面表达的 I 型干扰素受体作用，引起干扰素反应的扩大，包括 STAT 蛋白和 IRF-7（Servant M J，2002；Levy D E，2002）。

研究发现 IFN- α /β在引起 CTL 活化方面也起到重要作用（Von Hoegen P，1990）。应用混合淋巴细胞肿瘤细胞培养检测法研究 CTL 活性的产生，使用 Esb-NDV 作为刺激细胞，这种刺激可以通过 I 型干扰素特异的抗血清阻断（Von Hoegen P，1990）。在体内 CTL 激活过程中也得到相似的结果，IFN- α /β不仅增加 CTL 活性并且对 CTL 活性的产生也是至关重要（Von Hoegen P，1990）。

IFN 被报道可以在 T 细胞诱导 IL-12 受体β链（Rogge L，1997）。IFN- α与 IL-12 一起参与 T 细胞极化为细胞介导的 T 辅助细胞 1（Th1）反应，这一反应的特点是迟发型过敏反应（DTH）和细胞毒性 T 淋巴细胞（CTL）作用。并且，IFN- α诱导参与抗原识别过程的分子上调（如 HLA），及诱导促进细胞与细胞的相互作用的分子（如细胞黏着分子）。

通过转染 cDNA 使 BHK 细胞表达 NDVHN 蛋白无 F 蛋白，发现可以在人血单核细胞中诱导 IFN-α（Zeng J，2002）。NDV 可以高效地在 PBMC 诱导 IFN- α，从而上调 CD14 单核细胞核 CD3T 细胞细胞质膜 TRAIL 的表达水平。通过与在细胞表面表达 HN 而不表达 F 蛋白的 BHK 细胞作用，人 PBMC 被刺激通过旁分泌的途径产生 IFN- α(Zeng J，2002)。

有报道称，NDV 刺激 PBMC 产生人天然 IFN- α反应是基于副黏病毒红细胞凝集素与细胞的相互作用。对凝集素糖类的识别（与酶的作用无关）像分子底物一样，在内源性免疫反应中免疫系统可以识别具有外膜的病毒。这一结论是基于两种类型的实验证据：①NDV 经强 UV 照射，可以破坏与细胞结合及红细胞吸附能力，但是不会破坏 HN 蛋白的神经氨酶活性，也会破坏对 IFN- α的诱导能力；②DNA 转染表达 HN 分子可明显减少神经氨酶的活性，但不影响红细胞吸附及诱导 IFN- α的活性(Zeng J，2002)。

在另一项研究中，NDVHN 蛋白 200 处的丝氨酸被证明对其功能活性非常重要（Fournier P，2004）。在该实验中，通过在不同位置对 HN 蛋白进行定点突变，并检测特定的氨基酸对 HN 蛋白活性的影响（Fournier P，2004）。用脯氨酸替代 200 位置的丝氨酸可以破坏 HN 的表达，破坏 Had 和 NA 活性（Fournier P，2004）。分子模型显示 HN200 处的脯氨酸会影响到神经氨酶活性位点入口处环状结构的灵活性，改结构对病毒蛋白的功能至关重要（Fournier P，2004）。

通过在 BHK 细胞表面表达 HN 蛋白或含有病毒 RNA 的细胞质，可以诱导人 PBMC 以旁分泌的方式发生 IFN- α反应（Fournier P，2003）。因此在 PBMC 有两种方式诱导内源免疫反应。研究人员使用两种分别基于 DNA 或塞姆利基森林病毒的 RNA 复制系统，将这些复制子转染到不产生 IFN- α的 BHK 细胞中。表达 HN 的 BHK 细胞或携带胞质危险信号的 BHK 细胞（如 dsRNA 的复制中间物）诱导相应的 IFN- α反应（Fournier P，2003）。这些结果揭示了诱导 IFN 的两种方式，以及 NDV 作为病毒的诱导产生干扰素能力（Fournier P，2003）。所有的结果阐明了内源免疫反应识别模式的分子机制。

I 型干扰素在诱导干扰素反应时，由于本身介导固有免疫和适应性免疫从而扩大反应程度（LeBon A，2002；Tough D F，2004）。固有免疫反应并不是在遇到危险时首先进行防御的唯一机制，但可以引导适应性免疫系统发生一系列反应（Gallucci S，2001）。最后，由于加入 NDV 病毒导致的促炎症反应症状可能干扰类似于 T 细胞体外克隆所表现出的耐受诱导机制（Termeer C C，2000）。

总之，NDV 有很强的免疫刺激能力，从而可以用于引起强烈的抗肿瘤免疫反应。

1.4 NDV 的药物代谢动力学

在健康小鼠和荷瘤鼠全身经脉给药后，进行溶瘤 NDV 的体内分布的研究（Bian H，2006）。DBA/2 小鼠静脉注射 1500HU 的 NDV Italien，一种 NDV 溶瘤株，在病毒治疗后在不同时间点收集不同器官（Bian H，2006）。从不同器官分离 RNA 反转录成 cDNA。用定量 RT-PCR 检测 M 和β-actinmRNA 的量。检测限是 *M* 基因 7 个拷贝，β-actin32 个拷贝。病毒可在静脉注射后 0.5h 检测到，主要分布于肺、血液、肝脏和脾脏。病毒繁殖非常迅速，分别在 1d 之内（血液和胸腺），2d（肾脏），14d（肺，肝，脾）可以被检测出来（Bian H，2006）。

1.5 NDV 的毒性和致病性

NDV 有广泛的宿主范围，可感染 50 个鸟目中的 27 个 240 种以上的禽类，即使是同一属的种类之间临床上也有广泛的变化。NDV 根据对鸟类造成疾病的严重程度，可以分为 3 种病变型：弱毒（无致病力），中毒（中间程度）和强毒（致命毒性）（Alexander D J，1997）。NDV 弱毒在成年鸟类没有明显的临床症状，只有很低的毒力。中等毒力 NDV 可以造成呼吸疾病，但通常不是致命的，称为中毒。NDV 高致病性强毒分为内脏嗜性和对神经嗜性，内脏嗜性表现为引起严重消化道损伤；对神经嗜性的临床表现为呼吸和神经症状。

研究发现弱毒株表现为非溶瘤病毒，而强毒株则为溶瘤病毒。具有较强毒力的 NDV 株 F 蛋白具有碱性氨基酸蛋白酶裂解位点，使病毒在蛋白水解环境被激活，如肿瘤微环境。这种裂解活化允许病毒进行多周期的复制及肿瘤细胞之间交叉感染。因此，释放出的子代病毒是否具有感染活性，取决于 NDV 毒株的毒力强弱。

溶瘤 NDV 株引起细胞病变的作用，可通过观察在肿瘤单层细胞（蚀斑测定法）或组织切片（组织蚀斑测定法）形成蚀斑（Bian H，2006）。病毒外壳的疏水融化多肽促进感染的肿瘤细胞之间形成合胞体，因此 NDV 多形成溶瘤蚀斑，很少扩散到合胞体之外。NDV 的溶瘤株肿瘤杀伤作用非常显著。这种毒株具有很强的肿瘤细胞杀伤能力。在体外一个有感染活性的颗粒可以在 2～3d 内杀伤 10 000 个癌细胞（Schirrmacher V，2008）。

1.6 NDV 在人体应用及安全性

有大量的证据表明 NDV 的安全性（Lorence R M，2003）。农场工人和实验室研究人员感染 NDV 后仅有轻微的症状，即使是野生型病毒。广泛应用于人类研究的 NDV 毒株包括 MTH68/H，PV701，73-T 和 Ulster。前三种为溶瘤株而 Ulster 为非溶瘤株。

从 1965 年报道 NDV 的治疗肿瘤的作用后，NDV 作为溶瘤制剂被以不同的给药方式进行治疗测试（Wheelock E F，1964；Cassel W A，1965；Sinkovics J G，2005）：瘤内注射，全身给药和鼻腔给药。NDV73-T 株以$(2.4～2.4)\times10^{12}$感染单位对患有颈部癌症的病人进行瘤内注射（Cassel W A，1965）。不同研究小组应用不同的毒株进行了全身给药的治疗试验：PV701 (Wellstat Biologicals，Gaithersburg，MD，USA)（Schirrmacher V，2008），HUJ(Theravir，Jerusalem，Israel)（Lorence R M，2007），和 MTH-68/H (developed by Csatary and coworkers)（Freeman A I，2006）。

NDVPV-701 株在患有晚期实体瘤的病人有很好的耐受性，经脉给药途径最低剂量为3×10^9感染单位（Pecora A L，2002；Hotte S J，2007；Laurie S A，2006）。剂量限制性毒性包括呼吸症状、腹泻和脱水。当病人以较低的起始剂量脱敏时，最大剂量（MTD）可增加 10 倍（Pecora A L，2002）。

值得注意的是通过全身给药途径高剂量注射 NDV 可以获得良好的耐受。NDV 会导致短暂的血小板减少和弥漫性血管渗漏。所有进行测试的病人，只有一例报道可能由于进行 NDV 治疗而死亡。这一死亡病例由于 PV701 株导致肿瘤在肺部迅速溶解。与其他进行 I 期肿瘤学研究所涉及的安全问题相比，有很大的安全优势。

MTH-68 病毒株是由 NDV Hertfortshire 株，名为 Herz’33，经鸡胚传代致弱后的一种变体（Czegledi A，2003）。研究显示，该毒株具有显著的遗传稳定性，即使经过长期的传代。大量的原发性肿瘤及黑色素瘤患者在经过 MTH-68/H 全身给药治疗后，肿瘤都部分甚至完全消失。实验室的研究数据也显示出明显变化（如肿瘤标记物，肝部转氨酶和其他酶类）。还有很多严重的神经胶质瘤患者的治疗结果也非常突出（Csatary L K，1999 A；Csatary L K，1999B；Csatary L K，2006）。

研究发现病人通过吸入进行 NDV 治疗也有明显的效果。Csatary 等人报道(CsataryL.K，1993)，33 名接受 2 周吸入 NDVMTH-68 株治疗的病人，7 人病情缓解。4000 名病人曾接受 Hungary 吸入治疗。由于很多病人也接受了其他形式的治疗，因此得到的数据无法清楚地解释治疗的有效性和安全性。

所有的研究表明，NDV 应用于人临床治疗，通常只引起 1d 低热或结膜炎，并且过去的 20 年中，欧洲和美国有几千名患者应用了 NDV 进行治疗，没有引起严重副反应的报道，因此引发了对应用 NDV 治疗癌症的广泛研究。总的来说，由于 NDV 在癌症病人中具有良好的安全性和耐受性，因此可以作为有效的载体。NDV 良好的耐受性可能是由于 NDV 在进化的过程中没有适应哺乳动物宿主（Nelson N J，1999）。

这些观察可以结合一些与病毒生物学相关的特性。基因转录的分子特性，较低的重组率和在复制周期中缺少DNA阶段，是NDV成为设计安全致弱疫苗和基因治疗载体的理想选择（Lamb R A，2007）。可能还有一些体内机制，如细胞融合和合胞体形成，使病毒逃离体内的中和抗体（Miller L T，1971；Charan S，1981）。在普遍人群中，测试NDV针对NDV抗原的抗体呈血清学阴性反应。病毒载体不会导致细胞变形。最终，可产生大量有感染能力的病毒。

总的来说，NDV具有的安全性可以被用来开发成为有复制能力的抗癌制剂，用于人类的癌症治疗。

1.7 使用NDV作为癌症疫苗的理论

很多证据证明在人类癌症中存在肿瘤相关抗原（TAAs）（van Pel A，1995），通过病人自身的免疫系统对这些抗原的识别，被证明是通过自身对肿瘤反应的免疫T细胞和肿瘤浸润淋巴细胞（TILs）的存在（Baxevanis C N，1994）。

癌症病人的主动特异性免疫反应（ASI）多发生在有佐剂的情况下，研究人员通过使肿瘤细胞感染NDVUlster株，设计研发了自体肿瘤疫苗(ATV-NDV)（Schirrmacher V，1998；Steiner H H，2004）。将手术分离新鲜的肿瘤组织经机械切割或酶消化后，再经Percoll离心富集，获得肿瘤细胞。TIL可通过免疫磁珠进行分离。将肿瘤细胞冷冻，每次接种治疗使用一瓶约10^7个细胞。NDV感染肿瘤细胞后，将细胞照射γ-射线。随后将病毒修饰的肿瘤细胞进行瘤内注射，病毒则可在疫苗接种的位置进行体内复制。疫苗包括被NDVUlster株感染的肿瘤细胞，该毒株是非溶瘤病毒，会在体内存在较长的时间，从而激活由T细胞介导的高效免疫反应。病毒在肿瘤细胞内的复制持续6～40h（Schirrmacher V，1999），这段时间足以发生依赖于抗原特异的记忆性T细胞介导的迟发型超敏反应（DTH）。

这一疫苗的理论基础是将来源于病人肿瘤细胞的多种TAA与由病毒诱导的多种危险信号（DS）（如dsRNA，HN，IFN-α）连接在一起。主要有如下2个方面：

1）使用自体肿瘤细胞可以使疫苗的TAA和病人肿瘤的TAA（包括普通的TAA和个体独特的TAA）进行的匹配。目前研究人员已经发现这种个体独特的TAA是由于肿瘤表达的多种蛋白发生点突变导致的（Gilboa E，1999）。因此这种突变成为唯一的，真正的肿瘤特异性抗原，在正常组织则不会表达。其他可能但是频率较低的TAA产生机制，如RNA剪接的改变也有报道（Coulie P G，1995；Lupetti R，1998）。特异的TAA一个特征是他们可能是抵抗免疫选择的原因，例如发生突变的蛋白可能对肿瘤的发生过程使至关重要或对保持肿瘤状态起关键作用或其功能涉及维持细胞生存的基本途径。也因为具有高亲和力受体的T细胞没有受到宿主耐受机制的影响，这些特异的TAA可能在诱导肿瘤特异性免疫保护方面起到至关重要的作用。

2）肿瘤的抗原性不等同于肿瘤的免疫原性。研究人员使用非溶瘤、无毒力的NDV（Ulster）感染肿瘤细胞，不破坏细胞只是增加这些肿瘤细胞的免疫学特征（Schirrmacher V，1986；Heicappell R，1986）。NDV对肿瘤细胞的这种修饰，激活了多种内源性的免疫反应（通过NK细胞，单核细胞和树突状细胞），以及适应性免疫反应（涉及CD4和CD8T细胞）。

1.7.1 动物模型的临床前研究

研制 NDV 肿瘤疫苗的工作基础是通过对动物模型多年免疫治疗的经验积累（Schirrmacher V，1998）。大约 20 年前，研究人员应用鼠源 ESb 淋巴瘤建立动物肿瘤模型。这种 ESb 淋巴瘤，生长迅速，易转移至其他内脏器官，如肝脏，对同系 DBA/2 小鼠解剖发现，约 12d 可转移至肝脏。通过手术植入小肿瘤组织（直径约 5mm），动物在手术后即发生肿瘤细胞扩散转移，随后转移细胞开始大量生长。在手术后使用被 NDV 感染的、受辐射的 ESb 细胞疫苗，与未经 NDV 感染的细胞疫苗相比，可以有效地保护大约 50%的小鼠（Liu T C，2007）。通过给小鼠再次接种 ESb 细胞或其他肿瘤细胞研究发现，这些长期存活的小鼠，会产生肿瘤特异性的免疫保护（Schirrmacher V，1987）。

这种主动特异性免疫治疗（ASI）方法的有效性在后来其他发生癌症转移的动物模型上得到了进一步的证实，如鼠 B16 黑色素瘤（Plaksin D，1994），3LL Lewis 肺癌（Shoham J，1990）和豚鼠 L10 肝癌（Key M E，1981；Schirrmacher V，2005）。

1.7.2 人源细胞临床前研究

通过用 NDV 感染从病人体内分离的肿瘤细胞，研究人员研制了 ATV-NDV 肿瘤疫苗。通过流式细胞仪分析发现，大量的人源肿瘤细胞均能被 NDV 感染。用于研制 ATV-NDV 疫苗的，约超过 400 例新鲜分离未经培养的肿瘤细胞，均可被 NDV 感染(Schirrmacher V，1999)。病毒的复制并不依赖宿主细胞的增殖，并且被γ-射线照射过的细胞也不影响病毒的复制。所有的这些特点使 NDV 可以像感染肿瘤细胞系一样，修饰从病人肿瘤分离出的未经培养的细胞，经γ-射线照射后用于肿瘤治疗（SchirrmacherV，1999）。研究发现，感染人的肿瘤细胞是安全有效的研制癌症疫苗的方法，使疫苗具有多效免疫刺激功能（SchirrmacherV，1999）。

NDV 诱导的细胞变化——诱导 IFN-α，IFN-γ，趋化因子（IP-10，RANTES），凋亡，但在应用疫苗的区域，NDV 并不增加 MHC 和能够影响抗原提呈细胞和 T 细胞之间微环境的一些黏附分子的表达（Haas C，1998；Washburn B，2002）。该过程也影响到参与天然免疫系统和适应性免疫系统的各个阶段（Schirrmacher V，2003）。

1.8 应用反向遗传操作技术改造 NDV 治疗肿瘤的研究进展

应用反向遗传操作技术来增强重组 NDV 溶瘤能力的技术平台已经建立。重组的 NDV 可以表达免疫调节因子，尤其是表达 IL-2 的 NDV 病毒（rNDV/IL-2）已经被证明对多种人源细胞系均有明显的杀伤作用，其中包括人乳腺癌细胞系 MCF-7，人结肠腺癌细胞系 HT29，人人外周血白血病 T 细胞 Jurkat 细胞（Zhao H，2008）。在另一项研究当中，Pühler 等人（Pühler F，2008）构建重组 NDV 病毒同时表达抗体的轻链和重链的免疫球蛋白基因，从而可以通过 NDV 表达完整的免疫球蛋白 G (IgG)单克隆抗体。被可以表达抗体的重组 NDV 病毒感染的肿瘤细胞可有效地产生并分泌具有活性的完整 IgG 抗体，分泌出的抗体可以特异地与肿瘤组织的目的抗原结合。该方法将溶瘤 RNA 病毒和单克隆抗体各自的优势融为一体，成为一种更强大的抗癌制剂并明显改善了治疗效果。重组 IL-2 的 NDV 病毒 rNDV/IL-2 进一步扩展了癌症的治疗范围，包括小鼠的黑色素瘤（Zamarin D，2009）。并且重组 NDV 治疗黑色素瘤的效果，由于在 NDV 基因组中结合了流感病毒的 *NS*1 基因而得到进一步加强。流感病毒的 NS1 蛋白是干扰素的拮抗剂并具有抗凋亡的功能。因此，通过抑制宿主的干扰素抗病毒系统，增强了病毒的溶瘤能力（Zamarin D，2009）。研究人员所进行的同类实验证明了在不同的癌症模型上该病毒的抗癌作用。Vigil 等（Vigil A，2007）的研究证明应用反向遗传学重组 NDV 可以增强其溶瘤能力。重组 NDV 病毒可分别表达高效的融合蛋白 F、鼠粒细胞巨噬细胞集落刺激因子（granulocyte macrophage colony stimulating factor，GM-CSF）、干扰素-γ (Interferon-γ，IFN-γ)、白细胞介素-2（Interleukin-2，IL-2）及肿瘤坏死因子-α（Tumor necrosis factor-α，TNF-α)，并在荷瘤鼠上进行效果检测。皮下注射重组 NDV 与对照组相比可使肿瘤完全消除。并且在 60d 后，对治疗过的小鼠重新注射同一种肿瘤细胞，仍然可以保护小鼠不形成肿瘤。然而在 NDV 被用于人类癌症治疗制剂前，其安全性和有效性还需进行深入评估。

1.9 白细胞介素-2（IL-2）

1.9.1 白细胞介素- 2 的蛋白结构和理化性质

1976 年 Morgan 等在小鼠脾细胞上清液中首次发现有一种能促进和维持 T 细胞体外生长的因子，并称其为 T 细胞生长因子(TCGF)，1979 年被正式命名为 IL-2。IL-2 是一种具有广泛生物活性的细胞因子，是由位于第 4 号染色体上的单个基因编码的一种单链多肽分子，分子质量为 15 500，由 133 个氨基酸组成，其肽链上第 58、105 和 125 位是半胱氨酸(Cys)残基，翻译后的加工包括在 58 位和 105 位半胱氨酸残基间形成二硫键以及第 3 位苏氨酸(Thr)的糖基化，其中二硫键对于其活性的保持具有重要的作用而 Thr 糖基化对其活性没有影响。静息的 T 淋巴细胞既不能合成也不能分泌白细胞介素-2，但在适当的抗原和共刺激因子联合刺激或暴露多克隆配基情况下可诱导这两种功能。

目前已可完全用基因工程的方法生产人 IL-2，而且为了提高重组人 IL-2(rhIL-2) 的稳定性及活性，常将野生型 IL-2 改造成三重突变体(C125A/ L18M/ L19S)，即利用点突变技术将编码 rhIL-2 第 125 位半胱氨酸的基因序列突变为丙氨酸序列，编码 18 位亮氨酸的序列突变为蛋氨酸序列，编码 19 位亮氨酸的序列突变为丝氨酸序列。常用的 rhIL-2 突变体表达系统有巴斯德毕赤酵母系统和大肠杆菌系统（刘堰，2005；宋小双，2009）。另外，由于 IL-2 的血浆半衰期仅约为 2h，临床上为维持其疗效常需大剂量频繁注射，这不仅导致其毒性增加，还提高了治疗成本。为了解决这个问题，目前国内已经研制出一种长效 IL-2，即人血清白蛋白与 IL-2 的融合蛋白(HAS/IL-2)，并已获得专利（吴军，2005），该融合蛋白在小鼠体内的血浆半衰期是普通 rhIL-2 的 10 倍以上，因此其在人体内的药效有望维持更长时间。

1.9.2 白细胞介素-2 的受体

白细胞介素-2 通过效应细胞膜上的白细胞介素-2 受体(IL-2R)在 T 淋巴细胞活化、增殖中起关键作用。目前已证实，激活的 T 淋巴细胞和 B 细胞、大颗粒细胞(LGL)、非淋巴细胞及裸鼠淋巴细胞均可表达不同结构和数量的白细胞介素-2 受体。

IL-2 通过与效应细胞膜上的专属性受体(IL-2R) 结合而发挥作用，高亲和力的 IL-2R

由 3 种亚基组成: IL-2Rα (CD25)、IL-2Rβ(CD122)和 IL-2γ(CD132)。其中，α链的胞浆区最短仅由 13 个氨基酸组成，而β和γ链的胞浆区则分别含 286 和 86 个氨基酸，因此 α亚基不参与信号转导，而β和γ亚基则能结合大量信号分子活化多条信号通路。单独的 IL-2Rα亚基或β亚基对 IL-2 的亲和力很低(Kd≈10 nmol/L，Kd≈100 nmol/L)，单独的 IL-2Rγ亚基对 IL-2 的亲和力几乎为零，而β和γ亚基结合也只能形成中等亲和力的受体(Kd≈1 nmol/L)，只有α、β、γ三者结合才能产生高亲和力的 IL-2R(Kd≈10 pmol/L) 。

1.9.3 白细胞介素-2 的应用研究

（1）白细胞介素-2 的增强免疫功能

白细胞介素-2 的免疫增强作用主要体现在以下几方面：活化 T 淋巴细胞；促进 B 淋巴细胞的分化和分泌抗体；活化自然杀伤细胞、细胞毒 T 淋巴细胞和淋巴因子激活的杀伤细胞；促进其他细胞因子的释放，如肿瘤坏死因子-α、肿瘤坏死因子-β等；增强淋巴细胞和内皮细胞表面黏附分子的表达；促进淋巴细胞及其他活化细胞的黏附及移动能力；增加抗原递呈细胞表面 I 和 II 类分子的数量，增强抗原递呈作用。研究发现，多种免疫抑制疾病均与白细胞介素-2 或白细胞介素-2 受体表达紊乱有关。作为一种重要的细胞因子，近年来随着研究的不断深入人们对其研究已开始从基础研究走向应用研究。

（2）白细胞介素-2 用于肿瘤的治疗

IL-2 的主要生物学功能是促进 T 细胞的增殖与分化，此外，IL-2 也能促进 B 细胞增殖、分化和分泌抗体，活化自然杀伤(NK) 细胞、淋巴因子激活的杀伤(LAK) 细胞和细胞毒 T 淋巴细胞(CTL)，增加抗原递呈细胞表面 I 类和 II 类分子的数量及增强抗原递呈作用等。由于 IL-2 具有广泛的免疫学功能，目前临床上主要用于肿瘤、感染性疾病的治疗，尤其是在肾癌和癌性积液治疗方面疗效明显。研究表明，IL-2 并不能直接干预肿瘤细胞的生长或杀死肿瘤细胞，其抗肿瘤机制主要在于刺激、活化大量的效应细胞如 CTL、B 细胞、NK 细胞和 LAK 细胞等。

IL-2 在肿瘤局部应用比全身给药方式效果更为明显。另外，IL-2 用于控制癌性胸腹水效果十分明显，故临床报道也逐渐增多。作为免疫增强剂，IL-2 也可用于手术化疗病人的术后康复，增强病人自身的机体免疫功能。在 IL-2 治疗恶性肿瘤的基础研究中，最为引人注目的是转基因表达 IL-2 治疗。将携带 IL-2 基因的真核表达载体直接导入病灶，有可能发展成为肿瘤治疗的有效方法（金晓凌，2001）。

（3）白细胞介素- 2 的抗病毒作用

郝娃等（郝娃，2004）研究发现，严重急性呼吸综合征急性期患者血清中白细胞介素-2 水平较恢复期患者、慢性乙肝患者及健康人血清中相应水平明显增高，提示患者免疫功能有变化。有学者在检测 33 名严重急性呼吸综合征急性期患者血清时发现，白细胞介素-2 水平高于严重急性呼吸综合征恢复期患者，说明白细胞介素-2 可通过 Th1 发挥很好的抗病毒作用。

（4）用于自身免疫性疾病的治疗

如今，许多免疫学家都将 IL-2 看作是一种在体内具有两种相对立作用的细胞因子，这是因为 IL-2 除可作为 TCGF 促进 T 细胞的增殖分化外，还能限制 T 细胞的反应并产生免疫耐受（Wang J G，2009）。实验发现，缺乏 IL-2 或 IL-2R 基因的小鼠非但没有出现明显的免疫无能，相反还产生了各种严重的T细胞介导的自身免疫性疾病（Yamanouchi J，2007；Setoguchi R，2005）。Setoguchi 等（Setoguchi R，2005）分别给出生第10和20d的正常 BABL/C 小鼠腹腔注射抗 IL-2 单克隆抗体 1mg，结果，小鼠在3个月时出现了明显的自身免疫性胃炎，同时，体循环中出现了抗胃壁细胞抗体。随后他们又发现，在非肥胖性糖尿病(NOD)小鼠出生后的第10和20d分别给其腹腔注射抗 IL-2 单克隆抗体 1 mg，可加速其糖尿病的发生，并且糖尿病的发病率和胰腺炎的严重程度都明显增加，同时，与对照组相比，其胃炎(90.9% vs 0%) 和甲状腺炎(54.5 % vs 0 %) 的发病率也都明显增加。上述研究结果均表明，IL-2 在维持机体的免疫耐受方面也起着重要的作用，因而可用于自身免疫性疾病的防治。

CD4+ CD25+调节性T细胞(CD4+CD25+Treg)是调节性T细胞(Treg) 的一种重要亚型，主要由胸腺产生，并进入外周血液和淋巴组织，维持正常免疫反应和免疫耐受的平衡。CD4+CD25+Treg 组成性表达 CD4、CD25、Foxp3、细胞毒T淋巴细胞相关抗原-4(CTLA-4)(Jain N，2010)和糖皮质激素诱导肿瘤坏死因子受体(GITR)等分子。正常情况下，CD4+CD25+Treg 约占啮齿动物和人外周血 CD4+T 细胞的 5 % ～10 %。CD4+CD25+Treg 具有免疫无能性和免疫抑制性两大特征，其免疫无能性表现在对高浓度 IL-2 的单独刺激、固相包被或可溶性 CD3 单抗以及 CD3 和 CD8 单抗的联合作用呈无应答状态，也不产生T细胞增殖分化所需的 IL-2，呈现一种免疫惰性状态；而免疫抑制性表现在其经激活后能抑制 CD4+和 CD8+细胞的活化与增殖，且这种抑制作用是非特异性的，不受组织相容性抗原的限制。CD4+ CD25+Treg 发挥免疫抑制作用的机制主要有两种：细胞直接接触机制和细胞因子调节机制，前者主要与 Treg 表面的 CTLA-4 和 GITR 有关，而后者主要与分泌 IL-10 和 TGF-β等细胞因子有关。

事实上，因 IL-2、IL-2Rα或β缺失而产生的各种严重系统性自身免疫性疾病都与 CD4+ CD25+Treg 的生成减少有关(Malek T R，2004；Malek T R，2002)，而用 IL-2 单克隆抗体中和 IL-2，可选择性减少小鼠体内 CD4+ CD25+Treg 的数量（Wang J G，2009）。Malek 等（Malek T R，2002)发现，将一定数量的 CD4+CD25+Treg 转移到 IL-2β-/-小鼠体内可以阻止自身免疫性疾病的产生。大量研究均已证实，IL-2 对 CD4+CD25+Treg 在胸腺中的发育、外周功能的维持及其免疫抑制作用的发挥都起着非常重要的作用（Turka L A，2008；Bayer A L，2007；Burchill M A，2007；Yu A X，2008）。

（5）抗白细胞介素-2 受体单克隆抗体的应用研究

抗 IL-2R 单克隆抗体能显著降低临床器官移植中急性排斥反应的发生，联合用药时可减少激素的用量，具有毒副作用小、成本效益高等特点。Basili-ximab(Simulect，舒莱) 和 Daclizumab(Zenapax，赛尼哌) 是目前已被广泛用于预防肾移植后急性排斥反应发生的抗 IL-2R 单克隆抗体，二者均以 IL-2R 的α亚基为靶点，而 CD25 主要表达于激活的T淋巴细胞表面。静止的T细胞仅表达中等亲和力的由β和γ亚基组成的受体，激活的T细胞则可表达高亲和力的 IL-2R 并分泌 IL-2，而产生的 IL-2 通过自分泌和旁分泌作用与T细胞表面的 IL-2R 结合，促进T细胞的增殖与分化。应用 CD25 单抗则可封闭 IL-2R 中的α链，使 IL-2 和 IL-2R 的结合受阻，抑制激活的T细胞进入细胞增殖循环，从而减少免疫应答致急性排斥反应的发生。

近年来，有关 IL-2、CD4+CD25+Treg 和自身免疫性疾病三者关系的研究日益增多，这对更加深入了解自身免疫性疾病的发病机制起到了非常重要的作用，并使得对 IL-2 的应用研究由抗肿瘤治疗逐渐扩展到对自身免疫性疾病的治疗。

1.10 肿瘤坏死因子相关凋亡诱导配体（TRAIL）

1.10.1 TRAIL 的生物学特性

肿瘤坏死因子相关诱导凋亡配体(tumor necrosis factor related apoptosis inducing ligand，TRAIL) 是肿瘤坏死因子家族成员。TRAIL 基因定位于染色体 3q26，编码 281 个氨基酸，分子质量 32.5 ku，等电点 7.63，属于Ⅱ型跨膜蛋白，N 端 15～40 氨基酸为疏水区域并形成跨膜结构，胞内区很短，与受体结合的胞外区为 C 端的 114～281 位氨基酸(Pitti R M，1996)。人与鼠的 TRAIL 分子分别由 281 个氨基酸和 291 个氨基酸组成，同源性高达 65%。TRAIL 与 TNF 家族其他成员显著区别之一在于不同的组织分布。一般而言，TNF 的转录大多局限在激活的 T 细胞内；而 TRAIL 可以广泛表达于正常人的各种组织(肺、肝、肾、脾、胸腺、前列腺、卵巢、小肠、外周淋巴细胞、心脏、胎盘、骨骼肌等)中，胞外区形成可溶型的同源三聚体的亚结构作用其受体而发挥生理效应。

膜结合型 TRAIL (全长的 TRAIL) 和可溶型 TRAIL (胞外区 C 端的 168 个氨基酸) 在体外均能诱导多种肿瘤细胞的凋亡，作用谱很广。但是正常细胞，则对 TRAIL 不敏感，因为 TRAIL 是通过其受体而发挥作用，通过研究 TRAIL 诱导肿瘤细胞的凋亡机制，发现正常细胞免受 TRAIL 的攻击，是由于正常细胞可以表达诱骗受体(Decoy receptor) 来进行调控的，阐明了 TRAIL 与其受体的作用，从而解释了正常细胞抵抗 TRAIL 的细胞毒性作用。

1.10.2 TRAIL 受体的结构与功能

TRAIL 一共有 5 种受体 TRAIL2R1/ DR4 (Death receptor-4)、TRAIL2R2/ DR5 (Death receptor-5)、TRAIL2R3/ DcR1 (Decoy receptor-1)、TRAIL2R4/ DcR2 (Decoy receptor-2)、OPG(Osteoprotegerin)(Pan G，1997；Scheridan JP，1997；Gaohua P，1997；MacFarlance M，1997；Emery JG，1998)，它们都属于 (TNF 受体，TNF-R) 家族，属Ⅰ型跨膜糖蛋白，都有一个胞外区，与其相应的配体结合。TRAIL 的功能受体 DR4，与 DR5 高度同源(同源性为 58 %)，都有一个伪半胱氨酸重复序列的胞外区、跨膜区和死亡结构域(death domain，DD) 的胞内区组成，TRAIL 与其胞外区结合，通过 DD 激活 caspase-8，进而激活外源凋亡信号通路，诱导肿瘤细胞的凋亡。

（1）TRAIL-R1

TRAIL-R1 又称 DR4 属Ⅰ型跨膜受体，其 cDNA 全长 1.41kb，编码 468 个氨基酸的开放阅读框，包含约 226 个氨基酸的胞外区、19 个氨基酸的跨膜区，以及 220 个氨基酸胞内区。胞外区富含有两个半胱氨酸富集区（Cysteine-Rich Domain，CRD)，是受体与配体结合的区域，对 TRAIL 具有较强的亲和能力；与跨膜区相连接的是 80 个氨基酸所组成的死亡结构域 DD（Death Domain）。

（2）TRAIL-R2

DR5 同样由胞外区、跨膜区和胞内区 3 个部分组成，它与 DR4 的同源性极高，功能也颇为相似。DR5 受体也可以同 FADD，TRADD，RIP 和 FLICE 等发生相互作用介导产生细胞凋亡(Elrod HA，2008；Van der Sloot，2006)。研究证明在 DR5 介导凋亡过程中，FADD 分子是必须的，它的突变或移位均不能使凋亡发生。

（3）TRAIL-R3

TRAIL-R3 又称 DcR1（Decoy Receptor 1）、TRID、或 LIT，cDNA 全长为 1.4kb，与 TRAIL-R1、R2 具有较高的同源性（分别为 58%和 54%），不同的是，DcR1 只有胞外区，缺乏典型的跨膜区结构以及胞内区，它是通过糖基化磷脂酰肌醇（glycosylphosphatidylinositol，GPI）形式锚定在细胞膜上的。DcR1 与 TRAIL 结合后，无法传递凋亡信号，故被称为诱骗受体。

（4）TRAIL-R4

TRAIL-R4 也称 DcR2，其 mRNA 同样在人类的多数的正常器官和肿瘤细胞中转录表达。DcR2 具有胞膜内区，然而却大量缺乏 DR 受体中所必需的氨基酸，进而也不能向胞内传递死亡信号(Degli-Esposti MA，1997)。DcR2 与死亡受体竞争性结合 TRAIL 后，会形成无功能的假死亡受体复合体 DISC（Death-Inducing Signaling Complex），在真正的 DISC 簇中起到了稀释的作用。人们因此推测它可能具有潜在的抗凋亡作用。DcR2 还具有以 TRAIL 非依赖的途径与死亡受体 DR5 相互结合的能力，而抑制凋亡的发生。同时它特有的 PLAD（pre-ligand assembly domain）的结构域对 DcR2 的结合功能是必须的，PLAD 的缺失或突变会使受体间无法相互作用（Clancy L，2005）。

(5) OPG

OPG（Osteoproterin）是第一个被报道出的分泌型 TNF 受体。OPG 的胞外区 N 末端是由一个疏水的引导肽和 3.5 个半胱氨酸富集区组成的，而它不具备跨膜区结构域。和其他受体相比，OPG 在 3.0 nmol/L 的低浓度下，就可以和 TRAIL 有很高的亲和性，因此，OPG 能通过自分泌或旁分泌的形式抑制 TRAIL 和死亡受体结合来抵抗 TRAIL 诱导细胞毒性的作用。研究表明，OPG 还具有抑制破骨细胞、调节骨质吸收、增加骨密度等作用。

1.10.3 TRAIL 特异杀伤肿瘤细胞的机制

正常组织细胞表达的两个诱骗受体 DcR1 和 DcR2，它们与 DR4 和 DR5 同源率分别是 58 %和 57 %。DcR1 与 DcR2 的同源性为 70 %，它们的胞外区与 DR4 和 DR5 相似，但胞内区差别很大，DcR2 胞内区只有部分的 DD，不能介导细胞的凋亡，DcR1 缺少跨膜区和胞内区域，只是通过糖磷脂肌醇连接到细胞膜上。DcR1 和 DcR2 的膜外区均有两个与 DR4 和 DR5 高度同源的富含半胱氨酸的伪重复序列，能够与 TRAIL 结合，但 DcR1 没有胞内区，DcR2 的胞内区则仅有一段不完整的 DD，因此二者都不能传递 TRAIL 的死亡信号。正常细胞广泛表达 DcR1、DcR2、DR4 和 DR5，而肿瘤细胞只表达 DR4 和 DR5，这样正常细胞由于有 DcR1、DcR2 与 DR4、DR5 竞争结合 TRAIL 而免受其攻击，肿瘤细胞则由于缺乏 DcR1 和 DcR2 的保护而易被 TRAIL 诱导而产生细胞凋亡。DR4 和 DR5 都必须形成同源三聚体才能诱导细胞凋亡，诱骗受体不仅能竞争结合 TRAIL，也可能与 DR4、DR5 形成异源三聚体而干扰 DR4 和 DR5 的诱导细胞凋亡作用(Ashkenazi A，1998；Gura T，1997)。TRAIL 的另一种可溶性诱骗受体 OPG（Emery JG，1998）也能与 TRAIL

结合，从而拮抗 TRAIL 诱导肿瘤细胞的凋亡作用。

研究者们推测 DcR1、DcR2 在细胞中的定位受到 DR4 和 DR5 的调控。Zhang 等人通过共聚焦显微镜观察黑色素瘤细胞内的受体定位和运动时发现，在 TRAIL 刺激后，定位于高尔基体的 DR4、DR5 进入核内，而细胞核中的 DcR1、DcR2 则完成从核到胞膜的定位。通过受体单独屏蔽实验推测出，诱骗受体的移动是依赖于来自死亡受体所发出的信号，即 DR4 和 DR5 发生突变或缺失时，DcR1、DcR2 的移动和定位就会出现异常。

1.10.4 TRAIL 诱导细胞凋亡的信号通路

(1) 死亡受体途径

TRAIL 所调控的细胞凋亡主要分为：死亡受体通路（细胞外路），以及线粒体通路（细胞内路）。这两种路径，都要通过多蛋白组成的死亡复合体来激活半胱氨酸蛋白酶（Caspase），最终引发细胞凋亡(Boatright K M，2003)。

TRAIL 介导的死亡受体通路过程如下：首先，TRAIL 与 TRAIL-DR 胞外结构中的半胱氨酸富集区结合后，引起 DR 寡聚化，与其细胞内同具有 DD 结构域的 FADD 分子聚合，后者再通过它的二级结构域 DED 募集 Caspase-8 的前体（pro-Caspase-8），共同形成一个死亡信号复合体 DISC（Kischkel FC，2000；Kischkel FC，1995）。活化的 Caspase-8 激活其下游的 Caspase-3、Caspase-7 的前体，最终引发细胞凋亡。在 DISC 复合体内，FADD 及 Caspase-8 起到至关重要的作用，多项研究表明它们的缺失或突变，TRAIL 都将无法导致细胞凋亡（Bodmer JL，2000）。

(2) 线粒体途径

TRAIL 线粒体途径的凋亡起始于 Bcl-2 超家族的一类构造上仅含有 BH-3 的分子，包括 Bid、Bim、Harikari 和 Noxa 分子(Chen Q，2003)。这些分子和线粒体外膜的 Bcl-2 超家族的另一子属 Bax 等成员（Bax、Bak、Bok）相聚集，引起后者的构象改变。构象改变后的 Bax 等分子在线粒体膜上形成通道，将细胞色素 C（Cyt-c）、Samc/DIABLO、EndoG 等分子从线粒体中释放到胞浆中，与胞质中的 Apf-1 结合，形成凋亡体复合物（apoptosome）(Jiang X，2000)。凋亡小体继续活化 Caspase-9 前体（Pro-Caspase-9），最后激活 Pro-Caspase-3、6、7，引发细胞凋亡。除 Cyt-c 外，Samc/DIABLO 蛋白在凋亡起始中也发挥了重要作用。Samc/DIABLO 可以通过与 IAPs 家族成员 XIAP 结合，而解除后者抑制 Caspase 活化的能力（Du C，2000）。研究证明 *P*53 基因突变的细胞株不会在 TRAIL 介导线粒体通路中发生凋亡，证明了凋亡的线粒体通路是 *P*53 基因依赖性的（El-Deiry WS，2001）。

(3) TRAIL 诱导凋亡的旁路激活 NF-κB 途径

TRAIL 除了激活死亡受体和线粒体通路外，还可以通过其受体活化 NF-κB 旁通路(Kim YS，2002)。核转录因子 NF-κB 在机体免疫系统的调控，以及细胞的发展、凋亡、增殖等多方面起到非常重要的作用。NF-κB 家族的重要的五个亚基。cRel、RelA（p65）、RelB、p50 and p52，它们之间是通过二聚作用形成转录因子而进入细胞核内起调控作用的。生理状态下，NF-κB 与其抑制因子 IκB 相结合在胞质中，在细胞因子 TNF 刺激后，受体相关蛋白（receptor interacting protein，RIP）与 DISC 复合体聚集，作为中间传导蛋白最终与 NF-κB 调节体（NF-κB essential modulator，NEMO）NEMO/IKKγ复合。这个中间体的形成会继续募集 IκB 激酶 IKKα和 IKKβ，使 IκB 磷酸化降解，最终导致 NF-κB 的激活。

作为一种新兴的抗肿瘤试剂，TRAIL 被用于人类癌症的治疗中。然而，大多数癌细胞对 TRAIL 产生了不同程度的耐受机制，使其临床应用出现瓶颈。近来，放化疗、抗炎症药物、抗氧化剂与 TRAIL 联合治疗癌症相继被报道出来(Chinnaiyan A M；2000；Keane M M，1999；Singh T R，2003；Liu X，2004)，这些研究提示我们，只有联合治疗才是 TRAIL 有效杀伤癌细胞的主要手段，寻找更有效的 TRAIL 敏化试剂也是 TRAIL 作为未来药物研究和开发的重要方向。

2 材　料

2.1 细胞株和质粒

BHK-21 由 B. Moss 博士惠赠，人神经母细胞瘤细胞株 SH-SY5Y、人肝癌细胞株 HepG-2、人脑胶质瘤细胞株 U251、人子宫颈癌细胞株 Hela、人肺癌细胞株 A549，DF-1 鸡胚成纤维细胞由东北农业大学生命科学学院生物制药教研室保存。

H22 小鼠肝癌腹水型细胞由哈药生物工程集团馈赠。

Anhinga 株的全长 cDNA 的转录质粒 pFLC-rAnh、辅助质粒 pTM-N, pTM-P, pTM-L 由美国东南禽病研究所 Q.Yu 博士惠赠。

重组 Anhinga 株 Anh 及重组 EGFP 的 Anhinga 株 Anh/EGFP 由本实验室保存。

2.2 培养基及生化试剂

酚试剂购自天津灏洋生物制品科技有限责任公司，RNA 酶抑制剂（RNasin，RNase Inhibitor），逆转录酶（M-MLV），RNaseA，RNA 提取试剂 Trizol 均购自 Promega 公司。Protein K，琼脂糖颗粒购自 SIGMA 公司。

rTaq DNA 酶，dNTP Mixture，Oligo(dT)$_{18}$，限制性内切酶（Bst BI、Pme I、Kpn I、Spe I)、T4 DNA 连接酶，购自 NEB 公司，DNA 分子质量标准λ-EcoT14 Ⅰ marker，DL2000、克隆载体 pMD18-T vector，CIAP 均购自 TaKaRa 公司。

鼠 CD4CD8 抗体购自德国美天旎生物技术公司（Miltenyi Biotec GmbH）。

F12 培养基、1640 培养基、高糖 DMEM 培养基购自 GIBCO，新生牛血清（NCS）、胎牛血清（FBS）购自 Hyclone 公司。地塞米松(Dexamethasone)、二甲基亚砜（DMSO）、L-谷氨酰胺购自 Sigma Corporation。胰蛋白酶购自北京原平皓生物技术有限公司。氨苄青霉素、硫酸链霉素购自 Amersham Pharmacia Biotech 公司。转染试剂 Lipofectmine 2000 购自 Invitrogen 公司。胰蛋白酶购于天象人生物工程有限公司。Annexin V-FITC 细胞凋亡检测试剂盒购于南京凯基生物科技发展有限公司。质粒小提试剂盒购自 TANGEN 公司 DNA 回收试剂盒、PCR 产物纯化试剂盒（购自 Qiagen 公司）；质粒大提试剂盒购于 OMEGA 公司。

2.3 鸡　胚

9～11 日龄 SPF 鸡胚，鸡血均购自中国农业科学院哈尔滨兽医研究所实验动物中心。

2.4 实验动物

昆明小鼠（购自哈尔滨市肿瘤医院），雌性，4～6 周龄，体重 l8～23g，SPF 级。

2.5 RT-PCR 试剂盒及引物

实时荧光定量 PCR 试剂盒购自 TaKaRa 公司。参照 Gene Bank 中所提供的 IL-2 基因和 TRAIL 基因序列设计克隆引物和 RT-PCR 检测引物，所用引物均由 Invitrogen 公司合成。

2.6 主要仪器和设备

倒置显微镜：Olympus 公司
荧光显微镜：Nikon 公司，TS100 型
CO_2 培养箱：NUAIRE 公司
电动移液器：JET 公司
低速离心机：上海浦东物理光学仪器厂
各规格的细胞培养板：JET BIOFIL 公司
酶标板：JET BIOFIL 公司
超净工作台：Froma Scientific 1829 型
酶标仪：Bio-Rad 680 型
电热恒温水槽：DK-80 型上海精宏实验设备有限公司
-70℃超低温冰箱：Revco 公司
-20℃冷冻冰柜和 4 ℃冷藏冰箱：海尔公司
pH 计：上海精密科学仪器有限公司
高压灭菌锅：SANYO 日本产
超纯水系统：Millipore Milli-Q Ⅱ型
电热恒温鼓风干燥箱：DHG-9240A 型上海—恒科技仪器有限公司
旋涡震荡器：H-1 型上海沪西仪器厂
台式低温高速离心机：BECKMAN Avanti™ 30 型
高速台式离心机：TGL-16 型上海医疗器械六厂
恒温空气浴摇床：HWY-100B 型上海智城分析仪器制造有限公司
紫外检测仪：UV-20 型 Hoefer 公司
电子天平：METTER AE260 型 Deltalange 公司
实时荧光定量 PCR 仪：ABI 公司 7300 型
普通 PCR 仪：Biometra 华粤企业集团有限公司
垂直板电泳系统：BIO-RAD MA120 型
凝胶成像系统：AlphaImager™2200 Alpha Innotech Corporation
超声波破碎仪：Ultrasonic Homogenizer 4710 Series 美国产
高功率数控超声波清洗器：昆山市超声仪器有限公司，KQ-200KDE 型
脱色摇床：北京六一仪器厂，WD-9405A 型
721 分光光度计：上海第三分析仪器厂
微波炉：美的公司
分选式流式细胞分析仪：B.D.公司

3 方　法

3.1 人 IL-2 和 TRAIL 基因的克隆与序列分析

3.1.1 人组织总 RNA 提取

取胎盘组织约 100mg，至于预冷的研钵中，不断加入液氮，迅速研磨成粉末。将组织粉末移至预冷的 Eppendorf（Ep）管中加 1mL 冷 Trizol，反复吹打，混均，加 200μL 预冷的酚-氯仿混合物（酚：氯仿=1：5），剧烈振荡混均 30s，12 000r/min，4℃离心 10min。取上清，再次加入酚-氯仿混合物剧烈震荡，12 000r/min，4℃离心 10min。取上清，加等体积冷异丙醇，-20℃放置 30min，12 000r/min，4℃离心 10min。小心吸去上清液，将离心管倒置，使液体尽量流干。用 1mL 预冷 70％乙醇，12 000r/min，4℃离心 5min 洗涤 RNA 沉淀，弃上清，重复加乙醇一次，室温干燥。用 30μL 灭菌 DEPC 水溶解 RNA，吸取部分待用；其余样品放入 75％乙醇，-80℃保存备用。

3.1.2 人组织 cDNA 的合成

以人组织总 RNA 为模板，Oligo(dT)$_{18}$为引物，参照反转录酶（M-MLVRT）说明书进行 cDNA 第一条链合成。反应体系和具体操作分别如下：

Oligo(dT)$_{18}$　　1.0μL
模板　　5.0μL
DEPC-H_2O　　5.0 μL

70℃水浴 5min，冰上放置 5min，依次加入：

RNasin　　1.0μL
5×M-MLVRT buffer 5.0μL
dNTPs 5.0μL
DTT　2.0 μL
M-MLVRT　　1.0μL

42℃水浴 2 h，70℃水浴 15 min，取 2 μL 用于 PCR 扩增反应。

3.1.3 人 IL-2 基因的 PCR 扩增

根据 GenBank 上已发表的 IL-2 基因序列（序列号 NM_000586.3），利用引物设计软件 Primer 5.0 设计 PCR 引物 P1、P2 用于完整 IL-2 基因的克隆。两端设计了 Bst BI 识别剪切序列，以匹配 Anhinga 株的全长 cDNA 的转录质粒 pFLC-Anh 的 Bst BI 位点。在下游引物引入 KpnI 酶切位点，便于与 NDV 基因组连接后鉴定正向连入，由 Invitrogen 公司合成。

IL-2PF

P1：5'CC**TTCGAA**CGTTAAGAAAAAATACGGGTAGAACC***GCCACC***ATGTACAGGGCAACT3'

Bst BI　　GE　　GS

IL-2PR

P2：5' CC**TTCGAA**CG**GTTTAAAC*GGTACC*** TCAAGTCAGTGTTGAGATGATG 3'

Bst BI　　Pme I　　Kpn I

下划线部分为IL-2基因特异序列，加粗表示酶切位点，Kozak序列用加粗斜体表示，基因起始信号（GS）和基因结束信号（GE）用字符边框表示。

采用温度梯度PCR方法以cDNA为模板，扩增人IL-2基因，PCR反应循环参数为：94℃预变性5min，94℃ 1min，退火温度依次为：50℃，50.4℃，51.3℃，52.5℃，54.2℃，56.4℃，58.9℃，61.0℃，62.7℃，63.9℃，64.7℃，65℃，时间1min，72℃ 1min，25个循环后，72℃再延伸10min。（50μL体系）如下：

10×PCR buffer 5.0μL
dNTPs 4.0μL
模板 2.0μL(10ng)
P1 1.0μL(10pmol)
P2 1.0 μL(10pmol)
Taq 酶 0.5μL
ddH_2O 36.5μL

混匀后进行温度梯度PCR扩增。扩增结束后，取3μL 混合物于4%琼脂糖凝胶电泳上观察片段大小。经电泳分析人IL-2基因扩增温度为56℃效果较好。

3.1.4 人TRAIL基因的PCR扩增

由于完整TRAIL蛋白含有跨膜区，其与受体结合部分位于胞外区，因此根据GenBank上已发表的TRAIL基因序列（序列号U37518.1），对其胞外区进行克隆，并添加分泌信号肽，使连入病毒的TRAIL蛋白表达后能够分泌到细胞外。信号肽序列为：

ATGGAGACAGACACACTCCTGCTATGGGTACTGCTGCTCTGGGTTCCAGGATCC ACTGGT。

利用引物设计软件Primer 5.0设计PCR引物P1、P2、P3用于添加信号肽的TRAIL基因的克隆。两端设计了Bst BI识别剪切序列，以匹配Anhinga株的全长cDNA的转录质粒pFLC-Anh的Bst BI位点。在下游引物引入Spe I酶切位点，便于与NDV基因组连接后鉴定正向连入，由Invitrogen公司合成。

克隆信号肽引物：

P1：5'CC**TTCGAA**TTAAGAAAAAATACGGGTAGAACC***GCCACC***ATGGAGACAGACAC
Bst BI GE GS
ACTCCT3'

P2：5' TGGTTTCCTCAGAGGTACCAGTGGATCCTGGAACCCAGAGC 3'

下划线部分为信号肽基因特异序列，加粗表示酶切位点，Kozak序列用加粗斜体表示，基因起始信号（GS）和基因结束信号（GE）用字符边框表示。

TRAIL下游引物：

P3：5'CCTTCGAACGGTTTAAACACTAGTCCTTAGCCAACTAAAAAGGCCCCGAAA 3'
Bst BI PmeI SpeI

先用P2、P3引物克隆TRAIL基因，以cDNA为模板，采用温度梯度PCR方法以cDNA为模板，扩增人IL-2基因，PCR反应循环参数为：94℃预变性5min，94℃ 1min，退火温度依次为：50℃，50.4℃，51.3℃，52.5℃，54.2℃，56.4℃，58.9℃，61.0℃，62.7℃，63.9℃，64.7℃，65℃，时间1min，72℃ 1min，25个循环后，72℃再延伸10min。（50μL体系）如

下：

10×PCR buffer	5.0μL
dNTPs	4.0μL
模板	2.0μL(10ng)
P1	1.0μL(10p mol)
P2	1.0μL(10p mol)
Taq 酶	0.5μL
ddH_2O	36.5μL

混匀后进行温度梯度 PCR 扩增。扩增结束后，取 3μL 混合物于 4％琼脂糖凝胶电泳上观察片段大小。经电泳分析人 TRAIL 基因扩增温度为 60℃效果较好。将克隆后产物进行 PCR 纯化，连接 T 载体，转化后选取阳性克隆提质粒（方法如下），鉴定正确后，用 P2、P3 通过 PCR（体系如上所示）进行亚克隆，添加信号肽。

3.1.5 PCR 产物的纯化

取 20 μL PCR 产物（浓度约为 100 ng/μL）进行纯化，纯化步骤参照 Axygen PCR Purification Kit 说明书进行。在 PCR 反应液中，加 3 个体积的 Buffer PCR-A，混匀后转移到制备管中，将制备管置于 2mL 离心管中，12 000r/m 离心 1min，弃滤液。将制备管置回 2 mL 离心管，加 700μLBuffer W2，12 000r/min 离心 1min，弃滤液。再加入 400μL Buffer W2 洗涤一次。将制备管置于洁净的 1.5mL 离心管中，在制备管膜中央悬空滴加 25～30μL 去离子水，室温静置 1min。12 000r/min 离心 1min 洗脱 DNA。取 1μL 纯化产物于 1%琼脂糖凝胶电泳观察纯化结果后，保存于-20℃备用。

3.1.6 PCR 回收产物与克隆载体的连接

将纯化后的目的片段克隆到 pMD18-T Simple Vector 中，步骤参照 TaRaKa 公司 pMD18-T Simple Vector 的使用说明书。连接反应体系如下：

pMD18-T Simple Vector	1 μL（50 ng）
纯化后的 PCR 产物	1 μL（50 ng）
Solution Ⅰ	5μL
灭菌去离子水	3 μL

共 10 μL 体系，混匀后，4℃连接过夜。

3.1.7 大肠杆菌感受态细胞的制备

先后制备大肠杆菌 DH5α、Rosetta（DE3）感受态细胞。方法如下：挑取冻存的大肠杆菌菌液，于 LB 固体平板培养基表面划线，37℃培养过夜，同时设含 Amp 的 LB 培养板划线培养作对照。挑取中等大小单一菌落，接种于 LB 液体培养基中，于 37℃恒温空气浴摇床培养过夜。次日将细菌培养物以 1%比例接种于 200 mL 液体 LB 培养基中，37℃下 200 r/min 培养至 OD_{600} 约为 0.4 时，冰上放置 10 min，4000 r/min 离心 10 min 收集菌体。将菌体重悬于 30 mL 预冷的 0.1 mol/L $CaCl_2$ 中，4000 r/m 离心 10 min。按初始菌液与 $CaCl_2$ 溶液体积比为 50:2 的比例加入预冷的 0.1 mol/L $CaCl_2$ 重悬菌体沉淀，每管 100 μL 分装于 Ep

管中，加 100 μL 50%的甘油并混匀，放入液氮中快速冰冻细胞 2～3 min 后，-70℃保存备用。

3.1.8 重组克隆质粒的转化

将连接产物全部转化 *E.coli*DH5α感受态菌，具体转化步骤如下：从-80℃冰箱中取出两管 DH5α感受态菌，置于冰上使其融化。将 3.1.5 步骤的连接产物共 10μL 加入到感受态菌中，并以不加任何物质作为阴性对照。冰浴 30 min，42℃水浴热激 50 s，快速将其移入冰浴中，放置 2min。加入 200μL 灭菌的 LB 液体培养基，37℃摇床中温和摇动 1h 后将加入连接产物的 DH5α分别涂布于两块含有 100μg/mL Amp 的 LB 固体培养基平板上，不加任何物质的 DH5α分别涂布于含有 100μg/mL Amp 和不含 Amp 的 LB 固体培养基上作为对照，37℃培养 12～16h。

3.1.9 阳性克隆的筛选

随机挑选其中几个单个菌落，分别接种于含 100 μg/mL Amp 的 LB 液体培养基中，37℃振荡培养过夜，收集菌体提取质粒，具体步骤按照 TANGEN 公司的质粒小提试剂盒（离心柱型）的说明书进行。

取 1～5mL 的上述过夜培养物加入 Ep 管中，12 000r/min 离心 1min，尽量吸去上清。向留有菌体沉淀的离心管中加入 250μL 溶液 P1，使用移液器或漩涡振荡器彻底悬浮细菌沉淀。向离心管中加入 250μL 溶液 P2，温和地上下翻转 4～6 次使菌体充分裂解。向离心管中加入 350μL 溶液 P3，立即温和地上下翻转 6～8 次，充分混匀，12 000r/min 离 10 min。小心地将上清倒入或用移液器转移到吸附柱 CB3 中，室温放置 1～2min，12 000r/m 离心 1min，倒掉收集管中的废液，将吸附柱重新放回收集管中。向吸附柱 CB3 中加入 700μL 漂洗液 PW，12 000r/min 离心 30～60 s，倒掉收集管中的废液。向吸附柱 CB3 中加入 500μL 漂洗液 PW，12 000r/min 离心 30～60 s，倒掉收集管中的废液。将吸附柱重新放回收集管中，12 000 r/min 离心 2min，室温干燥。将吸附柱 CB3 置于一个干净的离心管中，向吸附膜的中央滴加 30μL 灭菌的去离子水，室温静置 1min 后，12 000r/min 离心 1min 将质粒溶液收集到离心管中。1%琼脂糖凝胶电泳观察结果，质粒置于-20℃保存备用。

3.1.10 阳性重组质粒的鉴定

挑取几个单菌落，分别接种于含 100μg/mL Amp 的 LB 液体培养基中，扩增培养过夜后，用 Axygen 公司质粒小提试剂盒提取质粒。为了叙述方便将重组质粒命名为 pFLC-rAnh/IL-2 和 pFLC-rAnh/TRAIL，用 Kpn I 和 Spe I 限制性内切酶分别对 pFLC-rAnh/IL-2 和 pFLC-rAnh/TRAIL 进行单酶切鉴定，37℃，2h 酶切鉴定 10μL 体系：

Kpn I(NEB)	0.5μL
10×Buffer 1(NEB)	1.0 uL
Spe I(NEB)	0.5μL
10×Buffer 4(NEB)	1.0 μL
pFLC-rAnh/TRAIL	1.5μL
灭菌去离子水	6.5μL

3.1.11 人 IL-2 基因和 TRAIL 基因克隆序列测定与结果分析

将鉴定正确的重组质粒由南京博亚公司进行测序。利用 DNAMAN 软件对测序结果进行序列分析。

3.2 NDV Anh 基因组载体的制备

对全长 cDNA 的转录质粒 pFLC-rAnh 进行酶切，回收酶切片段，BstBI 酶切体系(100μL)如下：

BstBI（NEB）	5.0 μL
10×Buffer 4（NEB）	10μL
pFLC-rAnh	10μL（10μg）
灭菌去离子水	75μL

此反应体系 60℃酶切 2h。而后进行酶切产物的胶回收。

对单酶切后的产物去磷酸化。单酶切的末端能够发生载体自连。用 CIAP 去磷酸化，它能将 5'端突出的磷酸基团消化掉使质粒载体自身不能形成闭合的环状结构。去磷酸化体系 50μL 如下：

pFLC-rAnh 单酶切胶回收产物	5.0 μL
10×碱性磷酸酶缓冲液	5.0 μL
CIAP（10～30 U/μl）	2.0 μL
灭菌去离子水	75μL

按上述体系配好之后，轻轻混匀 37℃或 50℃反应 30min,苯酚/氯仿/异戊醇（25∶24∶1）抽提 2 次，氯仿/异戊醇（24∶1）抽提 1 次，添加 5μL 的 3 mol/L NaOAc、125μL 的（2.5 倍量）冷乙醇，在-20℃下保冷 30～60min，离心分离回收沉淀，用 200μL 的 70%冷乙醇洗净后，减压干燥，用 20μL 以下的灭菌去离子水溶解。取 1μL 样品 1%琼脂糖电泳观察胶回收及纯化结果后，保存于-20℃备用。

3.3 表达 IL-2 重组病毒基因组全长 cDNA 的构建

3.3.1 IL-2 片段的制备

对经鉴定正确的阳性重组质粒 pMD18-T-IL-2 进行酶切，回收酶切片段，BstB I 酶切体系(100μL)如下：

BstBI（NEB）	5μL
10×Buffer 4（NEB）	10μL
pMD18-T-IL-2	10μL（10μg）
灭菌去离子水	75μL

此反应体系 60℃酶切 2h。

100μL（约 10μg）酶切产物在 1%琼脂糖凝胶上进行电泳，用切胶刀切下大约 750bp 目的带，称取胶重。回收步骤参照 Axygen 公司胶回收试剂盒说明书：按每 100mg 琼脂糖加入 300μL DE-A 液的比例加入 DE-A 液，置 70℃水浴 10min，每 2min 颠倒混匀一次，使琼脂糖完全融化，加入 1/2 DE-A 液体积的 DE-B 液；将液体移入吸附柱，10 000 r/min 离心 1min，倒掉收集管中的液体，将吸附柱放入同一收集管中。在吸附柱中加入 500μL W_1 液，12 000 r/min 离心 30 s，倒掉收集管中的液体，将吸附柱放入同一收集管中。在吸附柱中加入 700μL W_2 液，12 000 r/min 离心 30s，倒掉收集管中的液体，将吸附柱放入同一收集管中，12 000 r/min 离心 1min。将吸附柱放入一个干净的 1.5mL Eppendorf 管中，在吸附膜中央加入 40μL 灭菌去离子水，静置 1min 后，12 000r/min 离心 1min。取 1μL 样品 1%琼脂糖电泳观察胶回收及纯化结果后，保存于-20℃备用。

3.3.2 IL-2 胶回收产物与 NDV 病毒基因组转录载体片段的连接

将胶回收纯化后的 IL-2 目的片段连接到 pFLC-rAnh 载体中，连接反应体系如下：

pFLC-rAnh 载体	1.0μL
纯化的胶回收产物	3.0μL
T4 Ligase（NEB）	0.5 μL
10× T4 Ligation Buffer	1.0μL
灭菌去离子水	4.5 μl

共 10μL 体系，混匀，16℃连接过夜，将连接产物全部转化 E coli. DH5α感受态菌并设置对照组，涂布于含有 100μg/mL Amp 的 LB 固体培养基平板上，37℃培养 12～16h，具体步骤步骤同 3.1.3。

3.3.3 阳性重组质粒的鉴定

挑取几个单菌落，分别接种于含 100μg/mL Amp 的 LB 液体培养基中，扩增培养过夜后，用 Axygen 公司质粒小提试剂盒提取质粒，具体步骤参考 3.1.3。为了叙述方便将重组质粒命名为 pFLC-rAnh/IL-2，用 Kpn I 限制性内切酶进行单酶切鉴定，37℃，2h 酶切鉴定 10μL 体系：

Kpn I (NEB)	0.5μL
10×Buffer 1(NEB)	1.0 μL
pFLC-rAnh/IL-2	1.5μL
灭菌去离子水	6.5μL

3.4 表达 TRAIL 重组病毒基因组全长 cDNA 的构建

3.4.1 TRAIL 片段的制备

对经鉴定正确的阳性重组质粒 pMD18-T-TRAIL 进行酶切，回收酶切片段，BstB I 酶切体系(100μL)如下：

BstBI（NEB）	5μL
10×Buffer 4（NEB）	10μL
pMD18-T-TRAIL	10μL
灭菌去离子水	75μL

此反应体系 60℃酶切 2h。

100μL（约 10μg）酶切产物在 1%琼脂糖凝胶上进行电泳，胶回收。

3.4.2 TRAIL 胶回收产物与 NDV 病毒基因组转录载体片段的连接

将胶回收纯化后的 TRAIL 目的片段连接到 pFLC-rAnh 载体中，连接反应体系如 3.3.2。

3.4.3 阳性重组质粒的鉴定

挑取几个单菌落，分别接种于含 100μg/mL Amp 的 LB 液体培养基中，扩增培养过夜后，用 Axygen 公司质粒小提试剂盒提取质粒，具体步骤参考 3.1.3。为了叙述方便将重组质粒命名为 pFLC-rAnh/TRAIL，用 Spe I 限制性内切酶进行单酶切鉴定，37℃,2h 酶切鉴定 10μL 体系：

Spe I (NEB)	0.5μL
10×Buffer 1(NEB)	1.0 μL
pFLC-rAnh/TRAIL	1.5μL
灭菌去离子水	6.5μL

3.5 细胞培养

3.5.1 细胞复苏

按常规方法培养，将保存于液氮冷冻的 BHK-21、DF-1、HepG-2、U251、A549 和 SH-SY5Y 细胞取出迅速置于 37℃水浴中，快速振荡使细胞回温，回温后用 75 %酒精擦拭冻存管表面，在无菌操作台内，将细胞转入无菌的离心管中，加入 5mL 预热的完全培养基混匀细胞，以 1000 r/min 离心 5min。在无菌超净台上，弃去上清液，加入少量的新鲜培养液并轻轻吹吸均匀，以（1∶10）～（1∶5）的比例稀释细胞，将细胞悬液移入培养瓶内，HepG-2 细胞的生长条件为高糖 DMEM 培养基，10%新生牛血清 (Invitrogen Corporation)，青霉素 100U/mL，链霉素 100μg/mL，37℃、5%CO_2，饱和湿度条件下培养。DF-1 细胞的生长条件为高糖 DMEM 培养基，10%胎牛血清 (Invitrogen Corporation)，青霉素 100U/mL，链霉素 100μg/mL，37℃、5%CO_2，饱和湿度条件下培养。U251 细胞的生长条件为高糖 DMEM 培养基，15%胎牛血清 (Invitrogen Corporation)，青霉素 100U/mL，链霉素 100μg/mL，37℃、5 %CO_2，饱和湿度条件下培养。SH-SY5Y 细胞的生长条件为高糖 1640 培养基，15%胎牛血清 (Invitrogen Corporation)，青霉素 100U/mL，链霉素 100μg/mL，37℃、5%CO_2，饱和湿度条件下培养。A549 细胞的生长条件为高糖 F12 培养基，15%胎牛血清 (Invitrogen Corporation)，青霉素 100U/mL，链霉素 100μg/mL，37℃、5%CO_2，饱和湿度条件下培养。BHK-21 细胞的生长条件为高糖 DMEM 培养基，10%胎牛血清 (Invitrogen Corporation)，青霉素 100U/mL，链霉素 100μg/mL，37℃、5%CO_2，饱和湿度条件下培养，用 G418 隔代筛选。

3.5.2 细胞传代

当细胞生长至高密度时，吸出培养瓶中的培养液，用无菌的 PBS 平衡盐溶液冲洗去除残留的血清。加入 1mL 0.25 %的胰蛋白酶液(以消化液能覆盖整个瓶底为准）后放入 37℃，CO_2 培养箱中孵育消化 1～3min，并在光学倒置显微镜下动态监测。当细胞将要分离而呈现圆粒状时，吸去胰蛋白酶液，加入新鲜培养液。用吸管吸取瓶内培养液，反复吹打瓶壁上的细胞，打散细胞团块使其形成细胞悬液。再加入新鲜培养基稀释，以（1∶5）～（1∶3）的比例将细胞接种于新的培养瓶内。37℃、5 %CO_2，饱和湿度条件下培养。取生长状态良好的对数期细胞用于实验。

3.5.3 细胞冻存

预先配制细胞冻存液，避免 DMSO 因临时配制产热而伤害细胞。将 DMSO 加入到含 10%血清的生长培养基中，DMSO 终浓度为 5%～10%，混合均匀。取对数生长期细胞，依细胞传代培养的方法，收集培养的细胞，取少量细胞悬浮液（约 0.1mL）计数细胞浓度及冻存前存活率。1000r/min 离心 5min，去除上清液，加入适量冻存液，用吸管吹打制成细胞悬液，使细胞浓度为（1～5）×10^6 个/mL，分装，每个冻存管加 1mL 细胞悬液，密封后标记冷冻细胞名称和冷冻日期。将冻存的细胞先放入-80℃低温冰箱内的保温盒中过夜，使其降温，再将冷冻管（管口要朝上）放入纱布袋内，纱布袋系以线绳，通过线绳将纱布袋固定于液氮罐罐口，按每分钟温度下降 1～2℃的速度，在 40min 内降至液氮表面，停 30min 后，直接投入液氮中。

3.6 重组 NDV 拯救及鉴定

3.6.1 重组 NDV 的拯救

3.6.1.1 重组NDV rAnh/IL-2的拯救

按照 Fastfilter Endo-Free Plasmid Maxi Kit 的说明书提取质粒 pFLC-rAnh/IL-2、pTM1-NP、pTM1-P、pTM1-L（见附录）。BHK-21细胞用G418隔代筛选，培养至对数生长期经胰蛋白酶和EDTA联合消化后进行收集，接种于六孔板内生长至70%～80%单层，转录质粒pFLC-rAnh和辅助质粒 pTM1-NP，pTM1-P及pTM1-L分别以每孔1μg、0.5μg、0.25μg和0.1μg ，采用质脂体转染法，用Lipofectmine 2000转染试剂，共转染BHK-21细胞。转染前，细胞单层用PBS洗一次，加入1mL Opi-MEM培养基。500μl转染反应物加入6μL转染试剂，缓慢滴加入细胞单层上。转染6h后弃去培养液，用含10%DMSO的PBS液休克细胞2.5min，加入完全DMEM培养液，继续培养2～3d后，细胞在-80℃冷冻，反复冻融3次，4℃低速离心（12 000r/min）收集上清，取300μL接种于9日龄SPF 鸡胚。3～4d后，收集尿囊液，按常规方法进行新城疫病毒的血凝（HA）试验和血凝抑制（HI）试验。收获HA及NDV抗血清HI试验结果阳性尿囊液，分装后70℃冻存。

3.6.1.2 重组NDV rAnh/TRAIL的拯救

按照 Fastfilter Endo-Free Plasmid Maxi Kit 的说明书提取质粒 pFLC-rAnh/TRAIL，转染步骤如 3.6.1.1。

3.6.2 重组 NDV RT-PCR 的鉴定

获救NDV经鸡胚传代三次，超速离心（37 000r/min）后，应用Protein K SDS法提取病毒RNA，用引物（GAATATGACGCTGCTTCTCCTATCCTCT）作为反转录引物用引物（ATGTACAGGATGCAACTCCTGTCT）和（CGAACGGTTTAAACGGTACC）对rAnh/IL-2基因组包含插入外源基因位置进行RT-PCR扩增；用引物（ATGGAGACAGACACACTCCT）和（TTCGAACGGTTTAAACGGTACCCC）对rAnh/TRAIL基因组包含插入外源基因的位置进行RT-PCR扩增，对扩增PCR产物进行序列分析。

3.6.3 拯救后重组 NDVTCID50 测定

将 DF-1 细胞接 96 孔板，在每孔加入细胞悬液 100μL，使细胞量达到（2～3）×10^5个/mL。将含有重组病毒的上清 10 倍倍比稀释接入孔内与细胞孵育，每个稀释度接 12 个孔，每孔接种 100μL。感染 1h 后吸去液体并加入 200μL 完全 DMEM 培养基，设正常细胞对照，正常细胞对照作两排（100μL 生长液+100μL 细胞悬液）。72h 观察并记录每一稀释度发生细胞病变孔数量，按 Reed-Muench 两氏法计算半数细胞培养物感染量(TCDI50)。

Reed-Muench 两氏法计算公式

距离比例=（高于 50%病变率的百分数-50%）/（高于 50%病变率的百分数-低于 50%病变率的百分数）

LgTCID50=距离比例×稀释度对数之间的差+高于 50%病变率的稀释度的对数

3.6.4 重组病毒鸡胚增殖稳定性的检测

拯救后的重组 NDV rAnh/IL-2、rAnh/TRAIL 鸡胚感染尿囊液 100μL，用灭菌 PBS 进行稀释，经尿囊腔途径接种 9～11 日龄 SPF 鸡胚。37℃孵化 72h 后收集 HA 阳性胚尿囊液，再进行 10^{-4} 倍稀释并接种 9～11 日龄 SPF 鸡胚尿囊腔，进行连续传代。

取 1、2、4、8、10 代病毒尿囊液 100μL 进行按 Reed-Muench 两氏法计算每毫升病毒 TCID50。

3.6.5 重组新城疫病毒在 HepG-2 肿瘤细胞内的增殖能力测定

为确定反向遗传操作拯救获得的重组 NDV 在肿瘤细胞内的增殖特性，将未插入外源片段的重组病毒 NDV rAnh、rAnh/IL-2 和 rAnh/TRAIL 以感染复数（multiplicity of infection，MOI）为 10，分别与 HepG-2 细胞孵育，分别在 24h，48h，72h 和 96h，收获细胞上清。将 DF-1 细胞接 96 孔板，将含有重组病毒的上清 10 倍倍比稀释接入孔内与细胞孵育，每个稀释度接 12 个孔。3d 后镜下观察计算 TCID50。

3.7 Realtime-PCR 法检测外源基因 mRNA 表达量的变化

将处于对数生长期的人 HepG-2 肿瘤细胞经胰蛋白酶消化后进行收集，制备成（1～10）×10^5/mL 的细胞悬液，吹打均匀后加入 6 孔板，待细胞长到 80%实验孔加入 MOI 分别为 0.001、0.010、0.100、1.000、10.000 重组病毒 rAnh/IL-2 和 rAnh/TRAIL。分别收获经 NDV rAnh/IL-2 和 rAnh/TRAIL 处理 48h 的 HepG-2 细胞，提取细胞总 RNA，反转录成 cDNA 后，使用实时荧光定量 PCR 技术检测重组病毒 IL-2 和 TRAIL mRNA 的相对表达情况，以β-actin 的表达量作为内参，引物由 Invitrogen 公司合成，所用引物见表 3-1，每条引物终浓度 0.2mmol/L。以 cDNA 为模板分别用两对引物进行反应，构建两个基因的相对定量标准曲线，并根据曲线斜率对各自的扩增效率进行计算。按试剂盒（ABI 公司的 SYBR GREEN PCR Master Mix）说明书要求加入试剂，每组反应做三个复孔，取平均值。实时荧光定量 PCR 反应体系为 20μL，采用两步法 PCR 反应程序扩增 cDNA。程序如下：95℃ 10min，95℃ 15s，60℃ 1min，40 个循环；95℃ 15s，60℃ 30s，95℃ 15s（生成溶解曲线）。通过分析溶解曲线确定是否产生二聚体和非特异性扩增。

表 3-1 实时荧光定量 PCR 引物

基因	上游引物	下游引物
β-actin	5'- TGACGTGGACATCCGCAAAG-3'	5'- CTGGAAGGTGGACAGCGAGG-3'
IL-2	5'-CCAGGATGCTCACATTTAAGTTTTAC-3'	5'-GAGGTTTGAGTTCTTCTTCTAGACACTGA-3'
TRAIL	5'-TAGGGTCAGGATAACTTGTG-3'	5'-TAAACTCCTGGGAATCAT-3'

按下列组份配制 PCR 反应液（反应液的配制在冰上进行）：

SYBR Premix Ex Taq™ (2×)	10.0μL
PCR Forward Primer (10 mol/L)	0.4μL
PCR Reverse Primer (10 mol/L)	0.4μL
DNA 模板	2.0μL
ROX Reference Dye II (50×) *3	0.4μL
dH_2O（灭菌蒸馏水）	6.8μL
Total	20.0μL

PCR反应使用ABI公司的7500荧光定量PCR仪。所有的PCR反应重复三次，以避免偶然事件影响实验结果。

3.8 MTT 法测定重组 NDV 对肿瘤细胞的抑制作用

将处于对数生长期的人的 4 株肿瘤细胞经胰蛋白酶消化后进行收集，制备成 1×10^4 个/mL 的细胞悬液，吹打均匀后加入 96 孔板，每孔加 200μL 癌细胞悬液，在 37℃、5%CO_2 培养箱中继续培养过夜后，去掉培养基，用 PBS 洗一次，分为 4 组，每组实验孔分别加入 0.01 mol/L、0.1 mol/L、1 mol/L、10 mol/L、20 mol/L 的重组 NDV100μL，对照孔加 100μL 的 DMEM。感染 1h 后，去掉病毒，用 PBS 洗一次，加入细胞维持液（含有 5%的血清），继续培养。72h 后（SH-SY5Y 于 24h 后）每孔加入 50μLMTT 溶液（5mg/mL）孵育 4h 后，弃去培养液，每孔加入 200μL 的 DMSO，震荡 10min 后，用酶联免疫仪于测定波长为 570nm 的 OD 值，癌细胞生长抑制率由下式计算：

抑制率%=（对照组 OD 均值－给药组 OD 值）/对照组 OD 均值×100%

3.9 昆明小鼠 H22 肝癌动物模型建立

取 6 周龄昆明小鼠进行实验，将 H22 小鼠肝癌细胞于昆明小鼠腹腔接种，7d 后待腹水长出断颈处死。无菌条件下抽取含有 H22 细胞的腹水，加入适量 PBS，配成癌细胞悬液，细胞计数及测定细胞活力，活细胞率达 95 %。调整细胞密度为 10^6 个细胞/mL 备用。每只小鼠右侧腹股沟皮下注入剂量 0.2mL，约含 2×10^5 个肿瘤细胞。8～12d 后形成实体瘤直径在 5～8mm，造模成功，可进行后续实验。

3.10 重组新城疫病毒对昆明小鼠 H22 肝癌动物模型的抑制

将造模成功的小鼠去除形态、大小差异大的个体，将剩余荷瘤小鼠按体重、瘤体积平均分配原则，随机分为 4 组。实验组从第 1d 起，每 2d 瘤内注射 0.2 mL 约 10^7 pfu 的重组病毒，连续注射 4 次。对照组从第 1d 起，每 2d 瘤内注射 0.2 mL 的 PBS，连续注射 4 次。

从注射之日起，每天观察小鼠的活动，精神状况以及移植瘤的增长状况，以及有无红肿、破溃。每隔 1d 测量肿瘤长径(L)、宽径(S)，并根据以下公式计算肿瘤体积(V)，绘制肿瘤生长曲线。肿瘤体积计算公式如下：肿瘤体积（V）$= 4/3\times\pi\times S^2/2\times L/2$（$S$ 为肿瘤最短直径，L 为肿瘤最长直径）。

3.11 重组新城疫病毒刺激动物模型瘤内 T 细胞增殖的检测

荷瘤鼠肿瘤直径 5～8mm 开始治疗，随机分为 3 组分别注射 PBS200μL，rAnh（10^6pfu），rAnh/IL-2（10^6pfu）每 2d 一次，连续治疗 4 次。治疗后 15d 剥瘤，制成单细胞悬液，收集 10^7 个细胞，加入鼠 T 细胞 CD4+、CD8+的抗体各 10μL 于 4℃避光孵育 10min。加入 1ml PBS 缓冲液清洗 1～2 次，用流式细胞仪进行分析。

3.12 肿瘤组织病理切片的制作

分别于注射治疗后 5d 和 15d 取 PBS 对照组 rAnh、rAnh/IL-2 治疗组的肿瘤制备组织切片，进行观察。

3.12.1 固定与修块

将取出的完整肿瘤浸泡 4%中性甲醛固定液中，于黑暗处放置。将组织取出，用双面刀片将组织块修剪成 1.0～1.5cm 大小。

3.12.2 脱水与透明

在以下过程，要求经常晃动组织块，以保证组织块可以充分地与乙醇或二甲苯接触，在每一步骤后，要充分滤干组织块，一般用筒纸吸干组织块上的液体，以免影响其他液体的浓度，但要防止组织块干燥。全过程约需要 4.5h（270min）。具体操作步骤如下：

1）75%乙醇 50min。

2）85%乙醇 50min。

3）95%乙醇（I）30min。

4）95%乙醇（II）30min。

5）无水乙醇（I）30min。

6）无水乙醇（II）30min。

7）1/2 二甲苯（100%乙醇与二甲苯等体积）20min。

8）二甲苯（I）20min。

9）二甲苯（II）10min（可依据透明效果而定）。

透明效果的判断：组织块颜色加深透明，二甲苯溶液颜色透明，即表明脱水效果很好；如脱水不好，二甲苯溶液颜色会变混浊。使用过的乙醇或二甲苯倒入烧杯里以便回收。

3.12.3 浸蜡、包埋与修蜡块

浸蜡：可在脱水与透明进行时，样品放置于 60℃恒温箱，使大烧杯内的石蜡充分溶解，待脱水与透明结束后，可将脱水篮整个或包裹在纱布内的组织块转入充分溶解的石蜡里，于 60℃恒温箱放置 120min。

包埋：包埋有多种器具，比较简洁廉价的方法是采用纸盒。可在浸蜡的同时将纸盒做好，包埋时将 60℃的石蜡倒入纸盒内，然后用小镊子将各组织块按一定的顺序排列好，使切面朝下。不同组别的同一组织包埋于一个蜡块中，以保证切片和染色条件一致，且以便读片和比较。为防止倒入纸盒内的石蜡底部立刻凝固，可将纸盒置于一玻璃板上（或大培养皿内），然后将玻璃板置于 80～90℃热水上，包埋时蜡盒底部放平，做蜡块的蜡要反复冻融较好。

修蜡块：待纸盒内蜡凝固后(若需要使蜡块迅速凝固，可将包埋好的蜡块置 4℃冰水混合物中)。将蜡块取出，用刀片将其修成梯形，通常蜡块大小应视组织多少而定，为保证切片顺利，组织块与蜡块边缘之间的距离不得小于 2mm。修剪下来的残蜡应回收，以便再用。

3.12.4 切片

在载玻片上擦少量甘油蛋白，可滴半滴甘油蛋白于载玻片上，用手指充分抹匀，呈半干状为佳。切片厚 6～8μm，将切片在 55℃左右水浴中展开，展开程度以带黄颜色的准。用涂有甘油蛋白的载玻片从水浴中捞取切片，斜放在木架上，立即放入 37℃烘箱中过夜，一般时间越长效果越好，以切片紧贴于载玻片上呈半透明状为佳。每个组织块捞片 2 张。过夜后，将载玻片置于玻片架上，备用。

3.12.5 脱蜡、染色与脱水

取出玻片架后，应将玻片架倾斜，以使载玻片上的试剂流尽，然后用筒纸将玻片架和载玻片下缘的试剂吸干，以免影响其他试剂的浓度。脱蜡、染色与脱水全过程约需 50min。具体操作如下：

1）脱蜡

（1）二甲苯（I）15min

（2）二甲苯（II）15min

（3）无水乙醇 2min

（4）95%乙醇（I）1min

（5）95%乙醇（II）1min

（6）蒸馏水浸洗 1min

2）染色

（1）苏木精 30 s

（2）自来水冲洗 1 min，但应注意不能用水直接冲在玻片上，以免冲走切片（显微镜下观察效果）。

（3）伊红（着色即可）10 s

（4）蒸馏水浸洗 1min

3）脱水

（1）95%乙醇（I）1min

（2）95%乙醇（II）1min

（3）无水乙醇 2min

（4）二甲苯（I）2min

（5）二甲苯（II）3min

3.12.6 封片

将载玻片从玻片架上取下，滴加 1～2 滴中性树胶，用眼科镊夹住盖玻片的一角，轻轻盖上盖玻片，让中性树胶沿着盖玻片充分展开，之后倾斜载玻片，用筒纸将多余的中性树胶吸干，同时注意避免有气泡的产生，平放载玻片，室温下长期保存。镜下观察并比较各组组织的变化。

3.13 Annexin V/PI 法分析肿瘤细胞的杀伤效果

将处于对数生长期的人的 U251 肿瘤细胞经胰蛋白酶消化后进行收集，制备成 10^4/mL 的细胞悬液，吹打均匀后加入6孔板，待细胞长到50%～80%，分为3组，第一组加入 10 mol/L 的 NDV rAnh/TRAIL，第二组加入 10mol/L 的 NDV rAnh，第三组为对照组，加入 1mL DMEM。感染 1h 后，去除病毒，加入细胞维持液。培养 36h 后，用 0.25%的胰酶消化细胞[(0.5～1.0)×10^6]，用 PBS 洗 2 次，加入 200μLBinding Buffer 悬浮细胞，加入 FITC 标记的 5μLAnnexin-V，混匀避光反应 30min，再加入 5μLPI 和 300μLBinding Buffer，避光反应 5～15min 后，立即用流式细胞术定量检测（一般不超过 1h），同时以不加 AnnexinV-FITC 及 PI 的细胞一管作为阴性对照。

3.14 重组病毒治疗后的小鼠对肿瘤的记忆保护初步分析

经重组 NDV rAnh/IL-2 治疗后，部分小鼠肿瘤完全消失。将肿瘤消失的小鼠 60d 后再次注射 10^6H22 肿瘤细胞，同时注射正常小鼠作为对照。同时对小鼠进行随后 3 个月观察。

3.15 重组病毒安全性检测

3.15.1 荷瘤小鼠体内活病毒的检测

取治疗后荷瘤小鼠的心、脑、脾、肺、肾，肿瘤组织研磨后的上清液注射入 9～10 日龄 SPF 级鸡胚，培养 72h 后，血凝实验检测病毒并测定 HA 滴度，连续接种 3 代。

3.15.2 急性毒性试验

选用健康 4～6 周昆明系小白鼠，共 20 只，雌雄各半。分为两组，每组 10 只。对照组小鼠正常饲养。实验组小鼠每只腹腔注射 1×10^8pfu NDV 后观察 48h，记录结果。结果出现惊厥、四肢瘫痪、步伐不稳、竖毛、呼吸抑制等不良反应及死亡者，为阳性。

3.15.3 亚急性毒性试验

选用健康 4～6 周昆明系小白鼠 20 只，雌雄各半，随机分为两组，每组 10 只。对照组小鼠正常饲养。实验组小鼠每只每天腹腔注射 NDV 1×10^6pfu，观察 4 周，记录每只小鼠的进食量、体重增加；毛色行为活动，进水量正常，无不良反应或死亡者，为阴性。

4 结　果

4.1 人组织的总 RNA 提取

用 Trizol 试剂提取人胎盘组织的总 RNA，总 RNA 的完整性较为理想，28sRNA 的量是 18sRNA 的 2 倍，同时总 RNA 的 OD_{260}/OD_{280} 达到 1.8～2.0，满足下一步实验要求，如图 4-1 所示。

4.2 人组织 cDNA 的制备

以人胎盘组织总 RNA 为模板，通过逆转录获得 cDNA，如图 4-2。

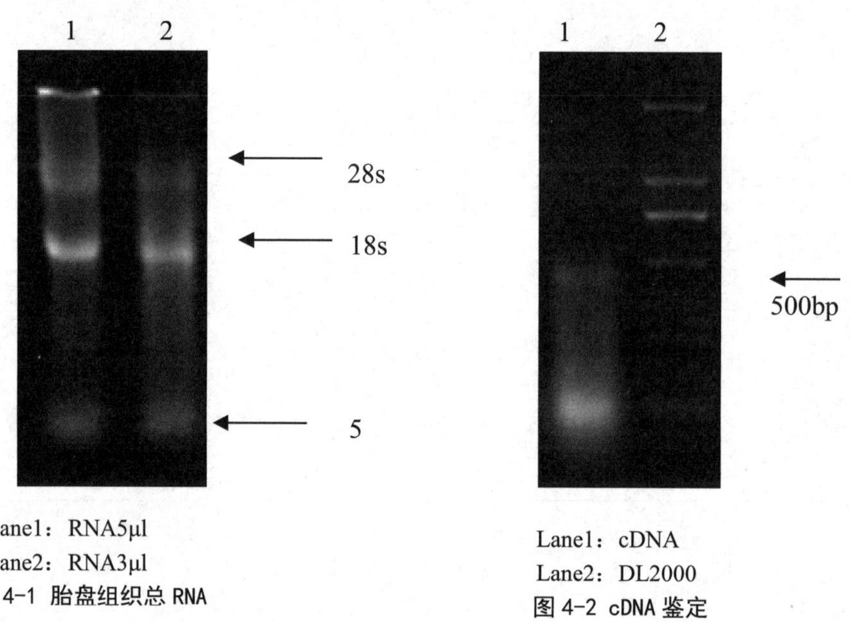

Lane1：RNA5μl

Lane2：RNA3μl

图 4-1 胎盘组织总 RNA

Lane1：cDNA

Lane2：DL2000

图 4-2 cDNA 鉴定

由图 4-1、图 4-2 可见，以人胎盘 RNA 反转录产物 cDNA 为模板扩增出一条 500bp 左右的特异性条带，初步判定为我们所要的人 IL-2 基因。再用 rTaq 酶进行重复 PCR 扩增，回收 PCR 产物，并与 pMD18-T 载体连接，命名为 pMD18-T-IL-2，转化大肠杆菌 DH5α，在含有 100mg/L Amp 的固体 LB 培养基上筛选，挑取单菌落摇菌，提取质粒进行 PCR 检测，将结果为阳性的转化子送交测序。

测序后与已知序列的对比结果见附录 I-人 IL-2 序列比对结果，测序序列是预期基因的序列，克隆成功。

4.3 人 IL-2 基因的克隆

应用人 IL-2 基因的特异引物，在上、下游引物两端设计了 Bst BI 识别剪切序列，以匹配 Anhinga 株的全长 cDNA 的转录质粒 pFLC-Anh 的 Bst BI 位点。在下游引物引入 KpnI 酶切位点，便于与 NDV 基因组连接后鉴定正向连入。以人胎盘 cDNA 为模板，对人 IL-2

基因进行扩增，将 PCR 产物在 1%琼脂糖凝胶上进行电泳，结果见图 4-3。

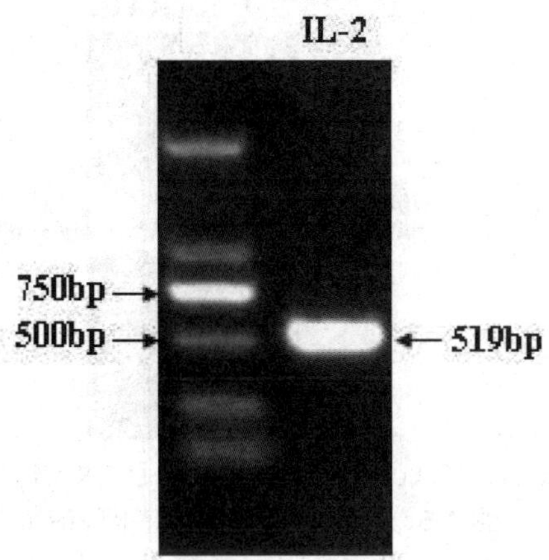

Lane M：DL200; Lane 1：IL-2 基因 PCR 产物

图 4-3 人 IL-2 基因 PCR 扩增结果

4.4 人 TRAIL 基因的克隆

4.4.1 人 TRAIL 基因功能区的克隆

应用人 TRAIL 基因的特异引物，在上游引物设计信号肽匹配序列、下游引物设计了 Bst BI 识别剪切序列，以匹配 Anhinga 株的全长 cDNA 的转录质粒 pFLC-Anh 的 Bst BI 位点。在下游引物引入 Spe I 酶切位点，便于与 NDV 基因组连接后鉴定正向连入。以人胎盘 cDNA 为模板，对人 TRAIL 基因进行扩增，将 PCR 产物在 1%琼脂糖凝胶上进行电泳，结果见图 4-4。

4.4.2 人 TRAIL 基因功能区信号肽的添加

应用信号肽特异引物，上游序列设计 Bst BI 识别剪切序列，以匹配 Anhinga 株的全长 cDNA 的转录质粒 pFLC-Anh 的 Bst BI 位点、GS、GE、和 Kozak 序列，下游为 TRAIL 功能区匹配序列，以人 TRAIL 基因的克隆产物为模板，进行扩增，将 PCR 产物在 1%琼脂糖凝胶上进行电泳，结果见图 4-5。

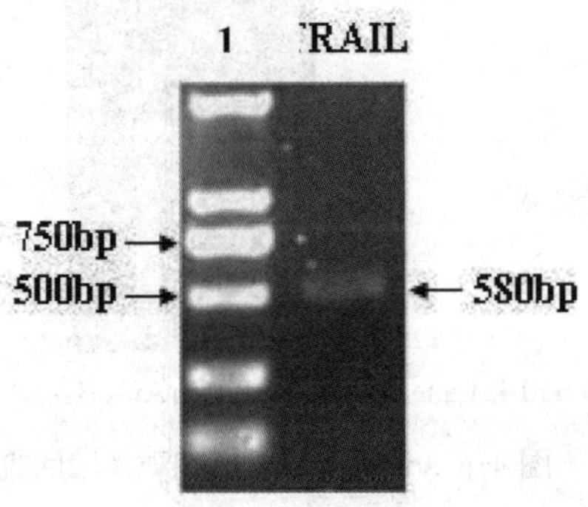

Lane M：DL2000; Lane 1：TRAIL 基因 PCR 产物

图 4-4 人 TRAIL 基因 PCR 扩增结果

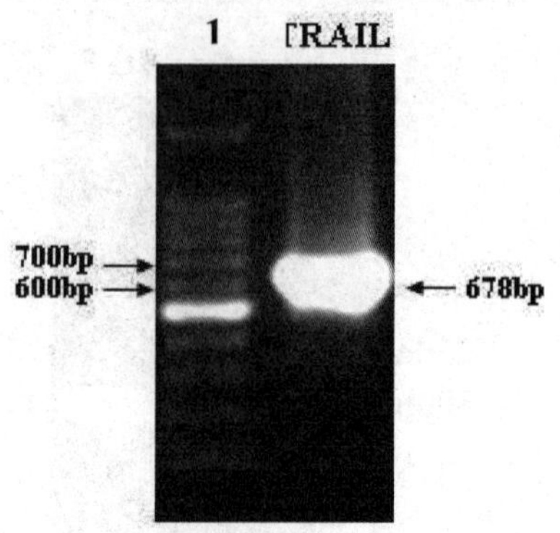

Lane M：100bp; Lane 1：带信号肽 TRAIL 基因 PCR 产物

图 4-5 人带信号肽 TRAIL 基因 PCR 扩增结果

由图 4-5 可见，人 TRAIL 基因的克隆产物为模板扩增出一条 700bp 左右的特异性条带，初步判定为我们所要的人 TRAIL 基因。再用 rTaq 酶进行大体系 PCR 扩增，回收 PCR 产物，并与 pMD18-T 载体连接，命名为 pMD18-T-TRAIL，转化大肠杆菌 DH5α，在含有 100mg/L Amp 的固体 LB 培养基上筛选，挑取单菌落摇菌，提取质粒进行 PCR 检测，将结果为阳性的转化子送交测序。

测序后与已知序列的对比，测序序列是预期基因的序列，克隆成功。

4.5 NDV Anh 基因组载体的制备

将 Anhinga 株的全长 cDNA 的转录质粒 pFLC-Anh 用 Bstb BI 进行切割，得到 18 000bp 左右的片段，酶切产物经 CIAP 去磷酸化后，进行胶回收纯化，于-20℃保存备用，如图 4-6。

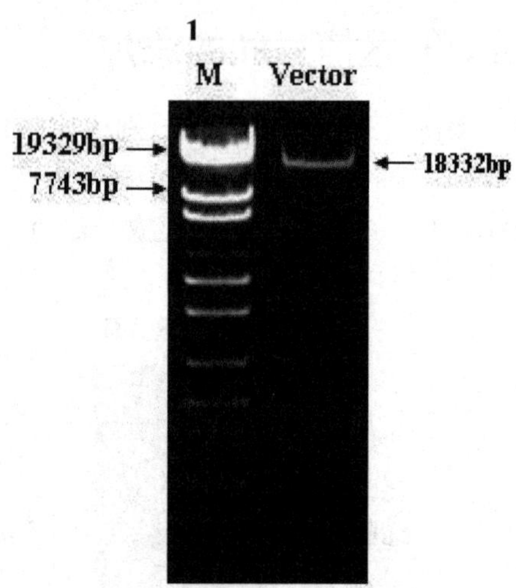

Lane M：λ-EcoT14; Lane 1：质粒 pFLC-rAnh Bst BI 酶切产物

图 4-6 Anhinga 株基因组载体胶回收结果

4.6 重组 NDV rAnh/IL-2 基因组载体的构建

用 Bst BI 酶切质粒 pMD18-T-IL-2，回收 519bp 片段，如图 4-7 所示。并与载体大片段连接。转化大肠杆菌 DH5α，挑取转化菌落，提取质粒，用 KpnI 单酶切鉴定（图 4-8 中 1、2 泳道），可分别切出 16 459bp 和 2392bp 的两条带，表明载体构建正确。重组质粒在 NDV 基因组 HN 蛋白与 L 蛋白基因之间插入 IL-2 蛋白基因，并在基因前经 PCR 带有 GE、GS 和 Kozak 序列，并保证插入片段为 6 的倍数，命名为 pFLC-rAnh/IL-2 基因结构如图 4-9 所示。

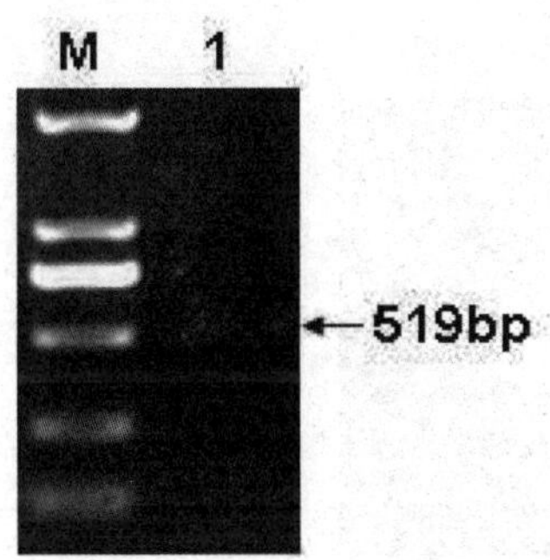

LaneM：DL2000 Lane 1：IL-2 片段胶回收产物

图 2-7 IL-2 插入片段胶回收

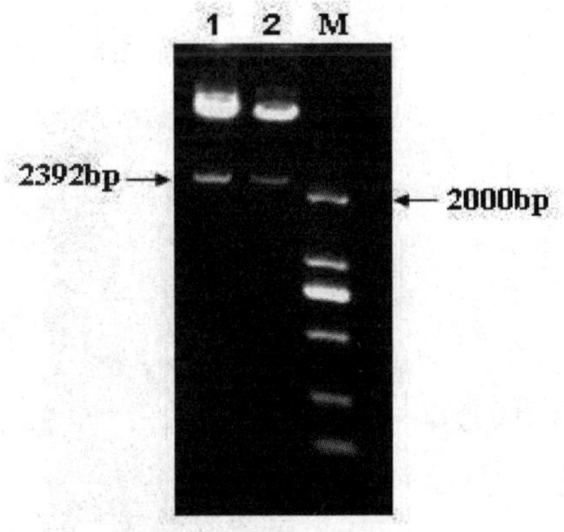

LaneM：DL2000 Lane 1，2：质粒 pFLC-rAnh/IL-2 KpnI 酶切产物

图 4-8 质粒 pFLC-rAnh/IL-2 酶切鉴定

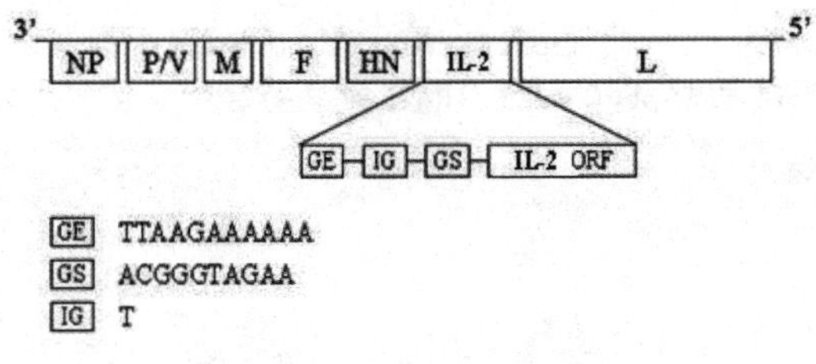

图 4-9 重组 NDVrAnh/IL-2 基因组载体的构建

4.7 重组 NDV rAnh/TRAIL 基因组载体的构建

用 Bst BI 酶切质粒 pMD18-T-TRAIL，回收 678bp 片段，如图 4-10 并与载体大片段连接。转化大肠杆菌 DH5α，挑取转化菌落，提取质粒，用 Spe I 单酶切鉴定（图 4-11 中 1、2 泳道），可分别切出 18 097bp 和 754bp 的两条带，表明载体构建正确。重组质粒在 NDV 基因组 HN 蛋白与 L 蛋白基因之间插入 TRAIL 蛋白基因，并在基因前经 PCR 带有 GE、GS 和 Kozak 序列，并保证插入片段为 6 的倍数，命名为 pFLC-rAnh/TRAIL 基因结构如图 4-12 所示。

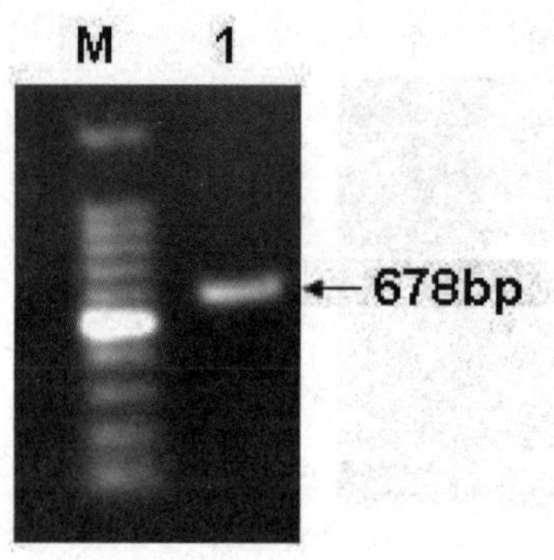

LaneM：DL2000； Lane 1：TRAIL 片段胶回收产物

图 4-10 TRAIL 插入片段胶回收

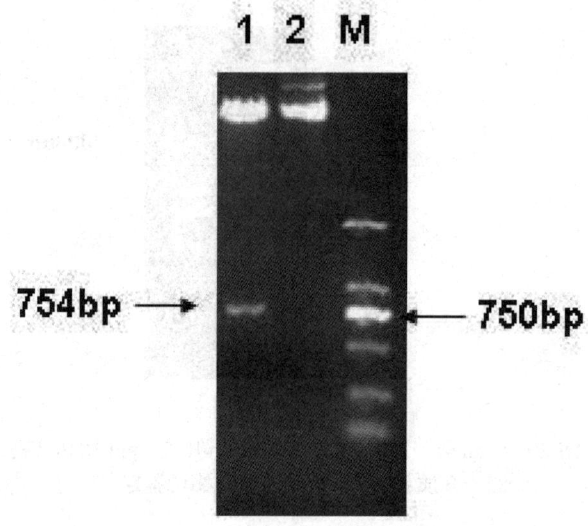

LaneM：DL2000； Lane 1、2：质粒 pFLC-rAnh/TRAIL Spe I 酶切产物

图 4-11 质粒 pFLC-rAnh/TRAIL 酶切鉴定

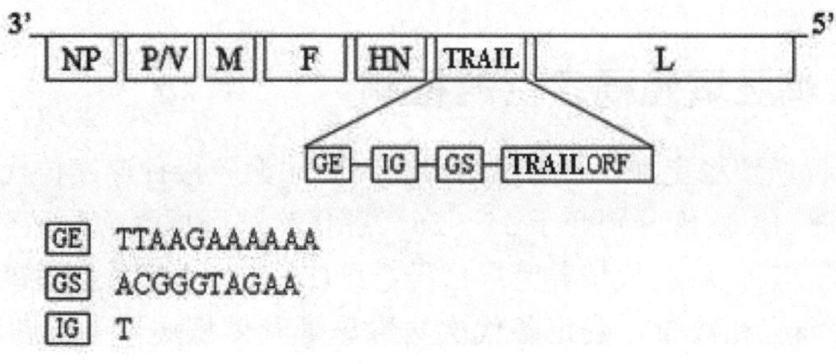

图 4-12 重组 NDVrAnh/TRAIL 基因组载体的构建

4.8 重组新城疫病毒的拯救

4.8.1 重组 NDV rAnh/IL-2 的拯救

为了拯救感染性NDV，用重组NDV Anhinga株全长cDNA的转录质粒pFLC-rAnh/IL-2和辅助质粒 pTM1-N、pTM1-P、pTM1-L 共转染 BHK-21 细胞。转染 48h 后，细胞发生融合。72h 收获收获转染细胞上清，反复冻融 3 次，接种 9～11 日龄 SPF 鸡胚，才 3～4d 后收获鸡胚尿囊液，进行血凝（HA）试验和血凝抑制实验（HI），取结果为阳性的尿囊液用鸡胚连续传代 3 次后，经鸡血红细胞凝集检测，结果显示血凝效价为 64，血凝抑制效价为 128。进一步 RT-PCR 结序列分析结果显示，拯救病毒基因组带有 IL-2 基因，和预期完全相符。如图 4-13 所示。证明从 cDNA 克隆成功拯救感染性的 NDV 病毒，命名为 rAnh/IL-2。

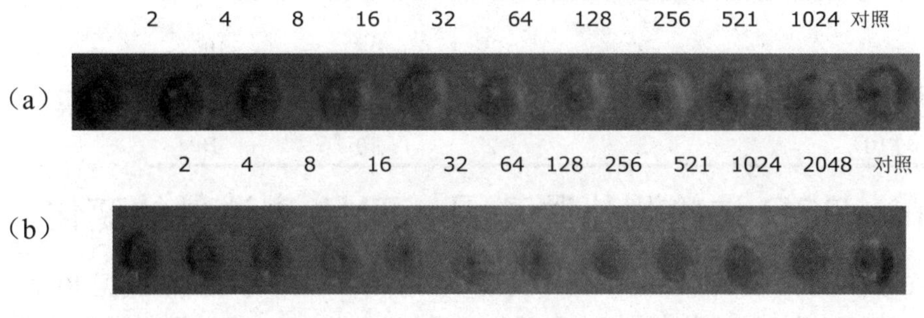

图 4-13 NDV rAnh/ IL-2 血凝（HA）实验（a）和血凝抑制（HI）实验（b）

4.8.2 重组 NDV rAnh/TRAIL 的拯救

为了拯救感染性 NDV，用重组 NDV Anhinga 株全长 cDNA 的转录质粒 pFLC-rAnh/TRAIL 和辅助质粒 pTM1-N、pTM1-P、pTM1-L 共转染 BHK-21 细胞。转染 48h 后，细胞发生融合。72h 收获收获转染细胞上清，反复冻融 3 次，接种 9～11 日龄 SPF 鸡胚，才 3～4d 后收获鸡胚尿囊液，进行血凝（HA）试验和血凝抑制实验（HI），取结果为阳性的尿囊液用鸡胚连续传代 3 次后，经鸡血红细胞凝集检测，结果显示血凝效价为 64，血凝抑制效价为 128。进一步 RT-PCR 结序列分析结果显示，拯救病毒基因组带有 IL-2 基因，和预期完全相符。如图 4-14 所示。证明从 cDNA 克隆成功拯救感染性的 NDV 病毒，命名为 rAnh/TRAIL。

4.8.3 重组病毒鸡胚增殖稳定性的检测

为验证重组病毒增殖稳定性，将重组病毒在鸡胚尿囊腔接种连续传代，各代次接种后 72h 收获鸡胚尿囊液 HA 效价分别介于 25～26，各代次鸡胚尿囊病毒液分别 10 倍连续梯度稀释，100μL 体积接种 96 孔板培养鸡胚成纤维细(DF-1)，48h 后显微镜直接观察结果，根据镜下病毒感染细胞孔数量，确定各代次病毒每毫升体积病毒半数细胞培养物感染量(TCID50)介于 107.2～108.1 之间，见表 4-1。

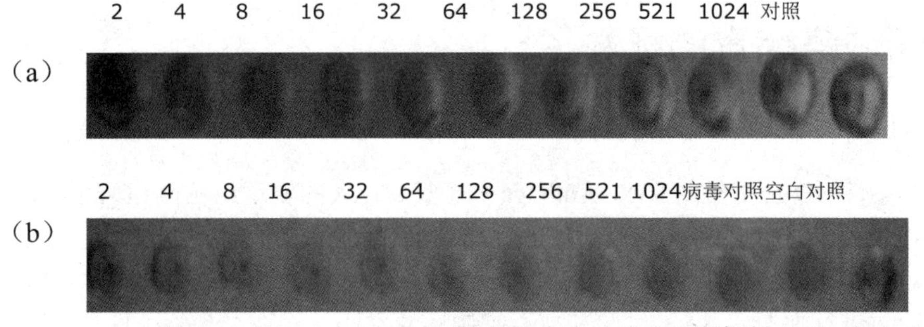

图 4-14 NDV rAnh/TRAIL 血凝（HA）实验（a）和血凝抑制（HI）实验（b）

表 4-1 重组病毒在鸡胚中增殖能力测定

代次	HA 滴度		TCID50/mL	
	rAnh/IL-2	rAnh/TRAIL	rAnh/IL-2	rAnh/TRAIL
F1	2^6	2^6	$10^{7.4}$	$10^{7.2}$
F2	2^6	2^5	$10^{7.8}$	$10^{7.1}$
F4	2^6	2^5	$10^{8.0}$	$10^{7.5}$
F8	2^6	2^6	$10^{8.1}$	$10^{7.8}$
F10	2^5	2^6	$10^{7.8}$	$10^{7.7}$

4.9 Realtime-PCR 法检测外源基因 mRNA 表达量的变化

分别收获经 NDV rAnh/IL-2 和 rAnh/TRAIL 处理 48h 的 HepG-2 细胞，提取细胞总 RNA，反转录成 cDNA 后，利用特异性引物进行实时荧光定量 PCR 扩增，检测外源基因 IL-2 和 TRAIL mRNA 的相对表达情况。如图 4-15a 检测 IL-2 基因表达量的变化倍数。经 rAnh 处理后检测不到 IL-2 基因表达，经 MOI 为 0.1 的 rAnh/IL-2 处理后 IL-2 基因表达最高值是空白对照的 829.8 倍。外源基因 IL-2 表达量与所加病毒呈剂量依赖性关系，证明插入的外源基因 IL-2 可以在肿瘤细胞内有效表达。图 4-15b 检测 TRAIL 基因表达量的变化倍数。经 MOI 为 10 的 rAnh 处理后检测 TRAIL 基因表达最高值为空白对照的 176.48 倍，经 MOI 为 1 的 rAnh/TRAIL 处理后 TRAIL 基因表达量最高值是空白对照的 1349.9 倍。外源基因 TRAIL 表达量与所加病毒呈剂量依赖性关系，证明插入的外源基因 TRAIL 可以在肿瘤细胞内有效表达。每组数据均以三个平行样的平均数和标准差表示，空白为未经处理的 HepG-2 细胞对照组，0.01<**P*< 0.05，***P*<0.01 表示实验组与对照组相比差异显著和极显著。

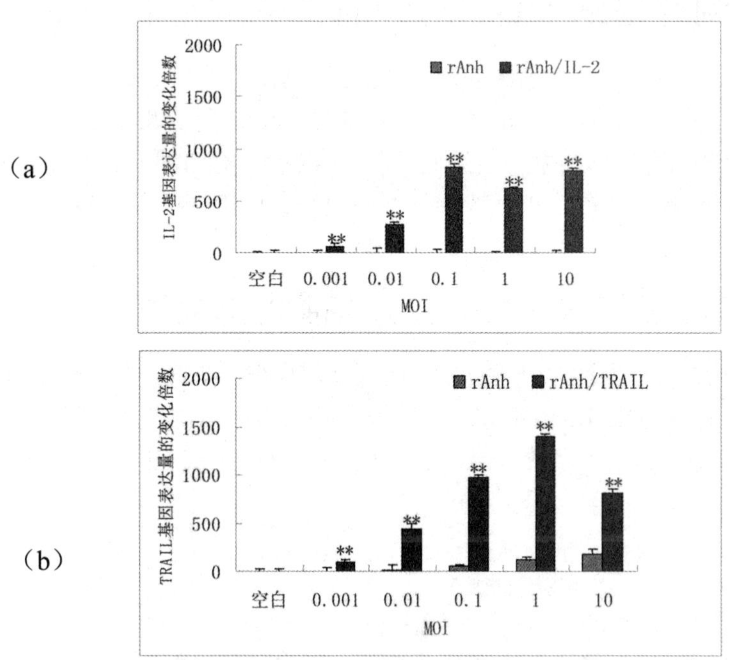

（a）检测 IL-2 基因表达量的变化倍数（b）检测 TRAIL 基因表达量的变化倍数

图 4-15 Realtime-PCR 检测外源基因表达量变化

4.10 重组新城疫病毒在 HepG-2 肿瘤细胞内的增殖能力测定

将 HepG-2 接入 6 孔板，重组病毒以 MOI 为 10 与细胞孵育，分别在 24h，48h，72h 和 96h，收获细胞上清。将 DF-1 细胞接 96 孔板，将含有重组病毒的上清 10 倍倍比稀释接入孔内与细胞孵育，每个稀释度接 12 个孔。3d 后镜下观察按公式计算 TCID50。.如图 4-16 所示，重组外源基因的病毒与未插入外源基因的病毒在肿瘤细胞中具有良好的增殖能力。

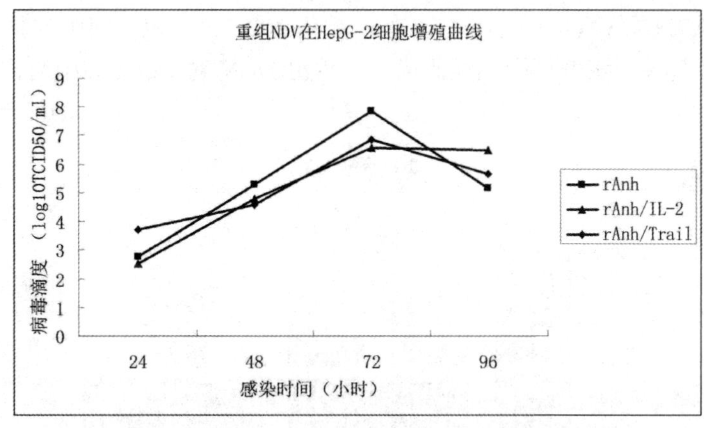

图 4-16 重组 NDV 在 HepG-2 肿瘤细胞内的增殖能力测定

4.11 MTT 法测定重组 NDV 对肿瘤细胞的抑制作用

将处于对数生长期的 4 株人肿瘤细胞加入 24 孔板过夜培养后，以不同的 MOI 加入不同的重组 NDV 病毒，分别于 24h、48h、72h 加入 MTT，4h 后用酶联免疫仪于测定 OD 值，计算 NDV 对 4 种肿瘤细胞的抑制率，结果显示：重组 NDV 对四种人恶性肿瘤细胞的抑制率与所加病毒呈剂量依赖性关系。抑制率%=（对照组 OD 均值-给药组 OD 值）/对照组 OD 均值×100%。

4.11.1 MTT 法测定重组 NDV 对 U251 细胞的抑制作用

重组 NDV 感染 72h 后，对 U251 最大抑制率分别为 rAnh57.7%、rAnh/EGFP 82.23%、rAnh/hIL-2 81.59%、rAnh/TRAIL 80.90%。重组 NDV 对 U251 细胞的抑制作用与感染病毒剂量呈依赖性关系，随着感染剂量的增高，重组 NDV 对 U251 细胞的抑制作用加强，如图 4-17 所示。

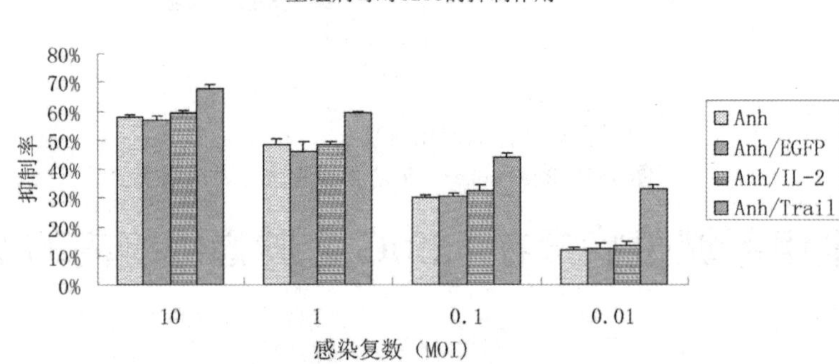

图 4-17 重组 NDV 对 U251 细胞的杀伤作用

4.11.2 MTT 法测定重组 NDV 对 HeLa 细胞的抑制作用

重组 NDV 感染 72h 后，对 HeLa 最大抑制率分别为 rAnh 47.63%、rAnh/EGFP 49.32%、rAnh/hIL-2 50.77%、rAnh/TRAIL 51.66%。重组 NDV 对 HeLa 细胞的抑制作用与感染病毒剂量呈依赖性关系，随着感染剂量的增高，重组 NDV 对 HeLa 细胞的抑制作用加强，如图 4-18 所示。

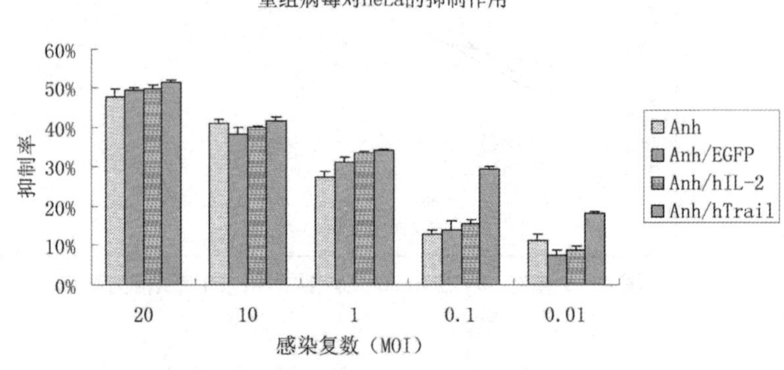

图 4-18 重组 NDV 对 HeLa 细胞的杀伤作用

4.11.3 MTT 法测定重组 NDV 对 SH-SY5Y 细胞的抑制作用

重组 NDV 感染 24h 后，对 SH-SY5Y 最大抑制率分别为 rAnh54.97 %、rAnh/EGFP59.07 %、rAnh/hIL-2 49.86 %、rAnh/TRAIL 58.17%。重组 NDV 对 SH-SY5Y 细胞的抑致制用与感染病毒剂量呈依赖性关系，随着感染剂量的增高，重组 NDV 对 SH-SY5Y 细胞的抑制作用加强，如图 4-19 所示。

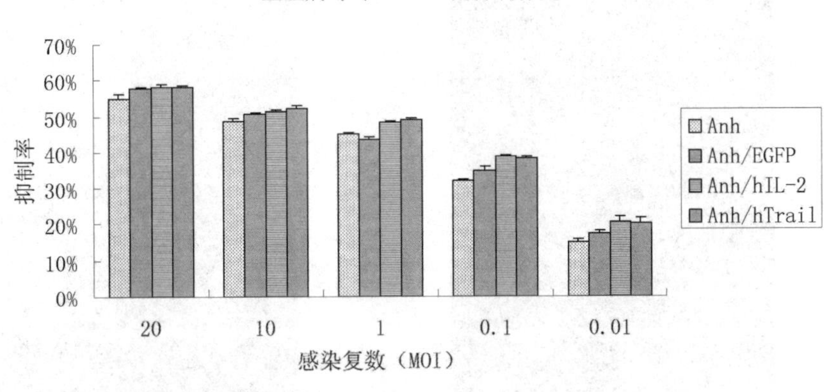

图 4-19 重组 NDV 对 SH-SY5Y 细胞的杀伤作用

4.11.4 MTT 法测定重组 NDV 对 HepG-2 细胞的抑制作用

重组 NDV 感染 72h 后，对 HepG-2 最大抑制率分别为 rAnh 80.36%、rAnh/EGFP 82.23%、rAnh/hIL-2 81.59%、rAnh/TRAIL 80.90%。重组 NDV 对 HepG-2 细胞的抑制作用与感染病毒剂量呈依赖性关系，随着感染剂量的增高，重组 NDV 对 HepG-2 细胞的抑制作用加强，如图 4-20 所示。

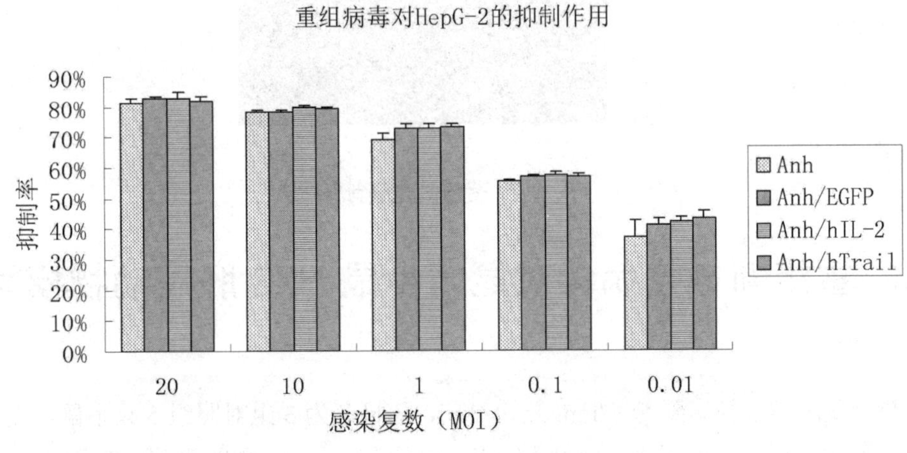

图 4-20 重组 NDV 对 HepG-2 细胞的杀伤作用

4.12 昆明小鼠 H22 肝癌动物模型建立

将 H22 小鼠肝癌细胞于昆明小鼠腹腔接种，7d 后待腹水长出断颈处死。无菌条件下抽取腹水，稀释成 10^6 个细胞/mL，每只小鼠右侧腹股沟皮下注入 100μL。7～10d 后皮下形成实体瘤，如图 4-21，图 4-22，图 4-23。

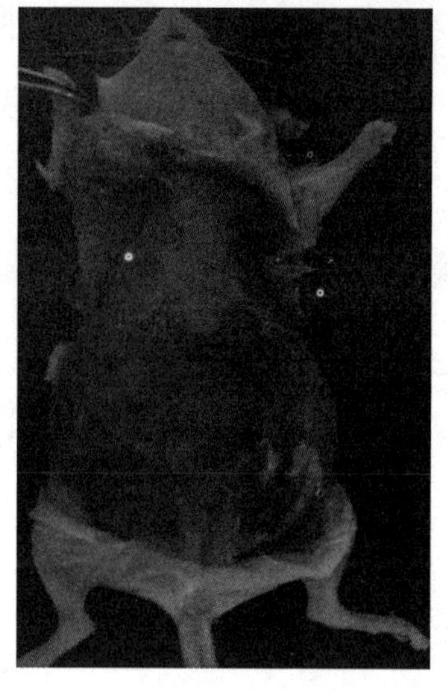

图 4-21 生成腹水小鼠解剖图

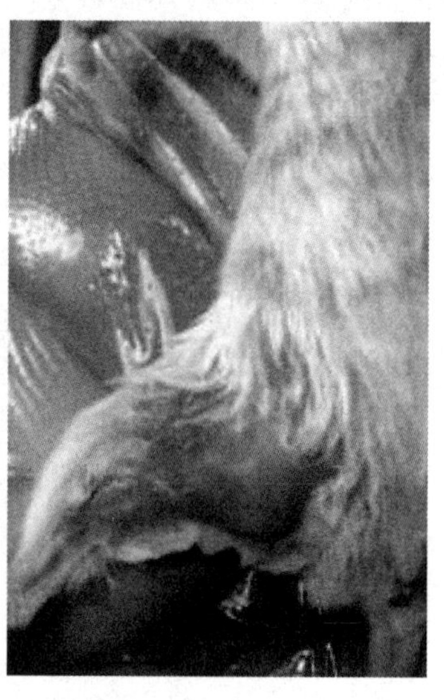

图 4-22 荷瘤鼠成瘤结果

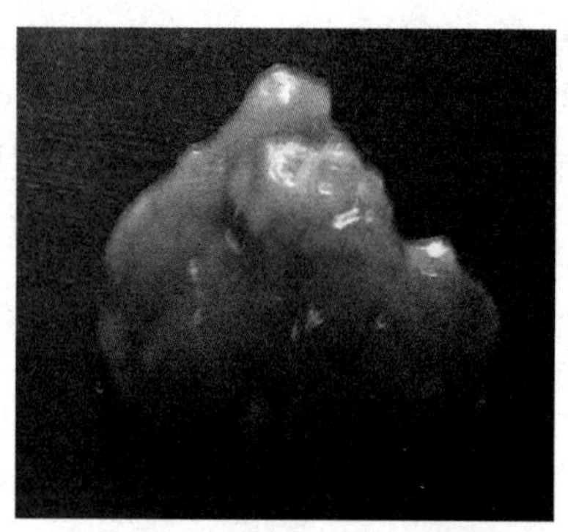

图 4-23 荷瘤鼠肿瘤剥离结果

4.13 重组新城疫病毒对昆明小鼠 H22 肝癌动物模型的抑制

荷瘤鼠肿瘤直径达到 5～8mm 开始治疗，随机分为 3 组对照组 5 只小鼠，实验组 6 只小鼠，分别注射 125 μLPBS、rAnh/EGFP、rAnh/hIL-2、rAnh/hTRAIL 每 2d 1 次，连续治疗 4 次，隔天测量一次肿瘤最长直径和最短直径，应用公式 $V = 4/3 \times \pi \times S^2/2 \times L/2$ 计算肿瘤体积（其中 S 表示肿瘤最短直径，L 表示肿瘤最长直径）。通过计算各组平均肿瘤体积，应用公式：

肿瘤抑制率=（对照组平均瘤重－给药组平均瘤重）/对照组平均瘤重×100%

计算抑瘤率。

PBS 治疗组，治疗前肿瘤平均体积为 204.011mm^3，治疗后最大肿瘤体积为 1953.943mm^3，最小肿瘤体积为 634.755mm^3，治疗后平均体积为 1280.816 mm^3，肿瘤体积显著增加如图 4-24。

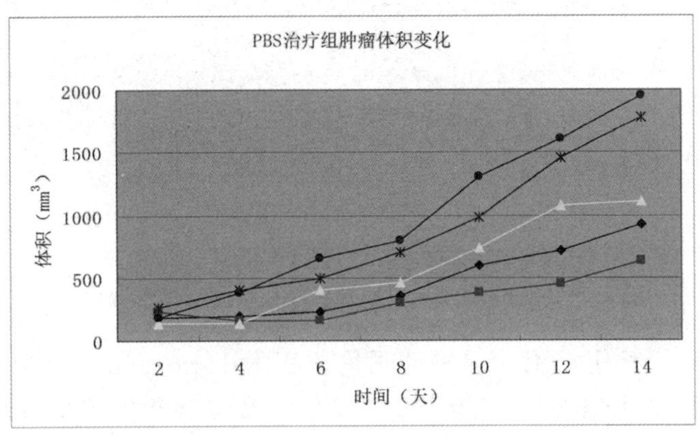

图 4-24 PBS 治疗组荷瘤鼠模型肿瘤体积变化

rAnh/EGFP 治疗组，治疗前肿瘤平均体积为 181.018mm^3，治疗后最大肿瘤体积为 1824.585mm^3，最小肿瘤体积为 196.614mm^3，治疗后平均体积为 705.758 mm^3 肿瘤体积增长减慢如图 4-25。.

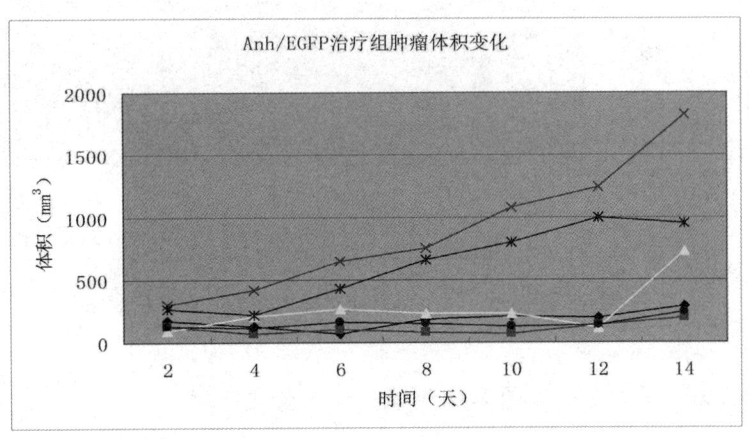

图 4-25 rAnh/EGFP 治疗组荷瘤鼠模型肿瘤体积变化

rAnh/IL-2 治疗组，治疗前肿瘤平均体积为 153.104mm^3，治疗后最大肿瘤体积为 596.49mm^3，最小肿瘤体积为 90.352mm^3，治疗后平均体积为 241.46mm^3 肿瘤体积增长得到有效控制如图 4-26。

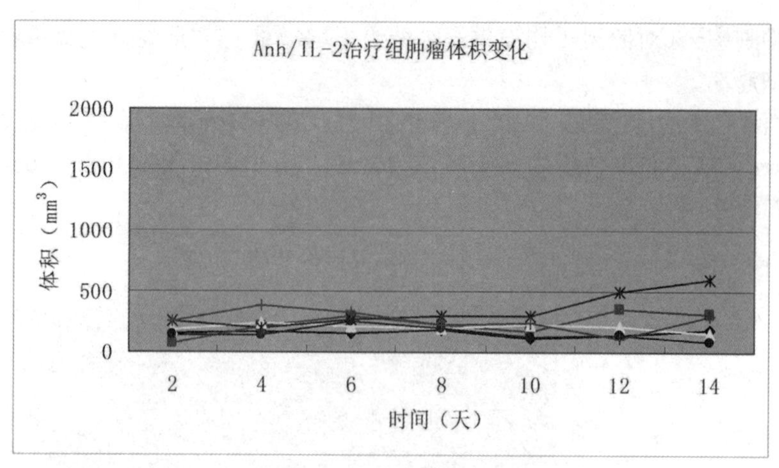

图 4-26 rAnh/IL-2 治疗组荷瘤鼠模型肿瘤体积变化

rAnh/TRAIL 治疗组，治疗前肿瘤平均体积为 141.61mm³，治疗后最大肿瘤体积为 575.187mm³，最小肿瘤体积为 83.361mm³，治疗后平均体积为 214.76mm³ 肿瘤体积增长得到有效控制如图 4-27。

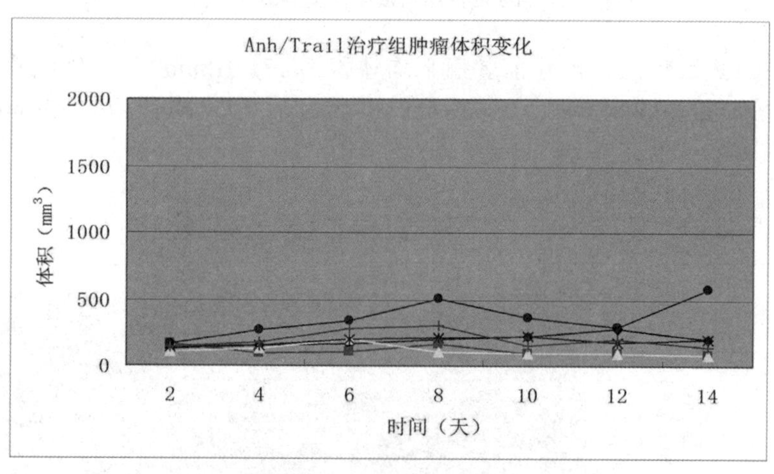

图 4-27 rAnh/TRAIL 治疗组荷瘤鼠模型肿瘤体积变化

各组肿瘤体积平均变化如图 4-28 所示，通过公式计算

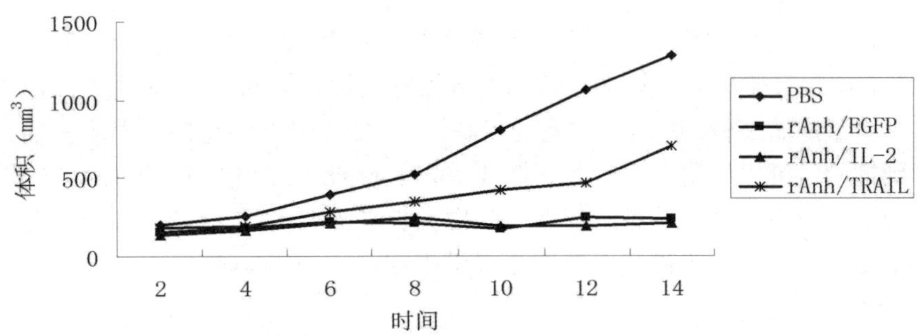

图 4-28 各治疗组荷瘤鼠模型肿瘤体积变化

4.14 重组新城疫病毒刺激动物模型 T 细胞增殖的检测

荷瘤鼠肿瘤直径 5～8mm 开始治疗，随机分为 3 组分别注射 PBS200μL，rAnh10^6pfu，rAnh/IL-2 10^6pfu 每 2d 一次，连续治疗 4 次。治疗后 15d 剥瘤，制成单细胞悬液，应用鼠 T 细胞 CD4、CD8 抗体孵育后，用流式细胞仪进行分析，分析结果如图 4-38，Q1 门为 CD8T 细胞，Q4 为 CD4T 细胞。图 4-29a 为 PBS 治疗组，CD8T 细胞所占比例为 0.4%，CD4T 细胞所占比例为 0.1%。图 4-29b 为 rAnh 治疗组，CD8T 细胞所占比例为 2.3%，CD4T 细胞所占比例为 3.5%。图 4-29c 为 rAnh/IL-2 治疗组，CD8T 细胞所占比例为 5.9%，CD4T 细胞所占比例为 4.5%。实验结果显示经 rAnh/IL-2 治疗的小鼠肿瘤内 T 细胞数量明显增加。

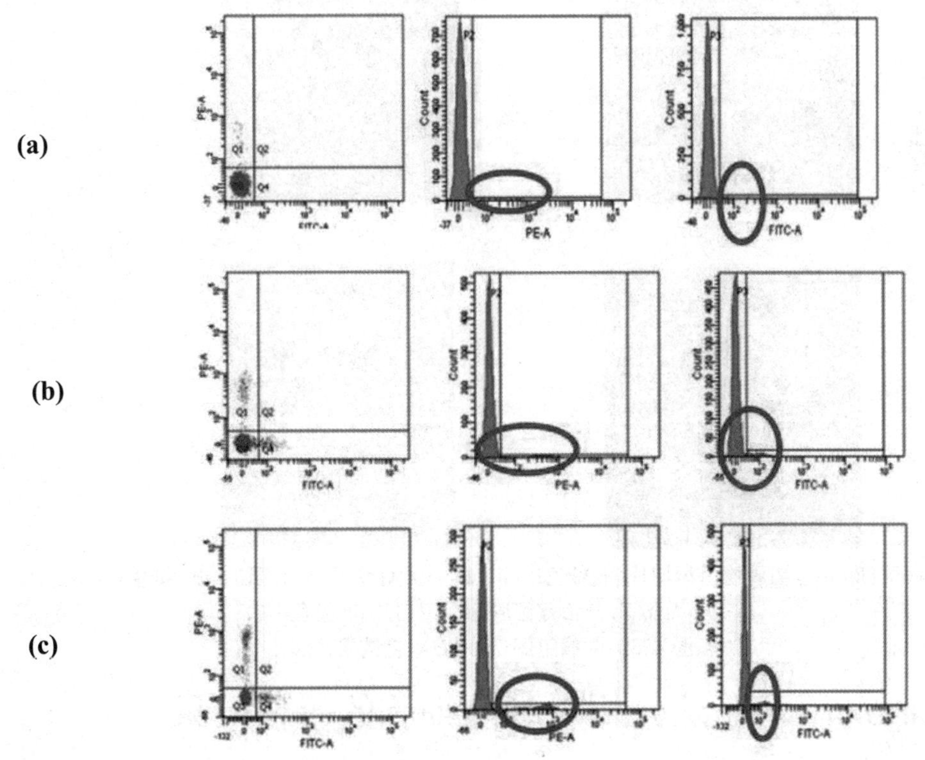

图 4-29 重组新城疫病毒对荷瘤鼠瘤内 T 细胞水平检测

4.15 动物模型肿瘤组织病理切片观察

PBS 对照组的肿瘤组织切片可见肿瘤组织治疗第 5d 旺盛生长，治疗第 15d 肿瘤组织正常生长，出现轻微坏死（图 4-30a）。rAnh 治疗组治疗第 5d 有一定程度的淋巴细胞浸润，瘤内出现少量脂肪变性，肿瘤生长受到抑制，治疗第 15d 肿瘤组织内发生大面积组织变性，肿瘤受到抑制，淋巴细胞浸润较少（图 4-30b）。rAnh/IL-2 治疗组治疗第 5d 较大程度的淋巴细胞浸润，瘤内出现明显脂肪变性，肿瘤生长受到抑制，治疗第 15d 肿瘤组织内发生大面积组织变性，肿瘤细胞稀少，仍有较多淋巴细胞（图 4-30c）。

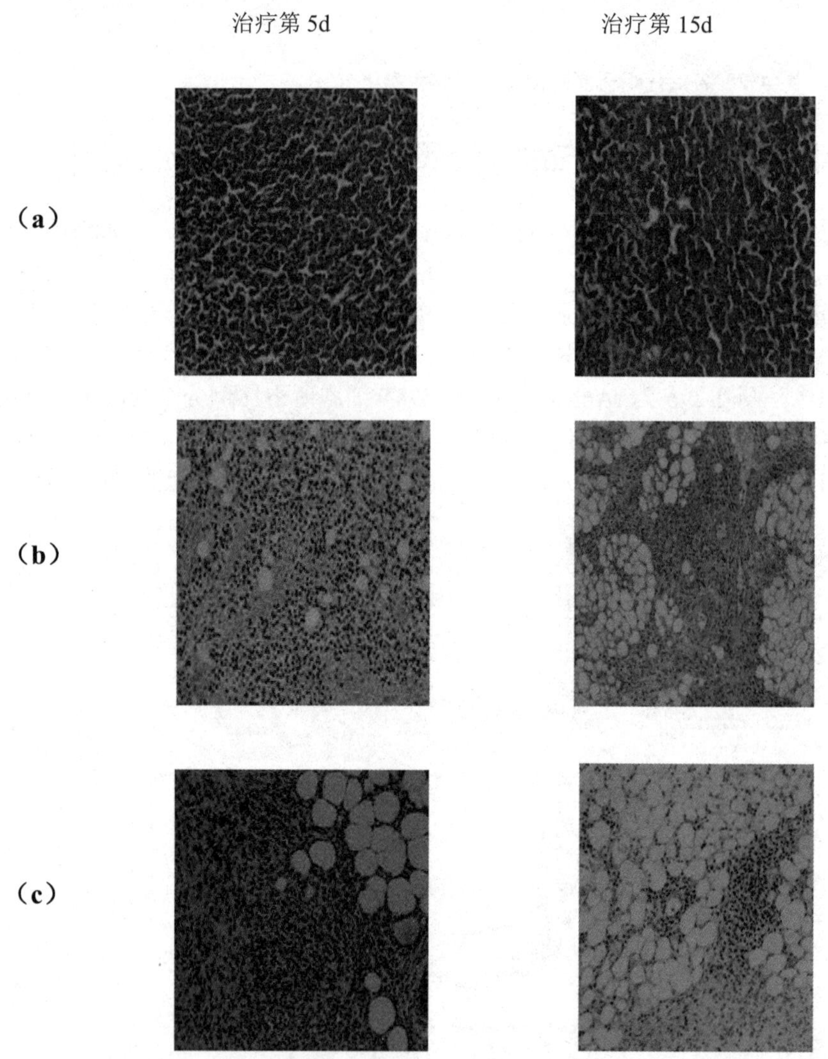

（a）PBS 治疗组肿瘤组织切片 HE 染色；（b）rAnh 治疗组肿瘤组织切片 HE 染色；
（c）rAnh/IL-2 治疗组肿瘤组织切片 HE 染色

图 4-30 肿瘤组织切片 HE 染色结果×20

4.16 Annexin V/PI 法分析对肿瘤细胞的杀伤效果

流式细胞仪检测结果如图 4-31 所示，图 4-31a 为空白对照孔（没加 NDV）的检测结果，

Q2 门为晚期凋亡的细胞约占 7.5%，Q4 门为早期凋亡的细胞约为 2.0%。图 4-31b 为实验孔加入 NDV rAnh36 小时的检测结果，如图所示可以显著诱导 U251 细胞发生凋亡，Q2 门为晚期凋亡的细胞约占 23.6%，Q4 门为早期凋亡的细胞约为 21.9%。图 4-31c 为实验孔加入 NDV rAnh/TRAIL36 小时的检测结果，如图所示可以显著增加诱导 U251 细胞发生凋亡的程度，Q2 门为晚期凋亡的细胞约占 33.1%，Q4 门为早期凋亡的细胞约为 30.4%。

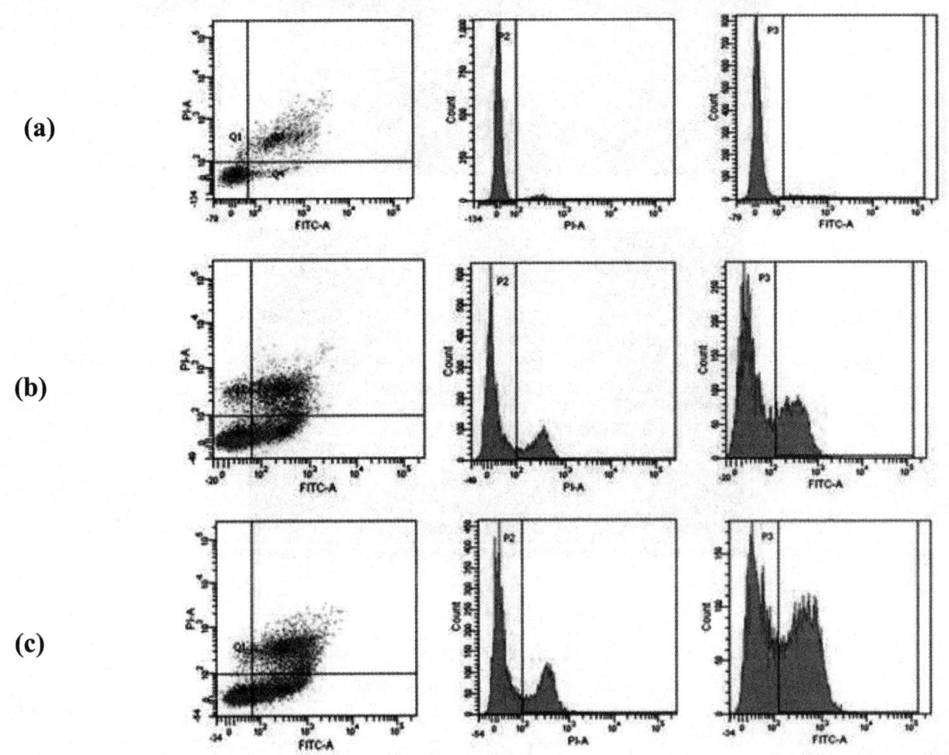

图 4-31 重组 NDV 作用 U251 细胞 36hAnnexin V/PI 双染流式细胞仪检测细胞凋亡率

4.17 重组病毒治疗后的小鼠对肿瘤的免疫记忆保护

经重组 NDV rAnh/IL-2 治疗后，部分小鼠肿瘤完全消失。将肿瘤消失的小鼠 60d 后再次注射 10^6H22 肿瘤细胞，同时注射正常小鼠作为对照。实验结果显示，正常小鼠可以产生实体瘤，而经重组 NDV 治疗后的小鼠则无肿瘤生成迹象。同时对小鼠随后 3 个月观察结果显示，无肿瘤复发迹象。实验证明，经重组 NDV 病毒治疗后的小鼠对同种肿瘤可获得免疫记忆，如图 4-32。

（a）

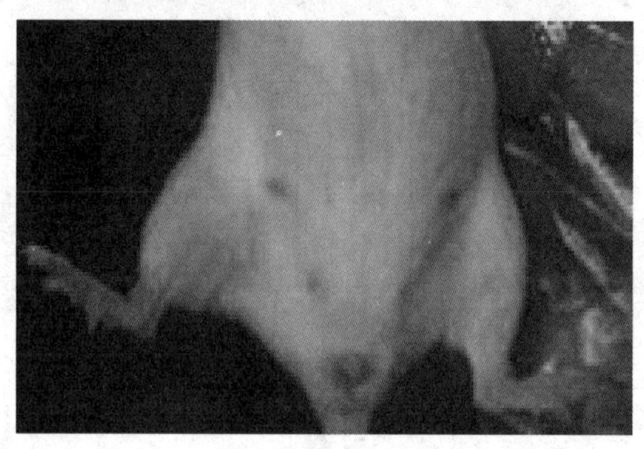

（b）

（a）未经重组病毒治疗小鼠接种肿瘤细胞

（b）经重组病毒治疗后痊愈小鼠接种肿瘤细胞

图 4-32 重组病毒治疗后的小鼠对肿瘤的免疫记忆保护

4.18 重组病毒安全性检测

H22 荷瘤小鼠瘤内注射新城疫病毒 3d 后，解剖取心脏、肝脏、肺脏、肾脏、脑组织和肿瘤组织研磨，吸取上清液，常规处理标本后，注射入 9～11 日龄 SPF 级鸡胚，其中从肿瘤组织中获得的上清液在鸡胚扩增第 2 代后，HA 滴度达到 1∶64；其他脏器没有检测到活病毒（表 4-2）。说明病毒不感染正常组织，不会在治疗过程中造成病毒扩散。

急性和亚急性毒性试验中所有实验昆明鼠与对照组相比饮食毛色行为活动正常，无不良反应或死亡现象发生。

表 4-2 重组 NDV 治疗小鼠各组织内病毒检测

	rAnh/IL-2	rAnh/TRAIL
心脏	0	0
肝脏	0	0
肺脏	0	0
肾脏	0	0
脑	0	0
肿瘤	2^6	2^6

5 讨 论

5.1 NDV 毒株的选择

目前用于临床的 NDV 主要是中毒和弱毒，研究结果表明，NDV 中毒可直接杀伤肿瘤，治疗效果明显优于弱毒。Anhinga 株作为 NDV 中毒的一种，没有报道过针对癌症治疗的研究，因此本研究应用反向遗传操作技术初步研究探讨了 Anhinga 株作为癌症治疗制剂的潜力。本研究利用反向遗传操作技术，改造 NDV 病毒基因组，分别插入肿瘤杀伤因子（TRAIL）和免疫增强因子（IL-2），使病毒在肿瘤细胞内繁殖的时，可以表达肿瘤治疗因子，与病毒一起产生协同效应，从而增强病毒的肿瘤杀伤能力。

5.2 外源基因插入位置的选择

NDV 感染细胞后病毒基因组与 NP，P，L 蛋白形成的核壳体进入细胞内开始病毒的复制。病毒首先以负链 RNA 基因组为模板转录出表达各种蛋白的正链 RNA。由于 RNA 聚合酶在转录过程中可以识别 NDV 基因组中的 GS、GE 序列，遇到 GS 序列起始转录，遇到 GE 序列终止转录，当遇到 GE 序列时聚合酶可能继续寻找 GS 序列起始新的基因转录，也可能停止转录离开模板。因此，在 NDV 基因组 3'端到 5'端的基因表达量依次递减。在 NDV 基因组插入外源基因后，改变了基因组的长度，同时也引入新的 GS、GE 序列，增加了聚合酶脱离模板的几率，可能影响病毒复制的周期及自身增殖效率。因此为避免外源基因插入对病毒自身复制的影响，本研究选择靠近 5'端的位置，通过 HN 蛋白和 L 蛋白之间的 Bst BI 酶切位点插入外源基因，从而保证对病毒复制的影响达到最小。

5.3 选择插入外源基因 IL-2

研究表明，NDV 杀伤肿瘤的机制较复杂主要通过以下几种途径：①内源性途径引起细胞凋亡；②外源性途径引起凋亡；③激活机体免疫系统来起到肿瘤杀伤的作用。NDV 感染肿瘤细胞后，首先通过内源性途径，即线粒体途径引起凋亡。但 NDV 诱导的内源性凋亡途径不依赖 p53，而是通过直接改变线粒体内膜的通透性，释放细胞色素-c 及其他膜间隙蛋白，激活下游 caspase-9 形成凋亡小体，进而激活 caspase-3 介导凋亡。其诱导内源性途径的机制目前尚不清楚，研究认为是由于病毒影响宿主细胞正常代谢，导致线粒体膜电位的降低从而诱导细胞凋亡。NDV 对宿主免疫系统的激活也是治疗癌症的主要途径，经 NDV 修饰后的肿瘤细胞可以增加免疫系统对肿瘤特异性抗原的提呈效率，并且 NDV 可以增加 T 细胞对肿瘤的特异性杀伤作用以及 T 细胞对所治疗的肿瘤的免疫记忆能力。作为 T 细胞生长因子的 IL-2 可以极大地增强机体的免疫能力，因此作为肿瘤临床治疗的常用药物。表达 IL-2 的 NDV 病毒（rNDV/IL-2）已经被证明对多种人源细胞系均有明显的杀伤作用，其中包括人乳腺癌细胞系 MCF-7，人结肠腺癌细胞系 HT29，人人外周血白血病 T 细胞 Jurkat 细胞（Zhao H，2008）。为进一步研究并验证，重组免疫增强因子 IL-2 的新城疫病毒治疗肿瘤的作用效果及作用机理。本研究亦将带有分泌信号肽的完整 IL-2 基因插入 NDV 基因组，从而使 NDV 可以在感染肿瘤的同时表达 IL-2，增加机体对肿瘤的免疫杀伤。

5.4 选择插入外源基因 TRAIL

在一些研究中发现在 NDV 感染肿瘤细胞的后期 caspase-8 表达上升，并发现在一些细胞的感染后期可表达肿瘤坏死因子相关凋亡配体 TRAIL，并与肿瘤细胞膜上的 TRAIL 受体结合，激活外源性细胞凋亡通路，从而导致死亡结构域蛋白(FADD)聚集，激活蛋白酶 Caspase-8，Caspase-8 剪切激活 Caspase-3 以及其他下游 Caspase，导致蛋白水解级联反应，促使细胞凋亡。但通过抑制外源性细胞凋亡通路发现，细胞凋亡过程并没有停止，证明外源途径并不是 NDV 诱导肿瘤细胞凋亡的主要途径。因此本研究通过在 NDV 基因组内插入 TRAIL 基因从而使病毒在复制的同时可以表达 TRAIL 蛋白。TRAIL 蛋白本身具有胞外区、跨膜结构域和胞内区，其功能区位于胞外区（95-281 氨基酸），可以与受体结合诱导细胞的凋亡。因此本研究在 TRAIL 胞外区之前外加分泌信号肽，使病毒表达的 TRAIL 蛋白可以分泌到所感染的肿瘤外，从而与周围肿瘤细胞的 TRAIL 受体结合，通过外源途径诱导凋亡。研究表明很多肿瘤细胞对 TRAIL 蛋白本身并不敏感，因此研究和治疗时多采用 TRAIL 与阿霉素或顺铂联合治疗的方法，通过协同作用增强 TRAIL 对肿瘤的杀伤能力。而 NDV 病毒具有广泛的抗肿瘤作用，因此可以与 TRAIL 一起产生协同作用，极大增强病毒治疗肿瘤的能力和癌症治疗的广泛性。

5.5 重组新城疫病毒构建及拯救

新城疫病毒为不分节段负链 RNA 病毒，在基因组中通过基因起始序列（Gene Start）、基因终止序列（Gene end）和基因间隔区（Intergenic region）将基因组分隔成单个的基因，这些序列对基因的复制和转录是至关重要的。当外源基因插入时，要使插入基因也同时具备基因起始序列和基因终止序列，并且要使重组病毒的基因组符合“六碱基”规则，保证能够成功拯救具有感染能力的病毒。通过分析 NDVAnhinga 株的 GS，GE 序列确定构建外源基因插入所应用的 GS、GE 序列，由于添加在外源基因之前的 GE 的作用是为终止 HN 基因的转录，因此选择 HN 基因自身的 GE 序列 TTAAGAAAAAA。

此外，NDV F 蛋白与 NDV 的毒力相关，弱毒株的前体蛋白 F0 必须在特定蛋白水解酶的存在下，才能正常裂解。而转染的 BHK-21 细胞中不存在相应蛋白酶，因此转染细胞的培养基中加入胰蛋白酶也是拯救病毒的必要条件，以促进病毒粒子获得感染性。而中毒株和强毒株前体蛋白 F_0 不需要特定蛋白酶就可以正常裂解，因此本实验转染时不需要添加胰蛋白酶。

在血凝实验中血凝效价为 64，TCID50 实验中重组病毒分别为 rAnh/IL-2 $10^{7.4}$、rAnh/TRAIL $10^{7.2}$，结果表明本实验所构建的病毒，完全符合病毒基因组结构，所拯救的病毒具有感染活性。

5.6 重组新城疫病毒增殖能力

重组病毒在鸡胚传代实验证明，病毒多次传代后，增殖能力仍然不受影响，但由于鸡胚是 NDV 的天然宿主，为了保证重组病毒的肿瘤治疗效果，必须保证重组外源基因病毒在肿瘤细胞内的增殖能力不受影响。因此本实验通过对相对同 MOI 接种，不同时间段重组病毒的 TCID50 检测，比较重组外源基因的病毒，与没有重组外源基因的 Anh 株在

HepG-2 肿瘤细胞中增殖能力发现，病毒增长的 TCID50 峰值分别为 rAnh$10^{7.8}$、rAnh/IL-2$10^{6.5}$、rAnh/TRAIL$10^{6.8}$ 相差不大，实验表明重组病毒在肿瘤细胞内的增殖能力没有受到影响，所产生的病毒能够在肿瘤细胞内稳定增殖，保证病毒在肿瘤治疗过程中病毒长期繁殖的稳定性。

5.7 Realtime-PCR 检测外源基因 mRNA 表达量的变化

实时荧光定量 PCR 就是在 PCR 反应体系中加入荧光基团，利用荧光信号累积实时监测整个 PCR 进程，最后通过对未知模板进行定量分析的方法。其利用荧光信号的变化实时检测 PCR 扩增反应中每一个循环扩增产物量的变化，通过对 Ct 值（样品到达域值水平所经历的循环数）和标准曲线的分析对起始模板进行定量分析，也可用于对某个基因进行快速/无污染的定性检测。具有灵敏度高，重复性好，动态范围宽，高通量的优点。

实验结果中，由于 IL-2 主要在淋巴细胞表达，因此经 rAnh 处理的 HepG-2 细胞无法检测到 IL-2 基因的表达，而经 rAnh/IL-2 处理的细胞 IL-2 表达量明显升高，说明所拯救病毒 rAnh/IL-2，在感染肿瘤细胞的过程中可以表达 IL-2 基因。在检测 TRAIL 基因表达的过程中，经 rAnh 处理的细胞随病毒剂量增加，TRAIL 表达量也呈梯度增加，但表达量较低。该结果

与 Arnold I 等人的文献报道一致，即 NDV 的 dsRNA 释放到细胞质及 HN 蛋白在细胞膜的表达增加细胞表达 TRAIL 的水平（Arnold I，2006）。增强 NDV 对肿瘤的杀伤作用。而经重组 TRAIL 的 NDV 处理的细胞，TRAIL 的表达水平显著上升，说明所拯救病毒 rAnh/TRAIL，在感染肿瘤细胞的过程中可以表达 TRAIL 基因。

5.8 MTT 法检测重组 NDV 对肿瘤细胞的抑制作用

四甲基偶氮唑盐比色法（MTT 方法），是通过快速简便的颜色反应来检测细胞存活数量。其原理是 MTT 可作为哺乳类动物细胞线粒体中琥珀酸脱氢酶的底物（Mosmaan T，1983）。当有活细胞存在时，线粒体内琥珀酸脱氢酶可将淡黄色的 MTT 还原成蓝紫色的针状甲月替 (Formazan)结晶并沉积在细胞中，结晶量与活细胞数成正比（薛彬，1987）。结晶物能被二甲基亚砜 (DMSO)溶解，用酶联免疫检测仪在 570nm 波长处测定其吸光度 OD 值，OD 值的高低可间接反映活细胞的数量及其活性。该方法结果准确、可靠，可作为常规筛选抗癌药物的方法。目前 MTT 法常用于以下几个方面的研究：①检测细胞活性；②体外药物敏感实验；③一些细胞因子活性的研究。

本实验证明 NDV 对人神经胶质细胞瘤，人骨髓神经母细胞瘤、肝癌、宫颈癌细胞都有较好的杀伤能力。本实验用不同感染复数的重组 NDV 病毒处理 U251、HepG-2、HeLa 和 SH-SY5Y 细胞，证明重组 NDV 具有杀伤这四种肿瘤细胞的能力。并且感染复数越高，重组 NDV 对这四种肿瘤细胞的抑制作用越强，呈剂量依赖性变化。其中 U251 细胞和 HeLa 为 TRAIL 敏感细胞，从实验结果可以明显看出表达 TRAIL 的重组 NDV 与其他病毒相比对肿瘤的抑制率明显增加，证明 TRAIL 表达后与 NDV 产生协同作用，共同杀伤肿瘤细胞。

在光学显微镜下可以观察到细胞的变化，不加病毒的对照组细胞生长状态良好，而实验组细胞数量减少，HeLa 细胞发生皱缩，许多细胞脱落悬浮。U251 细胞和 HepG-2 细胞形成合胞体，细胞变圆甚至脱落，SH-SY5Y 细胞 24h 大量死亡。MTT 试验表明 SH-SY5Y

细胞对重组 NDV 最敏感，U251 细胞和 HepG-2 细胞较为敏感，HeLa 细胞的抑制作用稍弱。

5.9 Annexin V/PI 法分析对肿瘤细胞的杀伤效果

本实验中将带有信号肽的 TRAIL 基因胞外区及带有信号肽的完整 IL-2 基因重组到 NDV 基因组从而增强病毒治疗肿瘤的能力。但 IL-2 是作为 T 细胞生长因子，即在 T 细胞存在下才能发挥作用，故在体外实验中无法显示 NDVrAnh/IL-2 治疗肿瘤的优势。但 TRAIL 蛋白本身可以诱导凋亡，整合到病毒基因组后可随病毒复制进行表达，从而增加诱导肿瘤细胞凋亡的能力。本实验室前期研究结果表明，U251 细胞为 TRAIL 敏感细胞，从 MTT 实验中证明重组 TRAIL 的 NDV 病毒在同样时间内诱导凋亡的效率更高。因此选择 U251 细胞通过 Annexin V/PI 法在流式细胞仪上分析细胞死亡的机制，并鉴定 NDVrAnh/TRAIL 与未重组外源基因的 NDVrAnh 相比诱导肿瘤细胞凋亡的效率是否增强。

磷脂酰丝氨酸外翻分析法的原理：在正常细胞中，磷脂酰丝氨酸（PS）只分布在细胞膜脂质双层的内侧，而在细胞凋亡早期，细胞膜中的磷脂酰丝氨酸（PS）由脂膜内侧翻向外侧。Annexin V 是一种分子质量为 35～36ku 的 Ca^{2+}依赖性磷脂结合蛋白，与磷脂酰丝氨酸有高度亲和力，故可通过细胞外侧暴露的磷脂酰丝氨酸与凋亡早期细胞的胞膜结合。因此 Annexin V 被作为检测细胞早期凋亡的灵敏指标之一。将 Annexin V 进行荧光素（EGFP、FITC）标记，以标记了的 Annexin V 作为荧光探针，利用荧光显微镜或流式细胞仪可检测细胞凋亡的发生。

碘化丙啶（Propidium Iodide，PI）是一种核酸染料，它不能透过完整的细胞膜，但对凋亡中晚期的细胞和死细胞，PI 能够透过细胞膜而使细胞核染红。因此将 Annexin V 与 PI 匹配使用，就可以区分正常细胞、早期凋亡、晚期凋亡和坏死细胞。本实验检测结果显示未加入病毒的空白对照细胞凋亡率为坏死细胞约占 0.4%，晚期凋亡的细胞约占 7.5%，早期凋亡的细胞约为 2.0%。加入 NDV rAnh 的实验孔坏死细胞约占 3.5%，晚期凋亡的细胞约占 23.6%，早期凋亡的细胞约为 21.9%。加入 NDV rAnh/TRAIL 的实验孔坏死细胞约占 1.3%，晚期凋亡的细胞约占 33.1%，早期凋亡的细胞约为 30.4%。实验表明重组 TRAIL 基因的病毒可以增加诱导细胞凋亡的能力，证明带有信号肽的 TRAIL 胞外区，可以通过病毒繁殖机制在肿瘤细胞表达。

5.10 昆明小鼠 H22 肝癌动物模型建立

动物模型的建立应用昆明小鼠和 H22 肝癌细胞，由于昆明小鼠具有完善的免疫系统，因此，用体外培养的 H22 肝癌细胞直接接种小鼠皮下，其活性和适应能力较差，建立肿瘤模型时，成功率低、稳定性差、成模时间长。为提高肿瘤模型的建立效率，增加细胞对体内环境的适应性，我们将 H22 肝癌细胞接种于小鼠腹腔，使细胞在小鼠体内形成腹水，5～7d 进行腹水传代，增强细胞活性。每次造模时传代 1～2 次后，取出的腹水用 PBS 稀释到一定浓度，接种于小鼠皮下。在生成腹水时要控制时间，如时间过长会生成红色的血性腹水，由于血性腹水中含有大量的红细胞、白细胞、淋巴细胞、单核吞噬细胞，会影响造模的成功率。

在小鼠皮下注射 10^6 个 H22 细胞，8～12d 待肿瘤长到直径约 5mm 时可以进行试验。

造模过程中，如果初始注入的肿瘤细胞过多，则会使后期在肿瘤外围生长过快，由于肿瘤毛细血管网还未生成，导致肿瘤养分，氧气供应不足，肿瘤内部会发生大面积坏死，影响实验结果的准确性。由于 H22 细胞本身恶性增殖的特性及小鼠个体差异，造模初期肿瘤大小不均一，同过测量肿瘤体积，选择同一水平小鼠进行试验。

5.11 重组 NDV 对动物模型肿瘤的抑制

通过本次试验充分证明 NDV Anhinga 株具有抑制肿瘤的能力，其中治疗组与对照组差异显著，尤其是插入外源基因的对照组，与插入 EGFP 的基因相比，治疗效果显著。PBS 对照组，肿瘤增长迅速，并严重影响小鼠正常行为状态。Anh/EGFP 治疗组对肿瘤有明显的抑制作用，但由于个体差异，有 2 只小鼠肿瘤无法控制，并且有一只小鼠治疗后期，肿瘤开始迅速生长。而重组 IL-2 和 TRAIL 基因的病毒，肿瘤抑制效果显著增加，肿瘤增长被完全抑制，治疗后期肿瘤体积保持在初始水平。通过各组肿瘤平均值的分析证明，新城疫病毒 Anhinga 株有较强的肿瘤抑制作用，重组 IL-2 和 TRAIL 基因使病毒获得更加理想的肿瘤治疗效果。

5.12 重组 NDV 治疗动物模型机理的探讨

机体 T 细胞参与的免疫应答在杀伤肿瘤细胞、控制肿瘤生长中起重要作用。T 细胞按照功能和表面标志可以分成很多种类：①细胞毒 T 细胞（Cytotoxic T lymphocytes，CTL）消灭受感染的细胞。这些细胞可以像细胞毒素那样对产生特殊抗原反应的目标细胞进行杀灭。细胞毒 T 细胞的主要表面标志是 CD8+，主要识别 MHC I 类分子提呈的内源性抗原肽，也称杀伤性性 T 细胞。②辅助 T 细胞（helper T cell）在免疫反应中扮演中间过程的角色：它可以增生扩散来激活其他类型的产生直接免疫反应的免疫细胞，起到调控或“辅助”其他淋巴细胞的功能。辅助 T 细胞的主要表面标志是 CD4+，主要识别 MHC II 类分子提呈的外源性抗原肽。③调节 T 细胞（regulatory T cell)：负责调节机体免疫反应。通常起着维持自身耐受和避免免疫反应过度损伤机体的重要作用。④记忆 T 细胞 (memory T cell)：在再次免疫反应中起重要作用。记忆 T 细胞由于暂时没有非常特异的表面标志，目前还有很多未知之处。

肿瘤免疫治疗主要通过 CD4+和 CD8+T 细胞介导，CTL 抗肿瘤作用机制主要通过分泌型杀伤和非分泌型杀伤诱导肿瘤细胞凋亡。前者指 CTL 通过颗粒胞吐释放效应分子如穿孔素、粒酶，和释放淋巴毒素、TNF 等致使肿瘤细胞裂解和凋亡；后者指通过 CTL 表面 FasL 分子结合肿瘤细胞表面 Fas 分子，启动肿瘤细胞的死亡信号转导途径加以杀伤肿瘤。

CD4+T 细胞主要通过下列几方面发挥效应作用①释放多种细胞因子如 IL-2 等，激活 CD8+T 细胞、NK 细胞和巨噬细胞，增强效应细胞的杀伤能力。②释放 IFN-γ、TNF 等作用与肿瘤细胞促进 MHC I 类分子表达，也提高靶细胞对 CTL 的敏感性；③促进 B 细胞增殖、分化和产生抗体，通过体液免疫途径杀伤肿瘤细胞。少数 CD4+细胞可直接识别肿瘤细胞 MHC II 类分子提呈的抗原肽直接杀伤肿瘤细胞。

1986 年 Rosenberg 研究组首先报道了肿瘤浸润淋巴细胞（tumor infiltrating lymphocyte, TIL）。TIL 细胞表型具有异质性，一般来说，TIL 中绝大多数细胞 CD3+阳性，即多为 T

细胞。不同肿瘤来源的 TIL 细胞中，CD4+T 细胞、CD8+T 细胞的比例有差异，大多数情况下以 CD8+T 细胞为主。该细胞对肿瘤有直接的杀伤作用，对 LAK 治疗无效的晚期肿瘤仍有一定治疗效果。本研究通过对治疗组与对照组小鼠肿瘤内的 T 细胞进行分析，证明重组 IL-2 的 NDV 可以有效增强机体免疫系统，促进 T 细胞增殖及对肿瘤的浸润，尤其是提高 CD8+T 细胞在肿瘤内的浸润，对肿瘤杀伤和抑制起到关键性作用。

5.13 重组病毒治疗后的肿瘤组织切片观察

肿瘤的继发性病变主要分为良性病变和恶性病变，其中良性病变包括：①透明变性（玻璃样变），因肿瘤生长迅速，造成相对供血不足，使部分组织水肿变软，漩涡状结构消失，代之以均匀的透明样物质，检测时易与肉瘤变性相混淆，光镜下看不到细胞结构，病变部分为无结构的均匀伊红色区域。②囊性变，为透明变性进一步发展所致，在透明变性的基础上供血不足，使变性区域内组织液化，形成内含胶冻样或透明液体之囊腔，整个肌瘤质软如囊肿。③坏死，肿瘤中央部位距供血较远，最易发生坏死。组织呈灰黄色，柔软而脆，也可形成小腔隙。④脂肪变性，常在透明变性后期或坏死后发生，也可能系肿瘤间质化生而形成脂肪组织。质软，光镜下见肌细胞内有空泡。恶性病变包括：肿瘤迅速生长、浸润肌肉组织、癌细胞发生转移。通过切片观察发现治疗后 5d 的切片，发现 NDVrAnh/IL-2 治疗组，有大量淋巴细胞浸润，15d 切片虽然肿瘤细胞稀少，但是与未重组 IL-2 的病毒相比仍有较多淋巴细胞。进一步证明，重组 IL-2 的 NDV 病毒可以激活机体免疫系统，增加对肿瘤的治疗效果。

5.14 重组病毒治疗后的小鼠对肿瘤的记忆保护

T 淋巴细胞被激活后转化为淋巴母细胞，并迅速增殖、分化，其中一部分在中途停下来不再分化，成为记忆细胞；另一些则成为致敏的淋巴细胞，与异己微生物产生免疫作用。记忆细胞不直接执行效应功能，留待再次遇到相同抗原刺激时，可直接增殖、分化产生效应 T 细胞，持久地执行特异性免疫功能。

Viktor Umansky 等人的研究结果表明，记忆 T 细胞能够识别浸润小鼠（裸鼠或联合免疫缺陷鼠）体内人类自体肿瘤移植物和外周非淋巴性肿瘤组织，但是这些记忆 T 细胞不会浸润小鼠体内人自体正常皮肤移的植物。研究人员还发现，肿瘤衰退和肿瘤内出现的大量凋亡细胞直接与肿瘤周围出现的记忆 T 细胞有关。

本研究对治疗后肿瘤消失的小鼠正常饲养 60d 后，再次注射 H22 肿瘤细胞，同时对正常小鼠进行腹腔接种和，腹股沟皮下注射作为对照。实验证明 NDV 治疗后的小鼠可以对 H22 细胞进行有效记忆，重新接种无法成瘤，而对照组则可以形成腹水和实体瘤。初步证明 NDV 治疗后可避免肿瘤在机体内的复发及转移。

5.15 重组病毒治疗安全性检测

通过对注射新城疫病毒小鼠各器官的检测发现病毒，病毒在正常器官没有感染或繁殖迹象，从而证明，在肿瘤治疗过程中，病毒不会轻易扩散，并且对机体不会产生副作用，造成间接伤害。

在急性和亚急性毒性试验中所有实验昆明鼠与对照组相比饮食毛色行为活动正常，无不良反应或死亡现象发生。进一步证明新城疫病毒治疗的安全性，为重组病毒用于癌症治疗奠定了基础。

参考文献

[1]郝娃，李卓，郭新会，等. SARS 患者血清 IL-2、IL-10 和 IL-12 的检测[J]. 现代免疫学: 2004，24(3):248-252

[2]金晓凌，井清源，王炳生，等. 瘤体内直接注射白介素-2 质粒复合物治疗小鼠肝癌[J].中国肿瘤临床: 2001，10:779-782.金晓凌,井清源,王炳生.瘤体内直接注射白介素 2 质粒复合物治疗小鼠肝癌[J].中国肿瘤临床,2001(10):59-62.

[3]宋小双，聂盼，马永鹏，等. 人白细胞介素-2 突变体在大肠杆菌中的克隆表达与鉴定［J］. 西南大学学报: 2009，31(8) : 93-97.

[4]吴军，唱韶红，巩新，等. 人血清白蛋白与白细胞介素-2 的融合蛋白及其编码基因: 中国，ZL200310117068．X［P］，2005-06-15.

[5]Aghi M, Martzua R L. Oncolytic viral therapies-the clinical experience[J]. Oncogene: 2005, 24:7802-7816.

[6]Ahlert T, Sauerbrei W, Bastert G, et al.Tumor-cell number and viability as quality and efficacy parameters of autologous virus-modified cancer vaccines in patients with breast or ovarian cancer[J]. Clin Oncol: 1997, 15(4):1354-1366.

[7]Ahlert T, Schirrmacher V. Isolation of a human melanoma adapted Newcastle disease virus mutant with highly selective replication patterns[J]. Cancer Res: 1990,50 (18):5962-5968.

[8]Aigner M, Janke M, Luleí M, et al. An effective tumor vaccine optimized for costimulation via bispecific and trispecific fusion proteins [J]. Int. J. Oncol: 2008, 32(4):777-789.

[9]Alexander D J. Historical aspects. In: Newcastle Disease. (Alexander DJ. (ed.) Kluwer, Boston, 1988, pp 1-10.

[10]Alexander D J. Newcastle disease and other Paramyxoviridae infections. In: Diseases of Poultry (Calnek BW, Barnes HJ, Beard CW, McDougald L, Saif JYM. eds.), 10th ed. Lowa State University, Ames, IA, 1997, pp 541-569.

[11]Apostolidis L, Schirrmacher V, Fournier P. Host mediated anti-tumor effect of oncolytic Newcastle Disease Virus after locoregional application[J]. Int. J. Oncol: 2007, 31:1009-1019.

[12]Asada T. Treatment of human cancer with mumps virus. Cancer:1974, 34(6):1907-1928.

[13]Ashkenazi A, Dixit, V M. Death receptor: singaling a dmodulation [J]. Science: 1998, 281(5381): 1305- 1308.

[14]Bai L, Koopmann J, Fiola C, et al. Dendritic cells pulsed with viral oncolysates

potently stimulate autologous T cells from cancer patients[J]. Int. J. Oncol: 2002, 21:685-694.

[15]Baltcheva I, Codarri L, Pantaleo G, et al. Lifelong dynamics of human CD4+ CD25+ regulatory T cells: Insights from in vivo data and mathematical modeling[J]. Theor Biol: 2010, 266(2): 307-322.

[16]Baxevanis C N, Papamichail M. Characterization of the anti-tumor immune response in human cancers and strategies for immunotherapy. Crit. Rev. Oncol. Hematol: 1994, 16:157-179.

[17]Bayer A L, Yu A, Malek T R. Function of the IL-2R for thymic and peripheral CD4 + CD25 + Foxp3 + T regulatory cells[J]. J Immunol: 2007, 178(7): 4062-4071.

[18]Bian H, Fournier P, Moormann R, et al. Selective gene transfer in vitro to tumor cells via recombinant Newcastle Disease Virus[J]. Cancer Gene Ther: 2005, 12: 295-303.

[19]Bian H, Fournier P, Moormann R, et al. Selective gene transfer to tumor cells by recombinant Newcastle Disease Virus via a bispecific fusion protein[J]. Int J Oncol: 2005, 26:431-439.

[20]Bian H, Fournier P, Peeters B, et al.Tumor-targeted gene transfer in vivo via recombinant Newcastle Disease Virus modified by a bispecific fusion protein[J]. Int J Oncol: 2005, 27:377-384.

[21]Bian H, Wilden H, Fournier P, et al. In vivo efficacy of systemic tumor targeting of a viral RNA vector with oncolytic properties using a bis-pecific adapter protein[J]. Int J Oncol: 2006, 29:1359-1369.

[22]Boatright K M, Renatus M, Scott F L, et al. A unified model for apical Caspase activation[J]. Mol Cell: 2003, 11:529–41.

[23]Bodmer J L, Holler N, Reynard S. TRAIL receptor-2 signals apoptosis through FADD and Caspase-8[J]. Nat Cell Biol: 2000, 2:241-3.

[24]Bohle W, Schlag P, Liebrich W, et al. Postoperative active specific immunization in colorectal cancer patients with virus-modified autologous tumour cell vaccine: first clinical results with tumour cell vaccines modified with live but avirulent Newcastle Disease Virus[J]. Cancer: 1990, 66:1517-1523.

[25]Bowie A G, Fitzgerald K A. RIG-I: tri-ing to discriminate between self and non-self RNA[J]. Trends Immunol: 2007, 28(4):147-150.

[26]Burchill M A, Yang J Y, Vang K B, et al. Interleukin-2 receptor signaling in regulatory T cell development and homeostasis[J]. Immunol Lett: 2007, 114 (1): 1-8.

[27]Calain P, Roux L. The rule of six, a basic feature for efficient replication of Sendai virus defective interfering RNA[J]. J. Virol:1993, 67 (8):4822-4830.

[28]Cantin C, Holguera J, Ferreira L, et al. Newcastle Disease Virus may enter cells by

caveolae-mediated endocytosis[J]. J. Gen. Virol: 2007, 88:559-569.

[29]Cassel W A, Garrett R E. Newcastle Disease Virus as an antineoplastic agent[J]. Cancer: 1965, 18:863-868.

[30]Cassel W A, Murray D R. A ten-year follow-uponstage II malignantmelanoma patient treated postsurgically with Newcastle disease virus oncolysate[J]. Med. Oncol. Tumor Pharmacother: 1992, 9(4):169-71.

[31]Cella M, Salio M, Sakakibara Y, et al. Maturation, activation and protection of dendritic cells induced by double-stranded RNA[J]. J. Exp. Med: 1999, 189:821-829.

[187]Charan S, Mahajan V M, Agarwal L P. Newcastle disease virus antibodies in human sera[J]. Indian J. Med. Res: 1981, 73:303-307.

[32]Chen Q, Ray S, Hussein M A, et al. Role of Apo2L/TRAIL and Bcl-2-family proteins in apoptosis of multiple myeloma[J]. Leuk Lymphoma: 2003,44:1209-1214.

[33]Chinnaiyan A M, Prasad U, Shankar S, et al.Combined effect of tumor necrosis factor-related apoptosis-inducing ligand and ionizing radiation in breast cancer therapy[J]. Proc Natl Acad Sci: 2000, 97:1754-1759.

[34]Chlichlia K, Schirrmacher V, Sandaltzopoulos R. Cancer immunotherapy: battling tumors with gene vaccines[J]. Curr. Med. Chem. Anti-inflammatory Anti-allergy Agents: 2005, 4:353-365.

[35]Clancy L, Mruk K, Archer K, et al. Preligand assembly domain-mediated ligand-independent association between TRAIL receptor 4 （TR4） and TR2 regulates TRAIL-induced apoptosis[J]. Proc Natl Acad Sci: 2005, 102:18099–104.

[36]MacFarlane M, Ahmad M, Srinivasula S M, et al. Identification and molecular cloning of two novel receptors for the cytotoxic ligand TRAIL[J]. The Journal of biological chemistry :1997, 272(41):25417-25420.

[37]Coulie PG, Lehman F, Lethé B,et al. A mutated intron sequence codes for an antigenic peptide recognized by cytolytic T lymphocytes on a human melanoma[J]. Proc. Natl. Acad. Sci:USA, 1995, 92:7976-7980.

[38]Csatary L K, Bakács T. Use of Newcastle disease virus vaccine (MTH-68/H) in a patient with high-grade glioblastoma[J]. JAMA: 1999, 281(17):1588-1589.

[39]Csatary L K, Csatary C, Gosztonyi G, Bodey B. Promising MTH-68/H Oncolytic Newcastle Disease Virus therapy in human high grade gliomas. Chapter IV In: Focus on Brain Cancer Research (Andrew V. Yang, ed.) [J]. Nova Science Publishers New York: 2006, pp 69-82.

[40]Csatary L K, Eckhard S, Bukosza I,et al. Attenuated veterinary virus vaccine for the treatment of cancer[J]. Cancer Detect. Prev: 1993, 17(6): 19-627.

[41]Csatary L K,Moss R W, Beuth J, et al. Beneficial treatment of patients with advanced cancer using a Newcastle disease virus vaccine (MTH-68/H)[J]. Anticancer Res: 1999, 19(1B):635-638.

[42]Csatary L K. Viruses in the treatment of cancer[J]. Lancet: 1971, 2 (7728):825.

[43]Czegledi A, Wehmann E, Lomniczi B. On the origins and relationships of Newcastle disease virus vaccine strains Hertfordshire and Mukteswar, and virulent strain Herts'33[J]. Avian Pathol: 2003, 32:271-276.

[44]De Leeuw O, Peeters B. Complete nucleotide sequence of Newcastle disease virus: evidence for the existence of a new genus within the subfamily Paramyxovirinae[J]. Gen. Virol: 1999, 80 (Pt 1):131-136.

[45]Degli-Esposti M A, Dougall WC, Smolak PJ, et al. The novel receptor TRAIL-R4 induces NF-kB and protects against TRAIL-mediated apoptosis, yet retains an incomplete death domain[J]. Immunity: 1997, 7:813–20

[46]DiNapoli J M, Kotelkin A, Yang L, et al. Newcastle Disease Virus, a host range-restricted virus, as a vaccine vector for intranasal immunization against emerging pathogens[J]. Proc. Natl. Acad. Sci: 2007, 104 (23):9788-9793.

[47]Doyle T M. A hitherto unrecorded disease of fowls due to a filter-passing virus[J]. J Comp Pathol Ther: 1927, 40:144-169.

[48]Du C, Fang M, Li Y, et al. Smac, a mitochondrial protein that promotes cytochrome c-dependent Caspase activation by eliminating IAP inhibition[J]. Cell: 2000, 102:33-42.

[49]Dubsky P, Saito H, Leogier M, et al. IL-15-induced human DC efficiently prime melanomaspecific naive CD8 + T cells to differentiate into CTL[J]. Eur J Immunol: 2007, 37(6):1678-1690.

[50]Elankumaran S, Rockemann D, Samal SK. Newcastle Disease Virus exerts oncolysis by both intrinsic and extrinsic caspase-dependent pathways of cell death[J]. J. Virol: 2006, 80 (15):7522-7534.

[51]El-Deiry W S. Insights into cancer therapeutic design based on p53 and TRAIL receptor signaling[J]. Cell Death Differ: 2001, 8:1066-75.

[52]Elrod H A, Sun S Y. Modulation of death receptors by cancer therapeutic agents[J]. Cancer Biol Ther: 2008, 7:163-173.

[53]Emery J G, McDonnell P, Burke M B, et al. Osteoprotegerin is areceptor for the cytotoxic ligand TRAIL [J]. J Bio Chem: 1998, 273(23): 14363- 14367.

[54]Ertel C, Millar N S, Emmerson P T, et al. Viral hemagglutininaugments peptide specific cytotoxic T-cell responses. Eur[J]. Immunol: 1993, 23:2592-2596.

[55]Fábián U, Csatary C, Szeberényi J, et al. P53-independent endoplasmic reticulum stress-mediated cytotoxicity of a Newcastle Disease Virus strain in tumor cell lines[J]. Virol: 2007, 81(6):2817-2830.

[56]Ferreira L, Villar E, Munoz-Barroso I. Gangliosides and N-glycoproteins function as Newcastle Disease Virus receptors[J]. Int. J. Biochem. Cell Biol: 2004, 36:2344-2356.

[57]Fiola C, Peeters B, Fournier P, et al. Tumor selective replication of Newcastle Disease Virus: association with defects of tumor cells in antiviral defence[J]. Int. J. Cancer: 2006, 119 (2):328-338.

[58]Forden C. Do T lymphocytes correlate danger signals to antigen [J]. Med Hypotheses: 2004, 62(6):898-906.

[59]Fournier P, Zeng J, Schirrmacher V. Two ways to induce innate immune responses in human PBMCs: Paracrine stimulation of IFN-α responses by viral protein or dsRNA[J]. Int. J. Oncol: 2003, 23:673-680.

[60]Fournier P, Zeng J, Von der Lieth C W, et al. Importance of serine 200 for functional activities of the hemagglutinin-neuraminidase protein of Newcastle Disease Virus[J]. Int. J. Oncol: 2004, 24:623-634.

[61]Freeman A I, Zakay-Rones Z, Gomori J M, et al. Phase I/II trial of intravenous NDV-HUJ oncolytic virus in recurrent glioblastoma multiforme[J]. Mol Ther: 2006, 13(1):221-228.

[62]Gallucci S, Matzinger P. Danger signals: SOS to the immune system[J]. Curr Opin Immunol: 2001, 13(1):114-119.

[63]Gaohua P, Ni J, Wei Y F, et al. An antagonist decoy receptor and a death domain containing receptor for TRAIL [J]. Science: 1997, 277(5327): 815- 818.

[64]Gilboa E. The makings of a tumor rejection antigen[J]. Immunity: 1999, 11:263-270.

[65]Gitlin L, Barchet W, Gilfillan S, et al. Essential role of MDA-5 in type I IFN responses to polyriboinosinic:po lyribocytidylic acid and encephalomyocarditis picornavirus[J]. Proc. Natl. Acad. Sci: 2006, 103(22):8459-8464.

[66]Goodbourn L, Didcock, Randall R E. Interferons: cell signa, immune modulation, antiviral response and virus counter-measures[J]. Gen. Virol: 2000, 81:2341-2364.

[67]Gura T. How TRAIL kills cancer cell, but normal cells [J]. Science: 1997, 277(5327): 768.

[68]Haas C, Lulei M, Fournier P, et al. A tumor vaccine containing anti-CD3 and anti-CD28 bispecific antibodies triggers strong and durable anti-tumor activity in human lymphocytes[J]. Int. J. Cancer: 2005, 118(3):658-667.

[69]Haas C, Ertel C, Gerhards R, et al. Introduction of adhesive and costimulatory immune functions into tumor cells by infection with Newcastle Disease Virus[J]. Int. J. Oncol: 1998, 13:1105-1115.

[70]Haas C, Lulei M, Fournier P, et al. T-cell triggering by CD3- and CD28-binding molecules linked to a human virus-modified tumor cell vaccine[J]. Vaccine: 2005, 23:2439-2453.

[71]Haller O, Kochs G, Weber F. Interferon, Mx, and viral countermeasures[J]. Cytokine Growth Factor Rev: 2007, 18 (5-6):425-433.

[72]Heicappell R, Schirrmacher V, Hoegen P, et al. Prevention of metastatic spread by postoperative immunotherapy with virally modified autologous tumor cells. Iparameters for optimal therapeutic effects[J]. Int. J. Cancer: 1986, 37(4):569-577.

[73]Hengel H, Koszinowski U H, Conzelmann K K. Viruses know it all new insights into IFN networks[J]. Trends Immunol: 2005, 26(7):396-401.

[74]Hofbauer L C. Osteoprotegerin ligand and osteoprotegerin: novel implications for osteoclast biology and bone metabolism[J]. Eur J Endocrinol: 1999, 141(3):195-210.

[75]Hornung V, Ellegast J, Kim S,et al. 5' -Triphosphate RNA is the ligand for RIG-I[J]. Science: 2006, 314(5801):994-997.

[76]Hotte S J, Lorence R M, Hirte H W, et al. An optimized clinical regimen for the oncolytic virus PV701[J]. Clin. Cancer Res: 2007, 13(3):977-985.

[77]Ito Y, Nagai Y, Maeno K. Interferon production in mouse spleen cells and mouse fibroblasts (L cells) stimulated by various strains of Newcastle disease virus[J]. Gen. Virol: 1982, 62 (Pt 2):349-352.

[78]Jain N, Nguyen H, Chambers C, et al. Dual function of CTLA-4 in regulatory T cells and conventional T cells to prevent multiorgan autoimmunity[J].Proc Natl Acad Sci USA: 2010, 107(4): 1524-1528.

[79]Janke M, Peeters B, de Leeuw O, et al. Schirrmacher V. Recombinant Newcastle Disease Virus (NDV) with inserted gene coding for GM-CSF as a new vector for cancer immunogene therapy[J]. Gene Ther: 2007, 14(23):1639-1649.

[80]Jiang X, Wang X. Cytochrome c promotes Caspase-9 activation by inducing nucleotide binding to Apaf-1[J]. J Biol Chem: 2000, 275:31199-31203.

[81]Karcher Jochen, Dyckhoff Gerhard, Beckhove Philipp, et al. Antitumor vaccination in patients with head and neck squamous cell carcinomas with autologous virus-modified tumor cells [J]. Cancer Res: 2004, 64(21):8057-8061.

[82]Kasuya H, Takeda S, Shimoyama S, et al. Oncolytic virus therapy-foreword[J]. Curr

Cancer Drug Targets: 2007, 7(2):123-125.

[83]Kato H, Sato S, Yoneyama M, et al. Cell type-specific involvement of RIG-I in antiviral response[J]. Immunity: 2005, 23(1):19-28.

[84]Kawai T, Akira S. Pathogen recognition with Toll-like receptors[J]. Curr Opin Immunol: 2005, 17(4):338-344.

[85]Keane M M, Ettenberg S A, Nau M M, et al. Chemotherapy augments TRAIL-induced apoptosis in breast cell lines[J]. Cancer Res: 1999, 59(3):734-741.

[86]Key M E, Hanna M G, Jr. Mechanism of action of BCG-tumor cell vaccines in the generation of systemic tumor immunity. II. Influence of the local inflammatory response on immune reactivity[J]. J. Natl. Cancer Inst: 1981, 67(4):863-869.

[87]Kim Y S, Schwabe R F, Qian T, et al. TRAIL-mediated apoptosis requires NF-kappaB inhibition and the mitochondrial permeability transition in human hepatoma cells[J]. Hepatology: 2002, 36(6):1498-1508.

[88]Kischkel F C, Hellbardt S, Behrmann I, et al. Cytotoxicity-dependent APO-1（Fas/CD95）associated proteins form a death-inducing signaling complex（DISC）with the receptor[J]. EMBO J: 1995,14(22):5579-5588.

[89]Kischkel F C, Lawrence D A, Chuntharapai A, et al. Apo2L/TRAIL-dependent recruitment of endogenous FADD and Caspase-8 to death receptors 4 and5[J]. Immunity: 2000,12(6):611-620.

[90]Kumar-Sinha C, Varambally S, Sreekumar A, et al. Molecular cross-talk between the TRAIL and interferon signalling pathways[J]. J. Biol. Chem: 2002, 277(1):575- 585.

[91]Kyburz D, Aichele P, Speiser D E, et al. T cell immunity after a viral infection versus T cell tolerance induced by soluble viral peptides[J]. Eur. J. Immunol: 1993, 23(8):1956-1962.

[92]Laliberte J P, McGinnes L W, Peeples M E, et al. Integrity of membrane lipid rafts is necessary for the ordered assembly and release of infectious Newcastle Disease Virus particles[J]. J. Virol: 2006, 80(21):10652-10662.

[93]Lamb R A, Parks G D. Paramyxoviridae: their viruses and their replication. In Fields Virology. Fifth edition. (Knipe D.M. and Howley P.M. eds)[M]. Wolters Kluwer /Lippincott Williams & Wilkins: 2007:1449-1496.

[94]Lamb R A, Paterson R G, Jardetzky T S. Paramyxovirus membrane fusion: lessons from the F and HN atomic structures[J]. Virology: 2006, 344 (1):30-37.

[95]Laurie S A, Bell J C, Atkins H L, et al. A phase 1 clinical study of intravenous administration of PV701, an oncolytic virus, using two-step desensitization[J]. Clin Cancer Res: 2006, 12(8):2555-2562.

[96]Le Bon A, Schiavoni G, D'Agostino G, et al. Type I interferons potently enhance humoral immunity and can promote isotype switching by stimulating dendritic cells in vivo[J]. Immunity: 2001, 14(4):461-470.

[97]LeBon A, Tough D F. Links between innate and adaptive immunity via type I interferon[J]. Curr. Opin. Immunol: 2002,14(4): 432-436.

[98]Lehner B, Schlag P, Liebrich W, et al. Postoperative active specific immunization in curatively resected colorectal cancer patients with virus-modified autologous tumor cell vaccine[J]. Cancer Immunol. Immuntherap: 1990, 32(3):173-178.

[99]Levy D E, Marié I, Smith E, et al. Enhancement and diversification of IFN induction by IRF-7-mediated positive feedback[J]. Interferon Cytokine Res: 2002, 22(1):87-93.

[100]Liebrich W, Schlag P, Manasterski M, et al. In vitro and clinical characterization of a Newcastle Disease virus-modified autologous tumor cell vaccine for treatment of colorectal cancer patients[J]. Eur J Cancer: 1991, 27(6): 703-710.

[101]Lindenmann J. Viruses as immunological adjuvants in cancer[J]. Biochim Biophys Acta: 1974, 355(1):49-75.

[102]Liu T C, Kirn D. Systemic efficacy with oncolytic virus therapeutics: clinical proof-of-concept and future directions[J]. Cancer Res: 2007, 67(2):429-432.

[103]Liu X， Yue P， Zhou Z， et al. Death receptor regulation and celecoxib-induced apoptosis in human lung cancer cells[J]. J Natl Cancer Inst: 2004, 96(23):1769-1780.

[104]Lodolce J P, Burkett P R, Boone D L, et al. T cell-independent interleukin 15 Ralpha signal are required for by stander pro-liferation[J]. J Exp Med: 2001, 194(8):1187-1194.

[105]Lorence R M, Reichard K W, Katubig B B, et al. Complete regression of human neuroblastoma xenografts in athymic mice after local Newcastle disease virus therapy[J]. J Natl Cancer Inst: 1994, 86(16):1228-1233.

[106]Lorence R M, Roberts M S, Groene WS, et al. Replication-competent, oncolytic Newcastle disease virus for cancer therapy. In: Replication-Competent Viruses for Cancer Therapy. (Hernaiz Driever P, RabkinSD, eds.), Collection: Monographs in Virology Basel, Karger: 2003, 22: 160-182.

[107]Lorence R M, Roberts M S, O'Neil J D, et al. Phase 1 clinical experience using intravenous administration of PV701, an oncolytic Newcastle disease virus[J]. Curr Cancer Drug Targets: 2007, 7(2):157-167.

[108]Lorence R M, Rood P A, Kelley K W. Newcastle disease virus as an antineoplastic agent: induction of tumor necrosis factor-alpha and augmentation of its cytotoxicity[J]. Natl. Cancer Inst: 1988, 80 (16):1305-1312.

[109]Lupetti R, Pisarra P, Verrecchia A, et al. Translation of a retained intron in tyrosinase-related protein (TRP)2 mRNA generates a new cytotoxic Tlymphocytes (CTL)–defined and shared human melanoma antigen not expressed in normal cells of the melanocytic lineage[J]. Exp. Med: 1998, 188(6):1005-1016.

[110]MacFarlane M, Ahmad M, Srinivasula S M, et al. Identification and molecular cloning of two novel receptors for the cytotoxic ligand TRAIL[J].The Journal of biological chemistry.1997, 272(41):25417-20.

[111]Magyarics Z, Rajnavölgyi E. Professional type I interferon-producing cells-a unique subpopulation of dendritic cells[J].Acta Microbiol Immunol Hung:2005, 52(3-4):443-462.

[112]Malathi K, Dong B, Gale M, et al. Small self-RNA generated by RNase Lamplifies antiviral innate immunity[J]. Nature,2007, 446(7155):816-819.

[113]Malek T R, Bayer A L. Tolerance, not immunity, crucially depends on IL-2[J]. Nat Rev Immumol: 2004, 4(9): 665-674.

[114]Malek T R, Yu A, Vincek V, et al. CD4 regulatory T cells prevent lethal autoimmunity in IL-2Rβ-deficent mice: Implications for the nonredundant function of IL-2[J]. Immunity: 2002, 17(2): 167-178.

[115]Matzinger P. Tolerance, danger, and the extended family[J]. Annu. Rev. Immunol: 1994, 12:991-1045.

[116]Matzinger P. The danger model: a renewed sense of self. Science: 2002, 296(5566): 301-305.

[117]Melchjorsen J, Jensen S B, Malmgaard L, et al. Activation of innate defense against a paramyxovirus is mediated by RIG-I and TLR7 and TLR8 in a cell-type-specific manner[J]. Virol: 2005, 79(20):12944-12951.

[118]Miller L T, Yates V J. Reactions of human sera to avian adenoviruses and Newcastle disease virus[J]. Avian Dis: 1971, 15(4):781-788.

[119]Nagai Y, Hamaguchi M, Toyoda T. Molecular biology of Newcastle disease virus[J]. Prog Vet Microbiol Immunol: 1989, 5:16-64.

[120]Nelson N J. Scientific interest in Newcastle Disease Virus is reviving[J]. Natl. Cancer Inst: 1999, 91(20):1708-1710.

[121]Ockert D, Schirrmacher V, Beck N, et al. Newcastle Disease Virus infected intact autologous tumor cell vaccine for adjuvant active specific immunotherapy of resected colorectal carcinoma[J]. Clin. Cancer Res: 1996, 2(1):21-28.

[122]Pan G, O'Rorke K, Chinnaiyan A M, et al. The receptor for the cytotoxic ligand TRAIL [J]. Science: 1997, 276(5309): 111-113.

[123]Pantua H D, McGinnes L W, Peeples M E, et al. Requirements for the assembly and release of Newcastle Disease Virus-like particles[J]. Virol: 2006,80 (22):11062-11075.

[124]Pecora A L, Rizvi N, Cohen G I, et al. Phase I trial of intravenous administration of PV 701, an oncolytic virus, in patients with advanced solid cancers. J[J]. Clin Oncol: 2002, 20(9): 2251-2266.

[125]Peeters B P, Gruijthuijsen Y K, de Leeuw O S, et al. Genome replication of Newcastle disease virus: involvement of the rule-of-six[J]. Arch Virol: 2000, 145 (9):1829-1845.

[126]Pitti R M, Marsters S A , Ruppert S, et al. Induction of apoptsois by Apo-2 ligand, a new member of the tumor necrosis factor cytokine family[J]. J Bio Chem: 1996, 271(22): 12687- 12690.

[127]Plaksin D, Porgador A, Vadai E, et al. Effective anti-metastatic melanoma vaccination with tumor cells transfected with MHC genes and/or infected with Newcastlediseasevirus(NDV) [J]. Int J Cancer: 1994, 59(6):796-801.

[128]Pomer S, Schirrmacher V, Thiele R, et al. Tumor response and 4 year survival data of patients with advanced renal cell carcinoma treated with autologous tumor vaccine and subcutaneous r-IL-2 and IFN-Alpha 2b[J]. Int. J. Oncol: 1995, 6(5):947-954.

[129]Position of the Scientific Medical Council on the antitumor studies conducted in Hungary on the Newcastle disease virus[J]. Orv Hetil: 1998, 139:2903-2905.

[130]Reichard K W, Lorence R M, Cascino C J, et al. Newcastle disease virus selectively kills human tumor cells[J]. J Surg Res: 1992, 52(5):448-453.

[131]Rogge L, Barberis-Maino L, Biffi M, et al. Selective expression of an interleukin-12 receptor component by human T helper 1 cells[J]. J Exp Med: 1997, 185: 825-831.

[132]Russell S J. RNA viruses as virotherapy agents[J]. Cancer Gene Ther: 2002, 9:961-966.

[133]Scheridan J P, Marster S A, Pitti PM, et al. Control of TRAIL induced apoptosis by a family of signaling and decoy receptor [J]. Science: 1997, 277(5327): 818- 821.

[134]Sadler A J, Williams B R. Structure and function of the protein kinase R[J]. Curr Top Microbiol Immunol: 2007, 316:253-292.

[135]Sato K, Hida S, Takayanagi H, et al. Antiviral response by natural killer cells through TRAIL gene induction by IFN- alpha/beta[J]. Eur J Immunol: 2001, 31(11): 3138-3146.

[136]Schild H J, von Hoegen P, Schirrmacher V. Modification of tumor cells by a low dose of Newcastle Disease Virus: II. Augmented tumor specific T cell response as a result of CD4 + and CD8 + immune T cell cooperation[J]. Cancer Immunol. Immunother: 1988, 28:22-28.

[137]Schirrmacher V. T cell mediated immunotherapy of Metastases: State of the art in

2005[J]. Expert Opin Biol Ther: 2005, 5(8):1051-1068.

[138]Schirrmacher V, Ahlert T, Heicappell R. Successful application of non-oncogenic viruses for antimetastatic cancer immunotherapy. Cancer Rev: 1986, 5:19-49.

[139]Schirrmacher V, Ahlert T, Pröbstle T, et al. Immunization with virus-modified tumor cells[J]. Semin. Oncol: 1998, 25(6):677-696.

[140]Schirrmacher V, Bai L, Umansky V, Yu L, et al. Newcastle Disease Virus activates macrophages for antitumor activity. Int. J. Oncol: 2000, 16(2): 363-436.

[141]Schirrmacher V, Feuerer M, Fournier P, et al. T-cell priming in bone marrow: the potential for long-lasting protective anti-tumor immu- nity[J]. Trends Mol Med: 2003, 9(12):526-534.

[142]Schirrmacher V, Fournier P. Newcastle disease virus: a promising vector for viral therapy, immune therapy, and gene therapy of cancer[J]. Methods Mol Biol: 2009, 542:565-605.

[143]Schirrmacher V, Haas C, Bonifer R, et al. Human tumor cell modification by virus infection: an efficient and safe way to produce cancer vaccine with pleiotropic immune stimulatory properties when using Newcastle Disease Virus[J]. Gene Ther: 1999, 6(1):63-73.

[144]Schirrmacher V, Heicappell R. Prevention of metastatic spread by postoperative immunotherapy with virally modified autologous tumor cells. II: establishment of specific systemic anti tumor immunity[J]. Clin Exp Metastasis: 1987, 5(2):147-156.

[145]Schirrmacher V. Clinical trials of antitumor vaccination with an autologous tumor cell vaccine modified by virus infection: improvement of patient survival based on improved antitumor immune memory[J]. Cancer Immunology Immunology:2005, 54(6):587-598.

[146]Schirrmacher V. Clinical trials of antitumor vaccination with an autologous tumor cell vaccine modified by virus infection: improvement of patient survival based on improved antitumor immune memory[J]. Cancer Immunol. Immunother: 2005, 54(6):587- 598.

[147]Schlag P, Manasterski M, Gerneth T, et al. Active specific Immunotherapy with NDV modified autologous tumor cells following liver metastases resection in colorectal cancer: First evaluation of clinical response of a Phase II trial[J]. Cancer Immunol. Immunother: 1992, 35(5):325-330.

[148]Schulz O, Diebold S S, Chen M, et al. Toll-like receptor 3 promotes cross-priming to virus-infected cells[J]. Nature,2005, 433(7028):887-892.

[149]Servant M J, Tenoever B, Lin R. Overlapping and distinct mechanisms regulating IRF-3 and IRF-7 function [J]. J Interferon Cytokine Res: 2002, 22(1):49-58.

[150]Setoguchi R, Hori S, Takahashi T, et al. Homeostatic maintenance of natural Foxp3 + CD25 +CD4+ regulatory T cells by interleukin(IL)-2 and induction of autoimmune disease by

IL-2 neutralization[J]. J Exp Med: 2005, 201(5): 723-735.

[151]Shimizu Y, Hasumi K, Okudaira Y, et al.Immunotherapy of advanced gynecologic cancer patients utilizing mumps virus[J]. Cancer Detect. Prev: 1988, 12(1-6):487-495.

[152]Shoham J, Hirsch R, Zakay-Rones Z, et al. Augmentation of tumor cell immunogenicity by viruses-an approach to specific immuno-therapy of cancer[J]. Nat Immun Cell Growth Regul: 1990, 9 (3):165-172.

[153]Singh T R,Shankar S,Chen X, et al. Synergistic interactions of chemotherapeutic drugs and tumor necrosis factor-related apoptosis-inducing ligand/Apo-2 ligand on apoptosis and on regression of breast carcinoma in vivo[J]. Cancer Res: 2003, 63(17):5390-5400.

[154]Sinkovics J. Horvatz J. New developments in the virus therapy of cancer: a historical review[J]. Intervirology: 1993, 36(4):193-214.

[155]Sinkovics J G, Horvath J C. Newcastle Disease Viurs (NDV): brief history of its oncolytic strains[J]. J. Clin. Virol: 2000, 16(1):1-15.

[156]Sinkovics J G. Viral oncolysates as human cancer vaccines[J]. Int. Rev. Immunol: 1991, 7(4):259-287.

[157]Steiner H H, Bonsanto M M, Beckhove P ,V et al. Anti-tumor vaccination of patients with glioblastoma multiforme: a pilot study to assess: Feasibility, safety and clinical benefit[J]. J. Clin. Oncology: 2004, 22(21):4272-4281.

[158]Stoidl D F, Lichty B, Knowles S, et al. Exploiting tumor-specific defects in the interferon pathway with a previously unknown oncolytic virus[J]. Nature Med: 2000, 6(7):821-825.

[159]Suzuki Y, Suzuki T, Matsunaga M, et al. Gangliosides as paramyxovirus receptor. Structural requirement of sialo-oligosaccharides in receptors for hemagglutinating virus of Japan (Sendai virus) and Newcastle disease virus[J]. Biochem (Tokyo): 1985, 97 (4):1189-1199.

[160]Takeda K, Kaisho T, Akira S. Toll-like receptors[J]. Annu Rev Immunol: 2003, 21:335-76.

[161]Taniguchi T, Takaoka A. The interferon-alpha/beta system in antiviral responses: a multimodal machinery of gene regulation by the IRF family of transcription factors[J]. Curr. Opin. Immunol: 2002. 14(1):111-116.

[162]Termeer C C, Schirrmacher V, Bröcker E B, et al. Newcastle-Disease-Virus infection induces a B7-1/ B7-2 independent T-cell-costimulatoryactivityinhumanmelanoma cells[J]. Cancer Gene Ther: 2000, 7(2):316-323.

[163]Thompson A J, Locarnini S A. Toll-like receptors, RIG-I-like RNA helicases and the antiviral innate immune response[J]. Immunol. Cell. Biol: 2007, 85(6):435-445.

[164]Tough D F. Type I interferon as a link between innate and adaptive immunity through dendritic cell stimulation[J]. Leuk. Lymphoma: 2004, 45(2):257-264.

[165]Turka L A, Walsh P T. IL-2 signaling and CD4+ CD25 +Foxp3 + regulatory T cells[J]. Front Biosci: 2008, 13(1):1440-1446.

[166]Umansky V, Shatrov V A, Lehmann V, et al. Induction of NO synthesis in macrophages by Newcastle disease virus is associated with activation of nuclear factor-kappa B[J]. Int. Immunol: 1996, 8(4):491-498.

[167]Van der Sloot A M, Tur V, Szegezdi E, et al. Designed tumor necrosis factor-related apoptosis-inducing ligand variants initiating apoptosis exclusively via the DR5 receptor[J]. Proc Natl Acad Sci U S A: 2006, 103(23):8634-9.

[168]Van Pel A, Van der Bruggen P, Coulie P G, et al. Genes coding for tumor antigens recognized by cytolytic T lymphocytes[J]. Immunol.Rev: 1995, 145: 229-250.

[169]Villar E, Barroso I M. Role of sialic acid-containing molecules in paramyxovirus entry into the host cell: a minireview[J]. Glycoconj J: 2006, 23 (1-2):5-17.

[170]Von Hoegen P, Heicappell R, Griesbach A, et al. Prevention of metastatic spread by postoperative immunotherapy with virally modified autologous tumor cells. III. Postoperative activation of tumor-specific CTLP from mice with metastases requires stimulation with the specific antigen plus additional signals[J].Invasion & Metastasis: 1989, 9(2):117-133.

[171]Von Hoegen P, Weber E, Schirrmacher V. Modification of tumor cells by a low dose of Newcastle Disease Virus; augmentation of the tumor-specific T cell response in the absence of an anti-viral response[J]. Eur. J. Immunology: 1988, 18(8):1159-1166.

[172]Von Hoegen P, Zawatzky R, Schirrmacher V. Modification of tumor cells by a low dose of Newcastle Disease Virus. III. Potentiation of tumor specific cytolytic T cell activity via induction of interferon alfa, beta[J]. Cell Immunol: 1990, 126(1): 80-90.

[173]Wang J G, Wicker L S, Santamaria P. IL-2 and its high affinity receptor: genetic control of immunoregulation and autoimmunity[J]. Semin Immunol: 2009, 21 (6): 363-371.

[174]Washburn B, Schirrmacher V. Human tumor cell infection by Newcastle Disease Virus leads to upregulation of HLA and cell adhesion molecules and to induction of interferons, chemokines and finally apoptosis[J]. Int J Oncol: 2002, 21(1):85-93.

[175]Washburn B, Weigand M A, Grosse-Wilde A, et al. TNF-related apoptosis-inducing ligand mediates tumoricidal activity of human monocytes stimulated by Newcastle Disease Virus[J]. J Immun: 2003, 170 (4):1814-1821.

[176]Wheelock E F, Dingle J H. Observations on the repeated administration of viruses to a patient with acute leukaemia. A preliminary report[J]. N Engl J Med: 1964, 24(271):645-651.

[177]Yamanouchi J, Rainbow D, Serra P, et al. Interleukin-2 gene variation impairs regulatory T cell function and causes autoimmunity [J]. Nat Genet: 2007, 39(3): 329-337.

[178]Yoneyama M, Kikuchi M, Natsukawa T, et al.RNA helicase RIG-I has an essential function in double-stranded RNA-induced innate antiviral responses[J]. Nat Immunol: 2004, 5:730-737.

[179]Yu A X, Zhu L J, Altman N H, et al. A low Interleukin-2 receptor signaling threshold supports the development and homeostasis of T regulatory cells[J]. Immunity: 2008, 30 (2):204-217.

[180]Yusoff K, Tan W S, Newcastle disease virus: macromolecules and opportunities [J]. Avian Pathol: 2001, 30(5):439-455.

[181]Jinyang Zeng, Philippe Fournier, Volker Schirrmacher. Induction of interferon and tumor necrosis factor-related apoptosis-inducing blood mononuclear cells by hemagglutinin-neuraminidase but not F protein of Newcastle Disease Virus[J]. Virology: 2002, 297(1):19-30.

[182]Zeng Jinyang, Fournier P, Schirrmacher V. Stimulation of human natural interferon-response via paramyxo-virus hemagglutinin lectin-cell interaction[J]. J Mol Med: 2002, 80(7):443-451.

[183]Zhao H, Janke M, Fournier P, et al. Recombinant Newcastle disease virus expressing human interleukin-2 serves as a potential candidate for tumour therapy[J]. Virus Res: 2008, 136(1):75-80.

附　录

附录 A

实验过程所用缓冲液与常用试剂的配制：

LB 培养液及培养基：每 1L LB 培养液加入酵母提取物、胰蛋白胨、NaCl 分别为 5g、10g 、10g，用 10mol/L NaOH 调 pH 值至 7.2～7.4，121℃灭菌 30 min。若制备固体培养基，则在 1L LB 培养液中加入终浓度为 1.5%～2.0%的琼脂，121℃高压灭菌 30min。

50×TAE(Tris-乙酸电泳缓冲液)：Tris. Cl 242g，冰乙酸 57. 1g，EDTA (0.5mol/L pH 8.0) 100mL，加去离子水定容至 1000mL，用时稀释成 1×TAE。

EB（溴化乙锭）：在 100mL 蒸馏水中加入 1g EB，磁力搅拌数小时以确保其完全溶解，然后用锡箔包裹容器或转移至棕色瓶中，保存于室温。

200mmol/L 谷氨酰胺：谷氨酰胺 2.922g 溶于 80mL 灭菌的 Mill-Q 超纯水中，定容至 100mL，用 0.22μm 滤膜过滤除菌，-20℃保存。

FBS 胎牛血清（TBD)：将血清置于 56℃水浴锅中 30min，热灭活后，分装，-20℃保存备用。

CS 小牛血清（GIBCO)：将血清置于 56℃水浴锅中 30min，热灭活后，分装，-20℃保存备用。

PBS (磷酸盐缓冲液，pH 7. 4) (1L)：在 800mL 去离子水中溶解 8 g NaCl，0.2 g KCl，1.44 g Na_2HPO_4 和 0. 24 g KH_2PO_4，用 HCl 调节溶液的 pH 值至 7.4，加去离子水定容至 1L，在 121℃灭菌 30 min，保存于室温，细胞实验用 0.22μm 滤膜过滤除菌分装备用。

0.5%中性红溶液：称取0.5g中性红，加少量双蒸水溶解后，再加水至100mL，用0.22μm 滤膜过滤除菌分装避光保存备用。

0.4%台盼蓝溶液：称取0.4g台盼蓝，加少量双蒸水溶解后，再加水至50mL，离心取上清，再加入1.8% NaCl溶液至100mL，过滤除渣，装入瓶内室温保存。

青霉素/链霉素贮存液（1000×)：每 1mL 三蒸水中加青/链霉素各 100mg，过滤，分装，-20℃保存，使用时 1000 倍稀释，即每 100mL 培养基中加 100μL 青霉素/链霉素贮存液。

L-glutamine：2.9222g 溶于 100mL(50℃三蒸水中)，过滤，分装，-20℃保存。使用时每 100mL 培养基补加 1mL。

DMEM 高糖培养基：三蒸水 1L，DMEM 培养基粉末 1 袋，$NaHCO_3$ 3.7g，调 pH 值至 7.2，青霉素 100U/mL，链霉素 100g/mL，用 0.2μm 滤器过滤除菌，4℃保存。

HepG-2 细胞培养基：DMEM 培养基调 pH 值至 7.2，新生小牛血清 CS 10%，青霉素 100U/mL，链霉素 100g/mL，用 0.2μm 滤器过滤除菌，4℃保存。

Hela、U251、BHK-21 细胞培养基：DMEM 调 pH 值至 7.2，胎牛血清 FBS 15%，青霉素 100U/mL，链霉素 100g/mL，用 0.2μm 滤器过滤除菌，4℃保存。

A549 细胞培养基：F12 培养基调 pH 值至 7.2，胎牛血清 FBS 15%，青霉素 100U/mL，链霉素 100g/mL，用 0.2μm 滤器过滤除菌，4℃保存。

SH-SY5Y 细胞培养基：F12 培养基调 pH 值至 7.2，胎牛血清 FBS 15%，青霉素 100U/mL，链霉素 100g/mL，用 0.2μm 滤器过滤除菌，4℃保存。

0.25%胰蛋白酶消化液：DMEM 高糖培养基 100mL，胰蛋白酶 0.25g，青霉素 100U/mL，链霉素 100g/mL，用 0.2μm 滤器过滤除菌，分装，-20℃保存。

5%蛋白酶K：称取5g中性红，加少量双蒸水溶解后，再加水至100mL，分装4℃保存。

细胞冻存液：DMEM 高糖培养基调 pH 值至 7.2，新生小牛血清 10%，青霉素 100U/mL，链霉素 100 g/mL，DMSO 5%，用 0.2 μm 滤器过滤除菌，-20℃保存。

MTT 溶液：取 MTT 250mg 溶解于 50mL PBS 中，置于电磁力搅拌器充分搅拌，用 0.2μm 微孔滤膜过滤除菌后，分装，4℃避光冰箱保存。

附录 B

IL-2 核苷酸序列

ATGTACAGGATGCAACTCCTGTCTTGCATTGCACTAAGTCTTGCACTTGTCACAAACAGTGCACCTACTTCAAGTTCTACAAAGAAAACACAGCTACAACTGGAGCATTTACTGCTGGATTTACAGATGATTTTGAATGGAATTAATAATTACAAGAATCCCAAACTCACCAGGATGCTCACATTTAAGTTTTACATGCCCAAGAAGGCCACAGAACTGAAACATCTTCAGTGTCTAGAAGAAGAACTCAAACCTCTGGAGGAAGTGCTAAATTTAGCTCAAAGCAAAAACTTTCACTTAAGACCCAGGGACTTAATCAGCAATATCAACGTAATAGTTCTGGAACTAAAGGGATCTGAAACAACATTCATGTGTGAATATGCTGATGAGACAGCAACCATTGTAGAATTTCTGAACAGATGGATTACCTTTTGTCAAAGCATCATCTCAACACTGACTTGA

附录 C

TRAIL 功能区（95-281 氨基酸）添加信号肽序列

ATGGAGACAGACACACTCCTGCTATGGGTACTGCTGCTCTGGGTTCCAGGATCC
ACTGGTACCTCTGAGGAAACCATTTCTACAGTTCAAGAAAAGCAACAAAATATTTCT
CCCCTAGTGAGAGAAAGAGGTCCTCAGAGAGTAGCAGCTCACATAACTGGGACCAG
AGGAAGAAGCAACACATTGTCTTCTCCAAACTCCAAGAATGAAAAGGCTCTGGGCC
GCAAAATAAACTCCTGGGAATCATCAAGGAGTGGGCATTCATTCCTGAGCAACTTG
CACTTGAGGAATGGTGAACTGGTCATCCATGAAAAAGGGTTTTACTACATCTATTCC
CAAACATACTTTCGATTTCAGGAGGAAATAAAAGAAAACACAAAGAACGACAAAC
AAATGGTCCAATATATTTACAAATACACAAGTTATCCTGACCCTATATTGTTGATGA
AAAGTGCTAGAAATAGTTGTTGGTCTAAAGATGCAGAATATGGACTCTATTCCATCT
ATCAAGGGGGAATATTTGAGCTTAAGGAAAATGACAGAATTTTTGTTTCTGTAACA
AATGAGCACTTGATAGACATGGACCATGAAGCCAGTTTTTTCGGGGCCTTTTTAGTT
GGCTAA

注:下划线为信号肽序列。

第 2 章
表达 ANHINGA 株 *HN* 基因嵌合病毒的构建及其抗肿瘤效果的研究

1 前　言

1.1 研究背景

癌症是一类由多因素引起的疾病，被认为是严重危害人类健康的“杀手”。癌症的发生与发展通常与癌症相关的基因产生的突变或缺失有关，无限制的细胞复制、对生长抑制信号不敏感及较强的细胞转移和组织侵袭能力是肿瘤最具特征性的特点[1]。导致人类癌症的诱因有很多，包括物理、化学和生物因素。目前，越来越严重的环境污染，导致人类癌症的发病率也越来越高。根据世界卫生组织的统计，2012 年大约有 1 200 万人患上癌症，其中超过 850 万人死于这种疾病，而且正在以每年 180 万的增长速度增加。癌症治疗是急需攻克的难题。

手术治疗、放射治疗和化学治疗等是多年形成的治疗肿瘤的手段。手术治疗是采取手术切除肿瘤的物理治疗，是治疗初期无转移、无严重粘连及重要脏器和血管瘤的重要手段，但对肿瘤后期不能达到理想治疗效果。化学治疗简称化疗，主要应用于对抗癌药物敏感的肿瘤类型，而且接受该种治疗手段的患者需要具有良好的身体状况。但化疗之后常常伴有恶心、呕吐、脱发和白细胞减少等毒副反应。放射治疗简称放疗，主要用于治疗如食管癌、鼻咽癌和皮肤癌等全身扩散的肿瘤。放疗对那些已扩散至其他组织的肿瘤则达不到理想的治疗效果。

肿瘤的生物治疗是一种新兴的、治疗效果明显的肿瘤治疗方法，其利用人体自身的免疫系统对抗癌症。“特异性抗癌症免疫疗法”是利用生物技术和生物制剂，以激发和增强机体自身的免疫系统功能，从而达到治疗肿瘤的目的。肿瘤生物治疗已经成为主要的肿瘤治疗技术。

1.2 溶瘤病毒

溶瘤病毒，是指一类能够通过多种机制，特异性在肿瘤细胞内复制、扩增并杀伤肿瘤细胞，同时对正常细胞不具感染性的病毒。自上个世纪以来，已有十多种病毒被证实具有溶瘤能力，如溶瘤腺病毒、单纯疱疹病毒和新城疫病毒等[2,3]。

溶瘤病毒能够根除癌细胞的概念自 20 世纪初以来就已经存在[4-6]。1950—1960 年的 10 年间，几种溶瘤病毒被用于人类肿瘤治疗的实验中。狂犬病毒疫苗株是第一个以一种可控的方式在临床研究中使用的溶瘤病毒，在使用狂犬病毒疫苗株治疗的 30 例癌症患者中，结果显示有 8 个病人的黑色素瘤消退[7]。几年后，溶瘤血清型 4 型，在当时被称为 RI (呼吸道感染)病毒的腺病毒以及黄热病病毒西尼罗河病毒(Egypt101 株)和副黏病毒的腮腺炎和新城疫病毒，都在人体进行了肿瘤治疗的临床试验，观察其溶瘤功效[8-10]。与此同时，也有许多其他的溶瘤病毒应用在动物肿瘤模型的治疗上。例如，牛肠病毒在具有免疫能力的小鼠上表现出高效的裂解肿瘤能力[11]。在一项临床试验研究中显示，30 个宫颈癌病人在注射腺病毒治疗后，大多数患者体内的肿瘤表现为坏死或者消退，治疗效果非常明显，抑制肿瘤生长比较显著[12]。另外一例临床试验显示，一例患有严重白血病的患者连续使用 6 种不同的溶瘤病毒治疗，都未达到理想的肿瘤治疗效果[13]。

溶瘤病毒治疗肿瘤具有特异性杀伤效应，避免了化疗药物对正常细胞的毒副作用，手术治疗的不彻底性和易复发性。因此，人们始终对使用溶瘤病毒治疗肿瘤并改善肿瘤患者的生存质量寄予较高期望。许多溶瘤病毒具有基因可操控性，能够通过多种方法对病毒进行遗传改造，来提高溶瘤能力，同时降低对正常细胞的感染性[14,15]。如重组 HSV 表达 DF3/MUC1 抗原能够提高其在结肠癌细胞选择性复制能力，姚丰等人构建的重组 HSV 病毒株 KTR27，能够通过联合应用四环素药物来提高 HSV 病毒对肿瘤细胞的选择能力同时降低 HSV 病毒的神经嗜性[16]。重组腺病毒 AdmIL-12 等显著提高了亲本毒株的抗肿瘤能力[17]。经反向遗传操作技术改造后的重组 NDV 病毒，其抗肿瘤能力得到明显改善[18-21]。尽管临床上利用溶瘤病毒治疗肿瘤取得了许多重要进展，但基于许多病毒对宿主潜在的致病能力和可能带来的副作用，溶瘤病毒抗肿瘤技术仍未达到理想的效果。当前，全世界注册开展中的溶瘤病毒治疗肿瘤临床项目超过 50 项[22]。

1.3 新城疫病毒

NDV 属于副黏病毒，为不分节段的单股负链 RNA 病毒，和肺炎病毒亚科一起组成副黏病毒科[23]。NDV 只有一个血清型，两个分类。I 类病毒的基因组为 15198nt，而 II 类病毒的基因组是 15186 或 15192nt[24]。NDV 基因组依次编码核蛋白(NP)、磷蛋白(P)、基质蛋白(M)、融合蛋白(F)、血凝素-神经氨酸酶蛋白(HN)和大蛋白(L)等六种结构蛋白。在转录过程中，P 基因还可以通过“RNA 编辑”作用产生 V、W 两种非结构蛋白[25]。

病毒感染是由病毒粒子附着在靶细胞表面开始的。首先通过 HN 糖蛋白与细胞表面含有的唾液酸受体结合，随后通过 F 蛋白进行融合，和其他副黏病毒相似，通过酸碱性机制促进病毒包膜和细胞血浆膜融合[26]。病毒核糖核蛋白(RNP)是由病毒基因组的 NP 蛋白和组成聚合酶复合物的 P 蛋白和 L 蛋白组成的。进入细胞后，病毒的核衣壳游离于 M 蛋白并释放到细胞质中。随后，聚合酶复合体转录产生病毒基因组 RNA，以产生病毒各种蛋白合成所需的 mRNA。通过 P 蛋白介导，L 蛋白的催化活性，聚合酶复合物结合到核衣壳蛋白[27-31]。

当积累了足够的病毒蛋白，就会发生转录到基因组复制的转换。聚合酶复合物负责合成正链全长基因组 RNA，从而作为模板合成负链基因组 RNA。病毒核衣壳是由 NP 与新形成的基因组 RNA 与聚合酶复合物组装而成。所有病毒粒子的组成成分在 M 蛋白的牵引下被输送到细胞膜进行组装。病毒粒子通过出芽生殖从细胞中释放[32]。最后，HN 蛋白的神经氨酸酶活性促进病毒从细胞上分离和去除子代病毒颗粒的唾液酸残基防止自我聚集[26,33]。

负链 RNA 病毒的基因组是以病毒 RNP 的形式存在的，裸露病毒 RNA 是不具有感染性的。然而，随着负链 RNA 病毒反向遗传操作技术的进一步发展，实现了通过基因改造使 cDNA 形成有感染性的病毒粒子[34,35]。目前，NDV 的反向遗传系统可用于弱毒株 LaSota[36-38]、Hitchner B1[39]和 AV324/96[40]，中毒株 Beaudette[41]和 Anhinga[42]，强毒株 Herts/33[43]、ZJ1[44]和 RecP05[45]。应该注意的是大多数通过人工拯救获得的病毒毒性小于相应野生型病毒的毒性。这一观察结果可能会用于解释在克隆过程中基因组变异性和病毒种群适用性的缺失所产生的基因组瓶颈[46,47]。然而，NDV 以及其他病毒的反向遗传系统的可操作性为更大程度的研究病毒复制的分子机制和发病机制提供了必要的信息和工具。

1.4 NDV 的溶瘤特性

作为抗肿瘤生物制剂的 NDV 可以分为溶瘤株和非溶瘤株。溶瘤株和非溶瘤株在肿瘤细胞中的复制效率远高于在绝大多数的正常细胞中的复制效率。这两种毒株都作为候选抗癌制剂进行研究。溶瘤株可以在人源肿瘤细胞中产生有感染能力的子代病毒粒子，而非溶瘤病毒则无法产生，这是 NDV 溶瘤株和非溶瘤株的主要区别[48]。因为非溶瘤病毒的子代病毒粒子包含的 F 蛋白是无活性的形式。有溶瘤能力的 NDV 毒株的优势是可以在第一轮病毒感染后产生具有感染活性的子代病毒颗粒，因此可以经过多次复制后在肿瘤组织中进行扩散。相反，非溶瘤株只能进行单周期复制。

溶瘤 NDV 对外胚层、内胚层和中胚层来源的肿瘤细胞都具有毒性作用[49]。他们通过内源性和外源性的 caspase 依赖的细胞死亡途径发挥溶瘤作用[50]。NDV 感染后会导致线粒体膜电位的降低并释放线粒体蛋白细胞色素 C[49]，从而激活早期 caspase 9 和 caspase 3。相反，caspase 8 是由 NDV 所介导的肿瘤凋亡晚期所产生的肿瘤坏死因子相关凋亡诱导配体(TRAIL)[49]经过死亡受体途径所激活的。由 NDV 在肿瘤细胞中产生的死亡信号最终在线粒体中汇集[49]。

最近对 p53 蛋白表达抑制人源恶性胶质瘤细胞系的研究显示，NDV 对表达 p53 细胞和 p53 缺失细胞的敏感性没有差异[50]。这说明 NDV 诱导的凋亡过程并不依赖 p53。在两株人源肿瘤细胞系中，病毒的复制会引起内质网压力，例如蛋白激酶 R 样内质网激酶和延伸因子 2α(Eif2α)的磷酸化[50]。因此，NDV 的溶瘤作用在体外可以引起内质网压力从而通过不依赖 p53 的方式导致细胞凋亡，特异地杀死肿瘤细胞[50]。

近年来，由于这种细胞毒性作用，引起了应用 NDV 进行肿瘤临床治疗的广泛研究[2,51-53]。为检测 NDV 在体内对肿瘤的杀伤作用，在无胸腺裸鼠皮下注射 9×10^6 肿瘤细胞，并在瘤内注射 1×10^6pfu 的新城疫溶瘤病毒[54]。这种治疗方法不仅使无胸腺小鼠的肿瘤完全消失，而且还具有较高的治疗指数[55]。有研究人员对一些 NDV 毒株的病毒学、免疫学和抗肿瘤方面的特性进行了分析。研究发现，MTH/68H 是所有检测的 NDV 毒株中诱导产生 IFN-α最强的毒株[55]。在经过紫外线灭活后，MTH/68H 是唯一可以在体外诱导 PBMC 产生抗肿瘤作用的毒株[55]。对负荷病毒敏感的皮内移植肿瘤的模型小鼠全身应用高剂量 NDV，发现 Italien 株和 MTH/68H 株没有明显的抗肿瘤作用。治疗过程中产生了明显的副作用即体重明显减轻[55]。相反，当使用局部给药治疗转有荧光素酶的鼠源 CT26 结肠癌细胞并发生肝部转移的小鼠时，MTH/68H 治疗组的肿瘤增长明显减缓，延长了小鼠的生存期，而没有对体重产生影响[55]。奇怪的是这种鼠源肿瘤细胞在体外对病毒的感染和溶瘤作用产生抵抗[55]。这些结果说明：(i) 局部应用有溶瘤作用的 NDV 比静脉全身给药更加有效。(ii) 溶瘤 NDV 病毒可能通过宿主介导的机制对病毒抵抗肿瘤细胞系产生溶瘤作用。

1.5 病毒进入蛋白：主要毒力因子

许多包膜病毒包括 NDV 进入宿主细胞时，往往需要通过细胞内的蛋白裂解酶来激活病毒的融合蛋白。病毒糖蛋白的激活往往通过识别单碱基或多碱基裂解位点的蛋白酶所介导[56]。在早期，为了进行毒力研究，将 NDV 暴露于诱变剂下以诱导某种蛋白质功能差异。因此，在细胞培养中，该突变体就会存在不能形成斑块的可能性，在鸡胚中的 MDT 与原来相比也会变得较短或较长[57, 58]。Nagai 等[59, 60]更加广泛的体外研究显示对所有 NDV 毒株的研究中，在鸡体内的毒力跟病毒 F 蛋白的裂解相关。在宿主细胞蛋白酶的作用下，F0 裂解为 F1 和 F2 对子代病毒是否具有感染性是十分关键的[57, 60-62]。弱毒株的 F 蛋白裂解位点是单碱基氨基酸基序(112G-R/K-Q-G-R↓L117)，只可以被存在于呼吸道和肠道的类胰蛋白酶所裂解。中毒株和强毒株的 F 蛋白裂解位点含有多碱基氨基酸基序(112R/G/K-R-Q/K-K/R-R↓F117)，可以被细胞内无处不在的 furin 样蛋白酶裂解[60, 63, 64]，这就导致了致命的全身性感染。因此，与在细胞培养和鸡胚实验中预测到的结果一样，动物体内的病毒复制是依赖于蛋白水解酶激活的病毒[61]。可以得出结论，F 蛋白裂解位点的氨基酸序列是 NDV 毒力的主要决定因素[60, 64]。

与反向遗传学获得的重组 NDVs 的研究相一致，结果表明当弱毒株的裂解位点被转换成强毒株时，其毒力增强[37, 65-66]。在这些研究中，ICPI 值由 0.00～0.01 增加到 1.12～1.28(见表 1-1)。此外，通过改变 NDV 强毒株 ZJ1 株基因组的特定裂解位点核苷酸序列的 3 个碱基，它的 ICPI 值可以从 1.89 下降到 0.13[67]。裂解位点的 1 个氨基酸的改变(Q114R)，也可以导致 ICPI 指数的下降[68]。不过，也有观察表明，ICPI 值也不总是与成年鸡的临床疾病的严重程度和感染的自然途径接种有关。在一项研究中，例如，与接种弱毒株相比，4 周龄的鸡接种重组 NDV 株 NDFLtag(弱毒株 LaSota 株的一种衍生物，含有强毒株的裂解位点)对鸡致病突变仅有很小的影响[69]。将弱毒株的裂解位点替换成强毒株的裂解位点，从而观察到经替换后的弱毒株的 ICPI 值和强毒株供体相比并不高[37, 65-66]。这一现象表明，肯定还存在改变毒力和临床疾病程度的其他因素。

多项研究表明，感染的结果不单是由病毒 F 蛋白的多碱基裂解位点基序所决定。最近也有研究表明，一种无毒的禽副黏 2 型病毒(APMV-2)可以在不需要补充外源性蛋白酶的细胞培养中生长。此外，裂解位点被 APMV 血清型 1～9 所取代的重组病毒 APMV-2 在感染细胞时具有裂解性，复制和形成合胞体的能力，但是对鸡仍然不具有致病性[71]。同时，含有强毒株裂解位点基序的重组新城疫病毒 LaSota 株(NDFLtag)，显示在鸡脑内接种 1 代后毒力增强，ICPI 值由 1.3 升高到 1.7，而整个 F 基因的序列分析没有发现任何突变[70]。此外，一些鸽源 NDV 毒株，即鸽 1 型副黏病毒(PPMV-1)，尽管它们的 F 蛋白具有多个碱性氨基酸序列，但是只能引起小的疾病。然而，经过动物体内的多次传代，在鸡的体内存在形成毒力变强的潜力[72-75]。传代病毒的序列分析表明，如果 F 蛋白序列没有改变，这样就不能解释毒力的增加[73, 75, 76]。这种观察已经证实使用一种 PPMV-1 株 AV324 的感染性 cDNA 克隆(对鸡和鸽子是低毒力的是这一病毒固有的特性)，不是由于低毒力和高毒力病毒变异株混合制备的。此外，强毒株 NDV 的 F 基因被无毒株 PPMV-1 株所替代，并不影响受体病毒的毒力，说明非毒力 PPMV-1 株表型必须是由其他因素决定的[40]。HN 蛋白在病毒进入宿主细胞的过程中负责识别细胞表面的唾液酸受体和触发 F

蛋白融合活性。此外，它作为一种神经氨酸酶，去除唾液酸残基防止子代病毒粒子发生自我聚集[26]。将 NDV *HN* 基因的核苷酸序列进行比较，分为 571，577，616aa 3 种。在一些弱毒株中检测到含 616aa 的 HN 蛋白，需要通过去除小段糖基化末端的片段加工成有生物活性的 HN 蛋白[59, 60, 78-80]。因为 F 蛋白和 HN 蛋白在病毒粒子膜上密切相关以及 F 蛋白的蛋白水解活性和病毒毒力的关系，认为 HN 前体的加工过程对毒力也可能会有影响。然而，一项研究调查了 HN 开放阅读框的长度可能不会对病毒毒力产生影响[66]。

表 1-1 重组 NDV 株的特性：F 蛋白裂解位点和毒力

Virus	Parent	Cleavage site	ICPI	IVPI	Reference
NDFL	LaSota	GRQGRL	0.00		[37]
NDFLtag*	LaSota	RRQRRF	1.28	0.00	[37,70]
NDFL(F)^{H}	LaSota	RRQRRF	1.31	0.76	[43]
rLaSota	LaSota	GRQGRL	0.00	0.41	[36]
rLaSota V.F.*	LaSota	RRQKRF	1.12	0.00	[65]
rNDV	Clone30	GRQGRL	0.01	0.00	[66]
rNDVF1*	Clone30	RRQKRF	1.28		[44]
NDV/ZJ1	ZJ1	RRQKRF	1.88		[67]
NDV/ZJ1FM†	ZJ1	GRQERL	0.13	2.80	[43]
FL-Herts	Herts/33	RRQRRF	1.63	0.00	[40]
rgAV324	AV324/96	RRKKRF	0.10	2.29	[40]
FL-Herts(F)^{AV}	Herts/33	RRKKRF	1.56	0.00	[40]
rgAV324(F)^{H}	AV324/96	RRQRRF	0.00		[40]

*lentogenic cleavage site motif modified into velogenic cleavage site motif.

†velogenic cleavage site motif modified into lentogenic cleavage site motif.

Superscript H: F gene originating from strain Herts/33.

Superscript AV: F gene originating from strain AV324/96.

通过毒株间的基因交换、糖基化位点的突变或特定残基的突变等多项反向遗传学研究来描述 *HN* 基因对 NDV 毒力的影响。然而，这些研究结果并不总是一致的，因此没有定论 *HN* 基因对 NDV 毒力的影响。其中一项研究结果为含有中毒株 Beaudette C 的 *HN* 基因的重组 LaSota 毒力明显增加，使该重组病毒的表型由弱毒株变为中毒株[81]。相比之下，另一项研究完全相同的重组子获得的 MDT 和 ICPI 的结果不相同，如表 1-2 所示[82]。然而，这项研究显示，当 rBC(HN)L 与它的亲本株 rBC 相比，HN 蛋白引起的 IVPI 值的降低更加证实了 HN 蛋白决定组织嗜性这一说法[81]。这也证实了先前的研究，其中低毒力株 LaSota 的 HN 蛋白被强毒株 Herts 或者是 LaSota 的球状头部及 Herts 株 HN 的茎区组成的 HN 嵌合体所取代，反之亦然[43]。而由此产生的重组子如 NDFLtag(HN)H，

NDFLtag(HN)LH 和 NDFLtag(HN)HL(表 1-2)的 ICPI 值没有不同于亲本株 NDFLtag，这些重组子显示 IVPI 值确实显著增加，表明 HN 蛋白的茎区和球状头区和病毒嗜性和毒力相关。同样的结论可以从一项研究得出，相同的嵌合 *HN* 基因被用来替换强毒株 Herts 株的 *HN* 基因(表 1-2)。

类似的方法也被 Estevez 等使用，他们将嗜神经或嗜内脏的强毒株的 *HN* 基因替换到中毒株构建了嵌合病毒[42]。1 日龄和 4 周龄鸡通过眼球感染途径，以 NDV Anhinga 株为骨架表达强毒株的 *HN* 基因未能使其毒力从中毒株增加到强毒株[84]。该研究表明多个基因共同决定了 NDV 毒力。

表 1-2 重组 NDV 株的特性：HN 蛋白和毒力

Virus	Parent	ICPI	IVPI	MDT	Reference
rBC	Beaudette C	1.58*		62	[81]
rBC(HN)^{L}	Beaudette C	1.02*		72	[81]
rBC	Beaudette C	1.66		48	[82]
rBC(HN)^{L}	Beaudette C	1.58	2.06	60	[82]
rBC(HN)^{Y526Q}	Beaudette C	1.33	1.27	98	[83]
rLaSota	LaSota	0.00*		96	[81]
rLaSota	LaSota	0.19	0.00†	>90	[82]
rLaSota(HN)^{BC}	LaSota	0.75*	0.00	84	[81]
rLaSota(HN)^{BC}	LaSota	0.00	0.38†	>90	[82]
NDFLtag	LaSota	1.28	0.00		[43]
NDFLtag(HN)^{H}	LaSota	1.40	0.76		[43]
NDFLtag(HN)^{HL}	LaSota	1.31	1.83		[43]
FL-Herts	Herts/33	1.63	1.82	59	[43]
FL-Herts(HN)^{L}	Herts/33	1.45	2.29	75	Dortman et al., unpublished
FL-Herts(HN)^{LH}	Herts/33	1.40	0.95	64	Dortmans et al., unpublished
FL-Herts(HN)^{HL}	Herts/33	1.26	1.76	86	Dortmans et al., unpublished
rAnh	Anhinga	0.89	0.07	88	[42]
rAnh(HN)^{TK}	Anhinga	1.00		84	[42]
rAnh(HN)^{CA}	Anhinga	0.86		72	[42]

*ICPI inoculum: 10^3 PFU virus/chicken.

†IVPI inoculum: 10^3 PFU virus/chicken.

Superscript L: HN gene originating from strain LaSota.

Superscript BC: HN gene originating from strain Beaudette C.

Superscript H: HN gene originating from strain Herts/33.

Superscript LH: stem region originating from strain LaSota, globular head originating from strain Herts/33.

Superscript HL: stem region originating from strain Herts/33, globular head originating from strain LaSota.

Superscript TK: HN gene originating from strain Turkey/92.

Superscript CA: HN gene originating from strain California/02.

在最近的一项研究中，观察分析 NDV 中毒株 Beaudette C 和弱毒株 APMV-2 两种表型的 F 蛋白和 HN 蛋白的相互作用[85]。通过交换不同病毒间 F 蛋白和 HN 蛋白的胞外区，分析两种截然不同的胞外区与原 F 蛋白和 HN 蛋白的胞外区对体外复制、合胞体的形成、MDT 值、ICPI 值和在 1 日龄和 2 周龄鸡体内的复制和嗜性的影响。最后得出的结论是这些胞外区共同决定 Beaudette C 和 APMV-2 的细胞融合、嗜性和毒力表型。此外，决定特异性表型的 *HN* 基因的区域包括胞质尾柄和域，不包括球状头部区域。

残基 Y526 是接近唾液酸结合位点的球状头部区域，对 HN 蛋白的生物活性非常重要。Y526 突变为 Q 会导致病毒血球吸附活性、神经氨酸酶活性和融合活性的降低。此外，这种突变对细胞培养中生长动力，鸡胚平均致死时间(MDT)和脑内接种致死指数(ICPI)有衰减的影响[83]。另一方面，有研究表明，尽管 HN 蛋白中单一的氨基酸发生替代(即 I192M)，虽然影响了该嵌合病毒的融合和神经氨酸酶活性，但对病毒的致病力没有影响[86]。

在很多情况下，病毒蛋白适当的糖基化对其在病毒生命周期中发挥正确功能具有重要作用[87]。HN 蛋白的 N 连接的糖基化修饰已证明是可以减少 NDV 毒力的[88]。由于大多数的 NDV HN 蛋白的糖基化位点非常保守，它们似乎在蛋白质的生物学功能起着重要的作用。

1.6 NDV 毒力的测定

弱毒株 NDV 在单层细胞培养上形成合胞体时需要加入外源性胰蛋白酶，而强毒株则不需要[62, 89]。因此，这已经证明了 NDV 嗜斑大小与毒力相关[90, 91]。然而，还有一些研究表明嗜斑大小和特定的病毒突变、毒株和细胞类型高度相关，而且不能被认为是病毒毒力的可靠标记，只是给不幸的动物实验领域留下了这个重要的生物学特性[92-96]。

鸡胚的平均致死时间(MDT)[97]、6 周龄鸡的静脉接种致病指数(IVPI)[98]和 1 日龄鸡的脑内接种致病指数(ICPI)[99]是比较有效评估毒力的体内检测。尽管在大多数情况下，MDT 值和 IVPI 值可以提供一个有用的毒力标准，但是仍然被认为是不准确的，尤其是用于评估一株来自宿主而不是来自鸡的病毒[98, 100, 101]。接下来，这些检测就不能被用于评估从一场意外爆发的疫病中分离到的毒株特性的检测[99, 102]。

由于 ICPI 方法建立的准确性和敏感性，目前公认的检测 NDV 毒株的毒力的方法是 ICPI [99]。不同 NDV 分离株的毒力范围为 0.0(无毒力毒株)-2.0(强毒株)之间。虽然有助于确定控制目的病毒的毒力，为研究目标测定毒力要严格使用 ICPI，特别是因为脑内接种显然是非自然的方式感染。事实上，在某些情况下，当使用自然感染途径时，并不能观察到脑内感染后的表型差异[69, 82, 103]。还应该注意到在测试执行的过程中可能存在一些差异。在一些研究中，在使用 ICPI 测定时使用非标准的接种量[81, 88, 104]。在这些特殊的研究中，采用可能远远小于世界动物卫生组织(OIE)和欧盟的指导方针规定的接种的病毒量(每只鸡接种 10^3 PFU 的病毒量)，含有从 1 到 10 梯度稀释的血凝效价至少为 2^4。然而，尽管存在这些差异，一般情况下，ICPI 值是可靠的和可重复的，对不同病毒的相对毒力提供了一个很好的指示。

1.7 本研究的目的与意义

恶性肿瘤又被称为癌症，全世界癌症的发病率逐年递增，每年因癌症而死的人不计其数，在我国，癌症的发病率与死亡人数也呈现年年上升的趋势。根据世界卫生组织的统计，2012 年大约有 1200 万人患上癌症，其中超过 850 万人死于这种疾病，而且正在以每年 180 万的增长速度增加。因此，加强恶性肿瘤治疗的研究，寻找新型肿瘤治疗的方法有着重要意义。

近年研究结果表明 NDV 能够特异性的杀伤各种肿瘤细胞，而对人的正常细胞无明显毒害作用，是治疗肿瘤的良好制剂，因此使用 NDV 治疗肿瘤一直受到广泛关注。NDV 按其毒力强弱可分为强毒株、中毒株和弱毒株。强毒株和中毒株因其对生态坏境的潜在危害，均不宜应用于肿瘤治疗。NDV 弱毒株虽然具有安全性，但溶瘤效果不佳。选择什么样的毒株作为肿瘤治疗制剂一直是该研究领域难以决定的重大问题。最理想的选择是提高弱毒株的溶瘤效果，而不改变病毒的毒力。以往的研究表明 NDV 的 F 基因是决定病毒溶瘤效果的关键基因，但是 F 基因的溶瘤效果与病毒的毒力密切相关。多项研究结果显示，当使用强毒株的 F 基因替换弱毒株的 F 基因时，NDV 溶瘤活性增加，但是同时受体病毒的毒力大幅度提高，甚至可以达到强毒株的毒力。这些结果排除了用 F 基因提高弱毒株溶瘤效果的可能性。

美国东南禽病研究所 Qingzhong Yu 团队报道了 NDV Anhinga 毒株的 *HN* 基因的突变显著提高了该病毒形成合胞体的能力，说明除 F 基因外，*HN* 基因可能也是决定病毒溶瘤效果的重要因素。NDV 的 HN 蛋白是一个多功能蛋白，其在病毒的感染过程中扮演着十分重要的角色。但是，*HN* 基因引起溶瘤效果与病毒致病力的关系还未见报道。本研究旨在用中毒株 Ahinga 的 *HN* 基因替换弱毒株 Clone30 的 *HN* 基因，观察是否能提高弱毒株的溶瘤效果、如能提高弱毒株的溶瘤效果，是否增加弱毒株的对易感动物的致病力，为研制安全、有效（即提高 NDV 的溶瘤效果，而保持弱毒株的安全性）的溶瘤病毒制剂奠定理论基础。

本研究通过反向遗传操作技术构建了含有中毒株 Anhinga 的 *HN* 基因的重组 rClone30 株嵌合病毒，通过生物学特性的研究，结果表明该嵌合病毒具有和亲本株 rClone30 相同的特性。通过体外和体内抑制肿瘤效果的研究，结果表明该嵌合病毒可以增加亲本株 rClone30 抑制 H22 肝癌细胞模型的能力。本实验为 NDV 溶瘤活性的优化提供了实验依据，为抑制肿瘤效果的研究奠定了基础。实现构建低致病力，高溶瘤活性的 NDV 毒株的目标，为进一步优化 NDV 溶瘤制剂提供了新的思路。根据以上结果，今后在优化 NDV 的溶瘤效果方面，我们可以把注意力从 F 基因转移到 *HN* 基因上来，如利用强毒的 *HN* 基因来优化弱毒株的溶瘤效果；或者筛选不同 NDV 毒株的 *HN* 基因，为改造 NDV 的溶瘤效果提供材料；或者通过基因突变提高 *HN* 基因的溶瘤效果。这些工作必将为加快 NDV 在肿瘤治疗中的应用提供更多的实验依据和理论基础。

2 材　料

2.1 病毒株、细胞株和质粒

NDV Clone30 疫苗株、Anhinga(Anh)中毒株购自华康生物科技有限公司。幼仓鼠肾细胞株 BHK-21，人肝癌细胞株 HepG2，鸡胚成纤维细胞株 DF-1 购自 ATCC。小鼠肝癌细胞株 H22 由哈药生物工程集团赠送。

辅助质粒 pBR-NP、pBR-P、pBR-L 由美国东南禽病研究所 Dr. Yu 赠送。pClone30 和 pClone30-Anh(HN)质粒通过自主构建获得。rClone30 和 rClone30-Anh(HN)通过病毒拯救获得。

2.2 鸡胚、鸡血和实验动物

9～11 日龄 SPF 鸡胚和抗凝鸡血购自哈尔滨维科生物公司。昆明小鼠，4～6 周龄，体重 18～23g，SPF 级，购自长春市亿斯实验动物技术有限责任公司。

2.3 细胞培养基及生化试剂

rTaq 酶，dNTP Mixture，限制性内切酶(*Sfi*I 和 *Bsiw*I 等)、T4 DNA 连接酶购自 NEB 公司，DNA 分子量标准λ-EcoT14 marker，DL2000 marker，克隆载体 pMD18-T vector 和 pMD19-T simple vector 购自 TaKaRa 公司。

酚试剂购自天津灏洋生物制品科技有限责任公司，RNA 酶抑制剂(RNase Inhibitor，RNasin)，逆转录酶(M-MLV)，RNaseA，RNA 提取试剂(TRIzol)均购自 Invitrogen 公司。琼脂糖颗粒购自 Sigma 公司。质粒小量提取试剂盒购自 TIANGEN 公司。DNA 胶回收试剂盒购自 Qiagen 公司。

高糖 DMEM 培养基、胰蛋白酶，新生牛血清(FCS)、胎牛血清(FBS)购自 GIBCO 公司。氨苄青霉素、硫酸链霉素购自 Amersham Pharmacia Biotech 公司。二甲基亚砜(DMSO)和罗丹明 123 购自 Sigma 公司。核染料 DAPI 购自碧云天生物公司。Annexin V-PI 凋亡检测试剂盒购自凯基生物公司。转染试剂脂质体 3000 购自 Invitrogen 公司。

2.4 引物

用于 PCR 扩增 Clone30 基因组各个片段的引物见表 2-1(由哈尔滨博仕生物公司合成)。突变的碱基用字符边框表示，带下划线的序列为酶切位点，黑体小写字符为 T7 启动子，黑斜体小写字母为核酶序列。

用于 PCR 扩增插入的各个片段的引物见表 2-2(由哈尔滨博仕生物公司合成)。其中，酶切位点用单下划线表示。

表 2-1 NDV Clone30 疫苗株基因组全长 cDNA 的 PCR 引物

Primer name	Primer sequence (5′−3′)
F1-PF	gaaGCGGCCGC**taatacgactcactata**gggACCAAACAGAGAATCCGTA
F1-PR	AGGACTGATGCCATACCCATGG
F2-PF	TACTCCTTTGCCATGGGTATGG
F2-PR	CTTACTTACTCTCTGTGATATCG
F3-PF	GTCTATGATGGAGGCGATATCAC
F3-PR	GAAGAAAGGTGCCAAAAGCTTAG
F4-PF	AGAGGTGCACGGACTAAGCTTTTG
F4-PR	TAGTGGCTCTCATCTGGTCTAGAG
F5-PF	GCTTGGGAATAATACTCTAGACC
F5-PR	GTACTGCTTGAACTCACTCGAG
F6-PF	GTCGCATTACTCGAGTGAGTTC
F6-PR	ATGTACCTGACGGCTCGAGTAG
F7-PF	TGTCCAGCTACTCGAGCCGTCA
F7-PR	CAAAAGCAGTAGTCCCCGGGTCA
F8-PF	GAAATATCGGTGACCCGGGGACT
F8-PR	TCCCCGCGGGTTGTCATTGGAAACATCGATTCGA
F9-PF	GGTTTATCTCTAATCGAATCGATGT
F9-PR	GCTAGTTGATCTAGTAAGCTTTG
F10-PF	CAGGGTCCAATCAAAGCTTAC
F10-PR	gaaGGCGCC***agcgaggaggctgggaccatgccggcc***ACCAAACAAAGATTTGGTGAATG

表 2-2 用于各基因扩增的引物

Primer name	Primer sequence (5′−3′)
Primer 1(P1)	GGCCTGAGAGGCCTTCAGAGAGTTAAGA *Sfi*I
Primer 2(P2)	GACTACATGATCCATGATTGAGGACTGTTGTCGGT

续表

Primer name	Primer sequence (5′−3′)
Primer 3(P3)	CAACAGTCCTCAATCATGGATCATGTAGTCAGCAG
Primer 4(P4)	ATGGATCATGTAGTCAGCAG
Primer 5(P5)	TTAAACCCTGTCTTCCTTGA
Primer 6(P6)	TTATAATTGACTCAATTAAACCCTGTCTTCCTTGA
Primer 7(P7)	AGACAGGGTTTAATTGAGTCAATTATAAAGGAG
Primer 8(P8)	CGTACGAATGCTGCTGAACT *Bsiw*I

表 2-3 实时荧光定量 PCR 引物

基因	上游引物(5'-3')	下游引物(5'-3')
β-actin	CGTGAAAAGATGACCCAGAT	ACCCTCATAGATGGGCACA
Caspase3	TCATAAAAGCACTGGAATGACATC	TTCTGAATGTTTCCCTGAGGTT

2.5 主要仪器和设备

超净工作台：Froma Scientific 1829 型

台式低温高速离心机：BECKMAN 公司

电热恒温水槽：上海精宏实验设备有限公司，DK-80 型

倒置显微镜和荧光显微镜：Olympus 公司

酶标仪：Bio-Rad 公司，680 型

CO2 培养箱：NUAIRE 公司

低速离心机：上海浦东物理光学仪器厂

恒温空气浴摇床：上海智城分析仪器制造有限公司，HWY-100B 型

-20℃冷冻冰柜和 4℃冷藏冰箱：美菱公司

高压灭菌锅：SANYO 公司

电热恒温鼓风干燥箱：上海恒科技仪器有限公司，DHG-9240A 型

流式细胞仪：BD 公司

低温循环水浴：Polyscience 可编程型 9012
高速台式离心机：上海安亭科学仪器厂
凝胶成像系统：Alpha Innotech 公司，AlphalmagerTM2200 型
-80℃超低温冰箱：Thermo 公司
电子天平：Deltalange 公司，METTER AE260 型
微波炉：美的公司

3 方　法

3.1 NDV Clone30 病毒基因组的克隆与序列分析

3.1.1 NDV Clone30 全长 cDNA 的扩增

采用常规 PCR 方法扩增病毒基因组 cDNA，PCR 反应体系(25μL)如下：

10×PCR buffer	2.5μL
dNTPs	2.0μL
模板	6.0μL
上游引物	1.0μL(10pmol)
下游引物	1.0μL(10pmol)
rTaq 酶	0.5μL
ddH_2O	12.0μL

混匀后进行 PCR 扩增。循环参数为：94°C 预变性 5min，94°C 1min，44～54°C 1min，72°C 2min，5 个循环，94°C 1min，48～58°C 1min，72°C 2min，25 个循环， 72°C 终延伸 10min。扩增结束后，取 5μL 混合物于 1%琼脂糖凝胶电泳上观察片段大小。

为了引入特异的分子遗传标签，在 Clone30 疫苗株基因组 cDNA 3523bp、12357bp 处存在两处甲基化的 *Cla*I 位点，序列为 gatcgat、atcgatc，利用 PCR 手段将其突变为 aatcgat、atcgatg，使其不再受甲基化酶识别，因而能被限制性内切酶 *Cla*I 的切割。

病毒基因组RNA反转录的cDNA作为模板，以表2-1所列引物对为引物，进行RT-PCR扩增覆盖 Clone30 疫苗株整个基因组末端部分重叠的 10 个片断。各个片段的退火温度分别为 52°C, 49°C, 49°C, 48°C, 45°C, 54°C, 46°C, 44°C, 42°C 和 43°C。

3.1.2 PCR 产物的回收

回收步骤参照 Tiangen 公司凝胶回收试剂盒说明书。PCR 扩增之后，使用 1×TAE 缓冲液制作 1%琼脂糖凝胶，然后对 PCR 产物进行琼脂糖凝胶电泳，在凝胶成像系统切下含有 S 片段的琼脂糖凝胶条带，放入提前准备好的灭菌的 1.5mL 离心管内备用，切碎胶块，参照 Qiagen Gel Extraction Kit 说明书进行胶回收。具体步骤如下：

①向胶块中加入 3 倍体积的溶胶液(100mg 胶加 300μL 溶胶液)。②均匀混合后 70°C 水浴锅中融化胶块，使胶块充分融化。(注)大于 4000bp 的片段进行回收时应加入等体积的异丙醇，混合(每 100mg 胶块加 100μL)。③将试剂盒中的回收柱放置于收集柱上。④将上述操作 2 的溶液转移至回收柱中，12 000rpm 离心 1min 弃滤液。⑤将 750μL 的洗脱液加入回收柱中，12 000rpm 离心 1min，弃滤液。⑥重复操作步骤 5，然后 12 000rpm，空离 2min。⑦将回收柱放置于新的 1.5mL 的离心管上，在回收柱膜的中央处加入 35μL

去离子水，室温静置 3min。（8）12 000rpm 离心 2min 洗脱 DNA，可立即使用或保存于-20°C 备用。

3.1.3 PCR 回收产物与克隆载体的连接

将胶回收纯化后的目的片段连接到 pMD18-T Vector 中，参考 pMD18-T Vector 使用说明，连接反应体系如下：

pMD18-T Vector	1.0μL(10ng)
纯化的 PCR 产物	4.0μL(20ng)
Solution I	5.0μL

共 10μL 体系，混匀后，放置于 16°C 低温循环水浴锅过夜连接。

将全部连接产物热激转化 *E.coli* DH5α感受态细胞，涂布于 LB 平板（含氨苄青霉素）进行过夜培养。

3.1.4 阳性克隆的筛选

在无菌环境下用镊子夹取灭菌的枪头从平板上挑取单个菌落，分别接种于含 20mL 的 LB 液体培养基，同时加入 20μL 氨苄青霉素(100μg/mL)中，37°C，225r/min 摇振培养 1h，用 TIANGEN 公司质粒小提试剂盒提取质粒，具体操作如下：

（1）取 3mL 过夜培养的菌液，12 000r/min 离心 1min，弃细菌上清。

（2）将收集到的细菌沉淀加入 250μL 的 Solution I (含 RnaseA)重悬。

（3）继续加入 250μL 的 Solution II，轻轻上下翻转混合 5～6 次，使菌体充分裂解，形成透明澄清的溶液。

（4）继续加入 350μL 的 Solution III，轻轻上下翻转混合 5～6 次，直至形成明显的白色蛋白凝集块。

（5）室温 12 000r/min 离心 12min，取上清。

（6）将上述操作（5）的上清液转移至质粒提取柱中，12 000r/min 离心 1min，弃掉上清液。

（7）将 750μL 的洗脱液加入质粒提取柱中，12 000r/min 离心 1min，弃掉。

（8）重复操作步骤（7），然后 12 000r/min 再离心 2min。

（9）将质粒提取柱放置于新的 1.5mL 的离心管上，在质粒提取柱的膜中央处滴入 50μL 去离子水(提前放在 70°C 水浴锅里预热)，室温静置 5min。

（10）12 000r/min 离心 2min 进行洗脱，收集到的质粒可以立即使用或-20°C 保存备用。

3.1.5 阳性重组质粒的鉴定

阳性重组质粒分别命名为 pMD18-T-F1、pMD18-T-F2、pMD18-T-F3、pMD18-T-F4、

pMD18-T-F5、pMD18-T-F6、pMD18-T-F7、pMD18-T-F8、pMD18-T-F9、pMD18-T-F10。用限制性内切酶鉴定：

阳性重组质粒 pMD18-T-F1、pMD18-T-F4、pMD18-T-F6、pMD18-T-F7 用 *Bam*HI 单酶切鉴定。酶切体系如下：

*Bam*HI	0.5μL
10×K buffer	1.0μL
阳性重组质粒	1.0μL
ddH_2O	7.5μL

10μL 体系，30°C 水浴 2h，1%琼脂糖凝胶电泳观察结果。

阳性重组质粒 pMD18-T-F2、pMD18-T-F3、pMD18-T-F9 用 *Eco*RV 单酶切鉴定。酶切体系如下：

*Eco*RV	0.5μL
10×H buffer	1.0μL
阳性重组质粒	1.0μL
ddH_2O	7.5μL

10μL 体系，37°C 水浴 2h，1%琼脂糖凝胶电泳观察结果。

pMD18-T-F5、pMD18-T-F8、pMD18-T-F10 用 *Eco*RI 单酶切鉴定。酶切体系如下：

*Eco*RI	0.5μL
10×H buffer	1.0μL
阳性重组质粒	1.0μL
ddH_2O	7.5μL

10μL 体系，37°C 水浴 2h，1%琼脂糖凝胶电泳观察结果。

pMD18-T-L 用 *Cla*I 单酶切鉴定。酶切体系如下：

*Cla*I	0.5μL
10×M buffer	1.0μL
阳性重组质粒	1.0μL
ddH_2O	7.0μL

10μL 体系，30°C 水浴 2h，1%琼脂糖凝胶电泳观察结果。

3.1.6 NDV 病毒基因组重叠片段 cDNA 序列测定与结果分析

每种重组质粒至少选取 2 个样品由哈尔滨博仕测序公司进行序列测定，以保证所克隆的基因组片段与 NDV 病毒基因组 RNA 序列一致。采用 DNAMAN 软件进行序列分析。

3.2 NDV 全长 cDNA 克隆转录质粒的构建

Clone30 疫苗株整个基因组分为末端部分重叠的 10 个片断(F1-F10)进行 PCR 扩增，利用基因组 cDNA 相邻片段重叠部分存在的限制酶切位点进行连接组装。

带有 T7 启动子(T7pormoter)的 F1 段 cDNA 经 *Not*I/*Bst*XI 自 pMD18-T-F1 切下克隆到 pFLC pBluescript-based vector (Stratagene, La Jolla, CA)，所得质粒命名为 $pFLC_1$，F2 段 cDNA 经 *Bst*XI/*Eco*RV 自 pMD18-T-F2 切下克隆到 $pFLC_1$，所得质粒命名为 $pFLC_{1-2}$，F3 段 cDNA 经 *Eco*RV/*Hind*III 自 pMD18-T-F3 切下克隆到 $pFLC_{1-2}$，所得质粒命名为 $pFLC_{1-3}$。

F10 段 cDNA 经 *Hind*III/*Nar*I 自 pMD18-T-F10 切下克隆到 pFLC，所得质粒命名为 $pFLC_{10}$，F9 段 cDNA 经 *Kpn* I/*Hind* III 自 pMD18-T-F9 切下克隆到 $pFLC_{10}$，所得质粒命名为 $pFLC_{9-10}$。F8 段 cDNA 经 KpnI/*Cla*I 自 pMD18-T-F8 切下克隆到 pBluescriptII KS (+/-)，所得质粒命名为 pBL_8，F9 段 cDNA 经 *Cla*I/*Hind*III 自 pMD18-T-F9 切下克隆到 pBL_8，所得质粒命名为 pBL_{8-9}，F8、F9 段经 *Kpn*I 自 pBL_{8-9} 切下连入 $pFLC_{9-10}$，并经 *Cla*I/*Hind*III 双切鉴定为正向连入，所得质粒命名为 $pFLC_{8-10}$。F8、F9、F10 段经 *Cla*I/*Nar*I 自 pFLC-$Clone30_{8-10}$ 切下连入 pFLC-$Clone30_{1-3}$，所得质粒命名为 pFLC-$Clone30_{1-3-9-10}$。

F3 段 cDNA 经 *Cla*I/HindIII 自 pMD18-T-F3 切下克隆到 pBluescriptII KS (+/-)，所得质粒命名为 pBL_3，F4 段 cDNA 经 *Hind*III/*Eco*RV 自 pMD18-T-F4 切下克隆到 pBL_3，所得质粒命名为 pBL_{3-4}。

F5 段 cDNA 经 *Xba*I/*Xho*I 自 pMD18-T-F5 切下克隆到 pBluescriptII KS (+/-)，所得质粒命名为 pBL_5，F6 段 cDNA 经 *Xho*I 自 pMD18-T-F6 切下克隆到 pBL_5，所得质粒命名为 pBL_{5-6}，F4 段 cDNA 经 *Not*I/XbaI 自 pMD18-T-F4 切下克隆到 pBL_{5-6}，并鉴定为正向连入，所得质粒命名为 pBL_{4-6}。

F7 段 cDNA 经 *Xho*I/*Sma*I 自 pMD18-T-F7 切下克隆到 pBluescriptII KS (+/-)，所得质粒命名为 pBL_7，F8 段 cDNA 经 *Sma*I/*Sac*II 自 pMD18-T-F8 切下克隆到 pBL_7，所得质粒命名为 pBL_{7-8}，F6 段 cDNA 经 *Xho*I 自 pMD18-T-F6 切下克隆到 pBL_{7-8}，并鉴定为正向连入，所得质粒命名为 pBL_{6-8}。

F4、F5、F6 经 *Eco*RV/*Spe*I 自 pBL_{4-6} 切下连入 pBL_{3-4}，所得质粒命名为 pBL_{3-6}，F6、F7、F8 经 *Spe*I/*Sac*II 自 pBL_{6-8} 切下连入 pBL_{3-6}，所得质粒命名为 pBL_{3-8}。F3、F4、F5、F6、F7、F8 经 *Cla*I 自 pBL_{3-8} 切下连入 pFLC-$Clone30_{1-3-9-10}$，并鉴定为正向连入，所得质粒命名为 pFLC-Clone30，NDV Clone30 基因组 cDNA 组装完成。克隆在 T7 启动子和核酶之间的 NDV 基因组全长 cDNA 克隆可以在 T7 RNA 聚合酶的作用下得到转录，并且由于 Rib 的自我剪切功能，可以保证转录产物的 3′末端与克隆的 cDNA 片段精确一致。

3.3 S 片段、HN 片段和 B 片段的克隆

3.3.1 S 片段的 PCR 扩增

根据实验室保存的质粒 pAnh 和已构建的 pClone30 的酶切位点进行分析，选定了包含 *HN* 基因片段在内的 *Sfi*I 和 *Bsiw*I 之间片段进行替换，可分为 3 段采用 Overlap 的方法

进行克隆，分别为 *Sfi*I 限制性内切酶位点到 Clone30 株的 *HN* 基因的起始密码子(S 片段)，Anhinga 株的 *HN* 基因(HN 片段)和 Clone30 株 *HN* 基因的终止密码子到 *Bsiw*I 限制性内切酶位点之间的片段(B 片段)，即 S 片段、HN 片段和 B 片段的克隆。

根据质粒 pClone30 的序列，利用 Primer Premier 5.0 软件设计 PCR 引物 P1、P2、P3，用于 S 片段的克隆。

采用温度梯度 PCR 方法以 pClone30 为模板，扩增 S 片段，PCR 反应循环参数为：95°C 预变性 1min，94°C 1min，退火温度依次为：45.0°C，45.6°C，46.9°C，49°C，51.4°C，53.7°C，56.3°C，58.6°C，61.0°C，63.1°C，64.4°C，65°C，时间 1min，72°C 1min，15 个循环后，72°C 再延伸 10min。体系如下(25μL)：

10×PCR buffer	2.5μL
dNTPs	1.0μL
模板	2.0μL(10ng)
引物 P1	1.0μL(10pmol)
引物 P2	1.0μL(10pmol)
引物 P3	1.0μL(10pmol)
Taq 酶	0.5μL
ddH_2O	16μL

混匀后进行温度梯度 PCR 扩增。取 5μL PCR 扩增产物经 1%琼脂糖凝胶电泳鉴定 S 片段长度。

3.3.2 S 片段的 PCR 产物的纯化与回收

按照 3.3.1 步骤中所获得的 S 片段 PCR 扩增的最佳退火温度及反应体系，进行大量 PCR 扩增。PCR 扩增之后，使用 1×TAE 缓冲液制作 1%琼脂糖凝胶，然后对 S 片段进行琼脂糖凝胶电泳，在凝胶成像系统切下含有 S 片段的琼脂糖凝胶条带，放入提前准备好的灭菌的 1.5mL 离心管内备用，切碎胶块，参照 Qiagen Gel Extraction Kit 说明书进行胶回收 S 片段。

3.3.3 HN 片段的 PCR 扩增

根据质粒 pAnh 的序列，利用 Primer Premier 5.0 软件设计 PCR 引物 P4 和 P5，用于 Anhinga 株的 *HN* 基因片段的克隆。

采用温度梯度 PCR 方法以 pAnh 为模板，扩增 HN 片段，PCR 反应循环数参数按照 3.3.1 所示的摸索条件。体系如下(25μL)：

10×PCR buffer	2.5μL
dNTPs	1.0μL
模板	2.0μL(10ng)
引物 P4	1.0μL(10pmol)
引物 P5	1.0μL(10pmol)
Taq 酶	0.5μL
ddH_2O	17μL

混匀后进行温度梯度 PCR 扩增。取 5μL PCR 扩增产物电泳鉴定 HN 片段长度。

3.3.4 HN 片段的 PCR 产物的纯化与回收

按照 3.3.3 步骤中摸索的 HN 片段的 PCR 最佳退火温度及反应体系，进行大量 PCR 扩增。取 PCR 产物 40μL 进行回收，详细方法参见 3.1.2 胶回收步骤。

3.3.5 B 片段的 PCR 扩增

根据质粒 pClone30 的序列，利用 Primer Premier 5.0 软件设计 PCR 引物 P6、P7 和 P8 用于 B 片段的克隆。

采用温度梯度 PCR 方法以 pClone30 为模板，P6、P7 和 P8 为引物，扩增 B 片段。PCR 反应循环参数按照上述步骤 3.3.1 所示的相同条件进行摸索。体系如下(25μL):

10×PCR buffer	2.5μL
dNTPs	1.0μL
模板	2.0μL(10ng)
引物 P6	1.0μL(10pmol)
引物 P7	1.0μL(10pmol)
引物 P8	1.0μL(10pmol)
Taq 酶	0.5μL
ddH_2O	16μL

混匀后进行温度梯度 PCR 扩增。取 5μL PCR 扩增产物电泳鉴定 B 片段长度。

3.3.6 PCR 产物的纯化与回收

按照 3.3.5 步骤中摸索的 B 片段 PCR 扩增的最佳退火温度及反应体系，进行大量 PCR 扩增。取 40μL PCR 产物进行回收，详细方法参见 3.1.2 胶回收步骤进行。

3.4 S-HN 片段的克隆

3.4.1 S-HN 片段的克隆

以 3.3.2 和 3.3.4 步骤胶回收分别获得的 S 片段和 HN 片段的 PCR 产物为模板，以 P1 和 P5 为引物，Overlap 扩增 S-HN 片段，PCR 反应循环数参数按照上述步骤 3.3.1 的相同条件进行摸索。体系如下(25μL)：

10×PCR buffer	2.5μL
dNTPs	1.0μL
模板 1	2.0μL(10ng)
模板 2	2.0μL(10ng)
引物 P1	1.0μL(10pmol)
引物 P5	1.0μL(10pmol)
Taq 酶	0.5μL
ddH_2O	15μL

混匀后进行温度梯度 PCR 扩增。取 5μL PCR 扩增产物经琼脂糖凝胶电泳鉴定 S-HN 片段长度。

3.4.2 PCR 产物的纯化与回收

取 PCR 产物 40μL 进行回收，详细方法参照 3.1.2 中所示的胶回收步骤进行。

3.4.3 pMD-S-HN 阳性重组质粒的鉴定

将回收得到的 S-HN 片段连接到 pMD19-T simple vector 中，方法参照 TaKaRa 公司的使用说明书。连接反应体系如下：

pMD19-T simple vector	1μL(50ng)
纯化后的 PCR 产物	4μL(50ng)
Solution I	5μL

共 10μL 体系，混匀后，放置于 16°C 低温循环水浴锅过夜连接。

将全部连接产物热激转化 *E.coli* DH5α感受态细胞，涂布于 LB 平板（含氨苄青霉素）进行过夜培养。

按照 3.1.4 提取重组质粒，分别用 PCR 和 *Sfi*I 单酶切进行鉴定，共 10μL 体系。PCR 体系和循环参数同 3.4.1，电泳观察相应的鉴定结果。为了方便叙述将得到的重组质粒命名为 pMD-S-HN。

3.5 S-HN-B 片段的克隆与序列分析

3.5.1 S-HN-B 片段的 PCR 扩增

以 3.4.3 步骤获得质粒 pMD-S-HN 和 3.3.6 步骤获得的 B 片段 PCR 胶回收产物为模板，以 P1 和 P8 为引物，Overlap 扩增 S-HN-B 片段，PCR 反应循环数参数为：95°C 预变性 3min，94°C 1min，退火温度依次为：45.6°C，49°C，53.7°C，58.6°C，63.1°C，65°C，时间 1min，72°C 1min，10 个循环后，72°C 再延伸 10min。体系如下(25μL)：

10×PCR buffer	2.5μL
dNTPs	1.0μL
模板 1	2.0μL(10ng)
模板 2	2.0μL(10ng)
引物 P1	1.0μL(10pmol)
引物 P8	1.0μL(10pmol)
Taq 酶	0.5μL
ddH_2O	15μL

混匀后进行温度梯度 PCR 扩增。扩增结束后，取 10μL PCR 扩增产物经琼脂糖凝胶电泳观察 S-HN-B 片段长度。

3.5.2 PCR 产物的纯化

取 40μL PCR 产物进行回收，详细方法参照 3.1.2 中所示的胶回收说明书进行。

3.5.3 S-HN-B 片段基因克隆的序列测定

将回收的 S-HN-B 片段克隆到线性的 pMD19-T simple vector 中，方法参照 TaKaRa 公司的使用说明书。连接反应体系如下：

pMD19-T simple vector	1μL(50ng)
纯化后的 PCR 产物	4μL(50ng)
Solution I	5μL

共 10μL 体系，混匀后，16°C 低温循环水浴锅过夜连接。

将全部连接产物热激转化 *E.*coli DH5α感受态细胞，涂布 LB 平板（含氨苄青霉素）过夜培养。

在无菌环境下使用灭菌枪头挑取单个菌落，分别接种于 20mL 的 LB 液体培养基(含

100μg/mL 氨苄青霉素)中，37°C，225r/min 摇床培养 12 小时后提取质粒，具体操作步骤参照 3.1.3。

提取的重组质粒分别采用 PCR 和限制性内切酶进行鉴定，共 10μL 体系。PCR 体系和循环参数同 3.5.1，1%琼脂糖凝胶电泳观察鉴定结果。

为了叙述方便将得到的重组质粒命名为 pMD-S-HN-B，将鉴定正确的重组质粒由哈尔滨博仕生物有限公司进行测序。利用 DNAMAN 软件对测序结果进行序列分析，测序结果与预期的序列相同。

3.6 表达 Anh 株 *HN* 基因的重组病毒 pClone30-Anh(HN)基因组全长 cDNA 的构建

3.6.1 S-HN-B 片段与重组 NDV 病毒基因组转录载体片段的制备

对测序正确的阳性重组质粒 pMD-S-HN-B 和重组 NDV pClone30 质粒分别进行 *Sfi*I、*Bsiw*I 双酶切，37°C 酶切 3h，回收酶切片段。体系如下(50μL)：

Sfi I	5μL
Bsiw I	5μL
10×NEB Buffer 3.1	5μL
BSA	1μL
pMD-S-HN-B	10μL(5μg)
ddH_2O	24μL

用 *Sfi* I 和 *Bsiw* I 双酶切 pClone30 质粒，应用 10×NEB Buffer 3.1，酶切体系同上。

将所得的酶切产物分别在 1%琼脂糖凝胶上进行电泳，在凝胶成像系统下用切胶刀分别切下约 2583bp 和 16 000bp 的目的带，称取胶重。回收步骤参照 3.1.2。取 3μL 酶切产物经 1%琼脂糖电泳观察胶回收结果后，保存于-20°C 备用。

3.6.2 S-HN-B 片段与重组 NDV 病毒基因组转录载体片段的连接

将胶回收后的 S-HN-B 目的片段连接到 pClone30 载体片段中，体系如下(10μL)：

pClone30 载体片段	1.0μL(10ng)
S-HN-B 片段	3.0μL(30ng)
10×T4 ligation Buffer	1.0μL
T4 ligase	0.5μL
ddH_2O	4.5μL

混匀后放在 16°C 低温循环水浴锅连接过夜，将连接产物全部热激转化 *E.coli* Stbl-2

感受态(易于接受大拷贝基因组质粒)，涂布于 LB 固体培养基平板(含氨苄青霉素)上，30°C 培养 24h，方法步骤同 3.1.3。

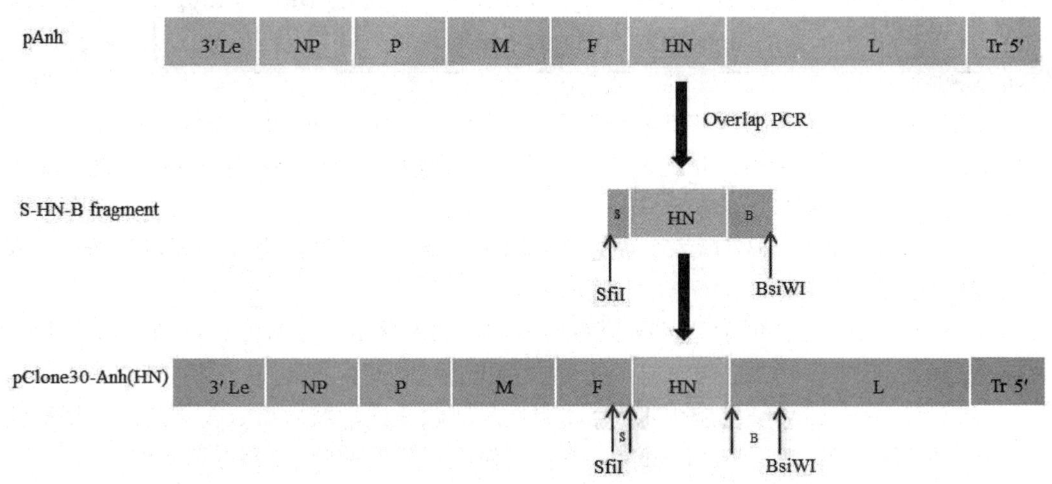

图 3-1 重组 pClone30-Anh(HN)基因组转录质粒的构建

3.6.3 重组质粒的鉴定

（1）重组质粒的 PCR 鉴定：取待鉴定的重组质粒各 1μL，利用设计的测序引物进行 PCR 扩增鉴定，反应体系及反应参数均按照 3.4.1 进行，所扩增的目的条带应为 2583bp。

（2）重组质粒的电泳鉴定：取待鉴定的重组质粒进行电泳，通过质粒大小对重组质粒进行鉴定。

（3）重组质粒的酶切鉴定：Clone30 株的 *HN* 基因没有 MluI，而 Ahinga 株的 *HN* 基因含有 1 个 MluI 限制性酶切位点；Clone30 株的 *HN* 基因没有 AatII 限制性酶切位点，而 Anhinga 株的 *HN* 基因含有 AatII 限制性酶切位点，因此重组质粒分别用 MluI 和 AatII 进行单酶切，放置于 37°C 水浴消化 2-3h，琼脂糖凝胶电泳观察结果。酶切体系(10μL)：10×H Buffer 1μL， MluI 0.5μL (AatII 0.5μL) 、重组质粒 2.0μL，ddH2O 6.5μL。

（4）重组质粒的测序鉴定：取经过 PCR 和酶切鉴定正确的质粒 10μL，送至哈尔滨博仕生物公司进行测序。

将以上鉴定均正确的阳性质粒命名为 pClone30-Anh(HN)。

3.7 病毒拯救

3.7.1 嵌合病毒 rClone30-Anh(HN)的拯救

提前制备待转染的重组质粒，按照 Invitrogen 公司生产的脂质体 3000 转染试剂的说明操作如下：

（1）用 1.5mL 不含抗生素的生长培养基在六孔细胞培养板的每孔接种约 1×10^4 个

BHK-21 细胞，于 37°C 培养箱中培养至细胞密度达到 80%左右开始转染。

（2）在其中 1 个灭菌的 1.5mL Ep 管中先加入 240μL 无血清培养基，接着加入 pClone30-Anh(HN) 2.0μg、pBR-NP 1.0μg、pBR-P 0.5μg 以及 pBR-L 0.25μg。

（3)在另一个灭菌的 1.5mL Ep 管中先加入 240μL 无血清培养基，然后缓慢滴加 10μL 脂质体 3000。

（4）将（2）与（3）分别轻转 5min 后，将(2)沿着管壁加入(3)中并于室温下轻转 25min。

（5）将六孔板中原有的培养基弃掉，用 PBS 洗两次，将此混合物(500μL)加入到细胞孔中，轻轻摇动培养板，混匀。

（6）将转染细胞于 37°C，5%CO_2 培养箱中培养 4 小时后，弃掉原有培养基，加入含 10%FCS，1%抗生素的 DMEM 培养基。

（7）继续培养 5 小时后，弃掉原有培养基，加入含 10%尿囊液、1%抗生素的优化培养基。

（8）72h 后，将转染细胞于-80°C 冰箱反复冻融 3 次，然后离心收集此细胞裂解液接种 9～11 日龄 SPF 鸡胚并盲传三代，收获尿囊液存放于-80°C 冰箱保存备用。

3.7.2 亲本病毒 rClone30 的拯救

亲本病毒 rClone30 的拯救方法和步骤如 3.7.1。

3.8 拯救病毒的生长动力学曲线的测定

（1）用 2mL 含有 10%FBS、1%抗生素的 DMEM 培养基接种 DF-1 细胞于六孔细胞培养板中，37°C，5%CO_2 培养箱中培养过夜。

（2）接种病毒前，将孔中 A 步骤所加入的原有细胞培养基弃掉，接着加入含有 10%尿囊液、1%抗生素的 2mL DMEM 新鲜培养基。

（3)按照 MOI 为 1 的接种拯救病毒 rClone30-Anh(HN)或亲本病毒 rClone30，在 37°C，5%CO_2 细胞培养箱中放置 1h，弃去步骤 B 中更换的培养基并用 PBS 清洗一次，之后加入含 10%尿囊液，1%抗生素的 2mL DMEM 新鲜培养基。

（4）于感染后 0h、24h、48h、72h、96h 等五个时间点分别收获细胞，并将收获细胞反复冻融三次，之后按照相应的方法检测不同时间点收获的细胞上清所含病毒的 $TCID_{50}$ 值，并按照计算的效价绘制嵌合病毒 rClone30-Anh(HN)和亲本病毒 rClone30 的生长曲线。

3.9 DAPI 染色分析嵌合病毒的促融合作用

将贴壁生长的人肝癌细胞株 HepG2 经 0.25%胰酶消化后离心，弃掉上清，加入所需完全培养基将细胞沉淀重悬，轻轻混匀后接种于六孔细胞培养板，待细胞密度达到所需时(80%左右)，在相应的实验孔分别加入 MOI 为 1 的 rClone30-Anh(HN)和 rClone30，感染 48h 后，直接加入 DAPI 溶液，室温避光放置 5min，加盖玻片，在激光共聚焦显微镜下观察并拍照。

3. 10 拯救病毒的滴度、毒力及致病力的测定

3.10.1 嵌合病毒 rClone30-Anh(HN)的滴度测定

按常规方法，首先离心去掉血清，使用 PBS 洗三次之后，将其稀释成 1%鸡红细胞悬液备用。取 3.6.1 和 3.6.2 中获得的鸡胚尿囊液，按照相应的标准(OIE)进行血凝(HA)实验和血凝抑制(HI)试验。

将 HA 和 HI 实验成功的拯救病毒分别命名为 rClone30-Anh(HN)和 rClone30。

3.10.2 嵌合病毒 rClone30-Anh(HN)的毒力测定

根据 OIE 标准，对拯救的嵌合病毒 rClone30-Anh(HN)及其亲本病毒 rClone30 的 EID_{50} 和 $TCID_{50}$ 进行毒力检测。

（1）EID_{50} 的测定

将拯救的嵌合病毒 rClone30-Anh(HN)及其亲本病毒 rClone30 用灭菌处理的 PBS 分别连续 10 倍梯度稀释，从 37°C 培养箱中取出鸡胚，每个稀释度接种 6 枚 9～11 日龄 SPF 鸡胚(100μL/枚)，37°C 培养箱中继续孵育 4～6d 后，每个鸡胚都需通过 HA 实验检测，记录每个稀释度感染的鸡胚数，根据 Reed and Muench 法计算 rClone30-Anh(HN)和 rClone30 的 EID_{50}。

（2）$TCID_{50}$ 的测定

1）用含有 10%FBS、1%抗生素的 DMEM 培养基接种 DF-1 细胞于 96 孔微量培养板内，37°C，5%CO_2 培养箱中过夜。

2）接种 rClone30-Anh(HN)和 rClone30 前，将步骤 A 中加入的原有细胞培养基弃掉，加入含有 10%尿囊液，1%抗生素的 180μL DMEM 新鲜培养基。

3）取 20μL rClone30-Anh(HN)或其 rClone30 接种于最上排细胞孔内，轻轻吹打混匀后，吸取 20μL 混合液向下方细胞孔做连续的 10 倍梯度稀释。每个病毒设置 3 个重复样品。

4）37°C，5%CO_2 细胞培养箱中，rClone30-Anh(HN)和 rClone30 接种孵育 1h 后，弃去步骤 C 加入的培养基并用 PBS 清洗一次，之后加入含 10%尿囊液，1%抗生素的 200μL DMEM 新鲜培养基。

5）37°C，5%CO_2 细胞培养箱中继续培养，72h 后于光学倒置显微镜下观察细胞病变孔并记录病变孔的个数，根据 Reed and Muench 法计算该病毒的效价。

3.10.3 嵌合病毒 rClone30-Anh(HN)的致病力测定

根据 OIE 标准，对拯救的嵌合病毒 rClone30-Anh(HN)及其亲本病毒 rClone30 的致病力指标 MDT 和 ICPI 进行测定。

（1）MDT 的测定

rClone30-Anh(HN)及 rClone30 分别用灭菌后的 PBS 进行 10 倍梯度稀释，将倍比稀释的两种病毒通过尿囊腔接种于 6 枚 10 日龄 SPF 鸡胚(100μL/枚)，37°C 培养箱连续培养 7d，每隔 12h 检查并记录每个稀释度接种鸡胚的死亡时间和死亡数，最后以病毒最高稀释倍数接种鸡胚全部死亡的平均时间为该病毒的 MDT。

（2）ICPI 的测定

按照 OIE 标准，rClone30-Anh(HN)及其 rClone30 分别用灭菌处理的 PBS 进行 10 倍梯度稀释，经脑内接种 10 只 1 日龄 SPF 雏鸡(50μL/只)，连续观察 10d，记录雏鸡每天发病率和死亡率，并根据 Reed and Muench 法计算病毒的脑内致病指数。

3.11 MTT 法检测嵌合病毒对肿瘤细胞的抑制作用

将贴壁生长的人肝癌细胞株 HepG2 经 0.25%胰酶消化离心，弃掉上清，加入细胞培养所需的完全培养基重悬细胞沉淀，轻轻吹匀后，加入到 96 孔板，每孔加 200μL。在 37°C，5%CO_2 培养箱中继续培养过夜后，待细胞密度生长至 80%左右时，每组实验孔加入 MOI 分别为 0.01、0.10、1.00 和 10.00 的 rClone30-Anh(HN)和 rClone30，对照孔加入 200μL DMEM，每个实验重复 3 次。感染 1h 后，弃去孔中的培养基，用 PBS 洗 2 次后，加入含有 10%尿囊液和 1%抗生素的 DMEM 培养基。在 24 和 48h 时，每孔加入 20μL MTT 溶液(5mg/mL)，孵育 4h 后，弃去培养液，每孔加入 150μL 的 DMSO，震荡 10min 后，于 570nm 波长下测定 OD 值，肿瘤细胞生长抑制率由下式计算：

抑制率%=(对照组 OD 均值-实验组 OD 值)/对照组 OD 均值×100%

3.12 Annexin V-PI 法检测 rClone30-Anh(HN)对肿瘤细胞的杀伤效果

将贴壁生长的人肿瘤细胞株 HepG2 经 0.25%胰酶消化离心，弃掉上清，加入细胞培养所需的新鲜培养基，轻轻吹匀后，接种到六孔板中，待细胞长到所需密度时(80%左右)，分别向实验孔加入 MOI 为 0.01 和 1.00 的 rClone30 和 rClone30-Anh(HN)，同时设置对照组，加入等量的 PBS。感染 1h 后，弃去液体，更换为含有 10%尿囊液和 1%抗生素的 DMEM 培养基。细胞培养 24h 和 48h 后，用 0.25%的胰酶消化细胞[(1～5)×10^6]，用无菌 PBS 洗 3 次，向细胞悬液中加入 Binding Buffer(200μL)，然后加入 FITC 标记的 Annexin-V(5μL)，混匀后避光保存 30min 后，再加入 PI(5μL)和 Binding Buffer(300μL)，避光保存 10～15min 后，1h 内流式细胞仪定量检测肿瘤细胞的凋亡情况。每组实验重复 3 次，同时设置未经病毒感染的 HepG2 细胞作为阴性对照。

3.13 FACS 分析检测细胞线粒体膜电位

将贴壁生长的人肝癌细胞株 HepG2 经 0.25%胰酶消化后进行离心收集，制备成 1×10^4/mL 单细胞悬液，接种于六孔细胞培养板中，当细胞密度生长达到 80%左右时，分别向实验孔加入 MOI 为 1 的嵌合病毒 rClone30-Anh(HN)和亲本病毒 rClone30，37°C，5%CO_2 继续培养 48h 或 72h 后收集 2×10^5 个细胞，重悬于 300μL PBS 中，加 2μL 20mg/mL

Rhodamine 123，避光室温放置 0.5h，PBS 洗 2 遍，FASC 分析检测细胞线粒体膜电位。

3.14 实时荧光定量 PCR 检测 Capase 3 基因的转录水平

将贴壁生长的人肝癌细胞株 HepG2 经 0.25%胰酶消化后离心，弃掉上清，加入细胞培养所需的新鲜培养基重悬细胞沉淀，轻轻吹匀后接种于六孔板中继续培养，待细胞长到所需密度时(80%左右)，分别向实验孔中加入 MOI 为 1 的 rClone30 或 rClone30-Anh(HN)，重复 3 次。在 48h，分别收集 rClone30 和 rClone30-Anh(HN)感染的 HepG2 细胞。提取 HepG2 细胞总 RNA，利用反转录酶得到 cDNA。以人的β-actin 的表达量作为内参，使用 Real-time PCR 方法检测凋亡相关基因 Caspase3 的相对表达情况。按 TAKARA 公司的 SYBR GREEN PCR Master Mix 试剂盒要求加入试剂，每组反应做三个复孔，取平均值。

3.15 肿瘤动物模型的建立

于 6 周龄昆明小鼠腹腔接种鼠源肝癌细胞株 H22，6～8d 腹腔鼓起后进行断颈处死。处死的小鼠经 75%酒精消毒后，于无菌操作台中收集腹水。离心后，弃掉上清，使用提前制备的无菌 PBS 洗 3 次，接着使用含 10%FBS 的 DMEM 培养基配成单细胞悬液，细胞计数并测定细胞活力。调整细胞密度为 1×10^6 个/mL。然后在每只小鼠的右侧腹股沟皮下注入肿瘤细胞悬液 150μL。7～10d 后，在小鼠注入肿瘤细胞的部位会形成实体瘤，选出直径在 6～8mm 的昆明小鼠，分为尿囊液、rClone30 和 rClone30-Anh(HN)3 组。

3.16 嵌合病毒对昆明小鼠 H22 肝癌动物模型的治疗

将造模成功的昆明小鼠分组后，从成模的第 1d 起注射 10^7pfu(100μL)的 rClone30-Anh(HN)和 10^7pfu(100μL)的 rClone30。之后每 2d 瘤内注射相同量的病毒，连续注射 4 次。对照组注射 100μL 的尿囊液。每天观察小鼠的日常活动、精神状况以及注射位置有无红肿、发炎等情况。每隔 1d 测量肿瘤的直径，直至第 14d，按不同的角度测量 3 次，并根据以下公式计算肿瘤体积(V)，绘制肿瘤生长曲线。肿瘤体积计算公式如下：

肿瘤体积(V)= $4/3\times\pi\times r^3$(r 为肿瘤的平均半径)。

3.17 肿瘤组织病理切片的制作

第一次注射后的第 14d，无菌条件剥取治疗组及对照组的肿瘤，放置在 4%甲醛溶液 3d，制备组织切片，进行 HE 染色并于显微镜下观察照相。

3.18 统计学分析

采用单因素方差分析(ANOVA)、配对 T 检验进行统计学分析。*$p<0.05$ 被认为实验组与对照组差异显著，**$p<0.01$ 被认为实验组与对照组差异极显著。

4 实验结果

4.1 病毒基因组 cDNA 的 PCR 扩增与酶切鉴定

4.1.1 F1 cDNA 的 PCR 扩增与酶切鉴定

以 F1-PF、F1-PR 为引物，扩增出一条约为 1200bp 的特异性目的带，与预期的 1174bp 大小相符，初步确认为 F1 片段，如图 4-1 所示。

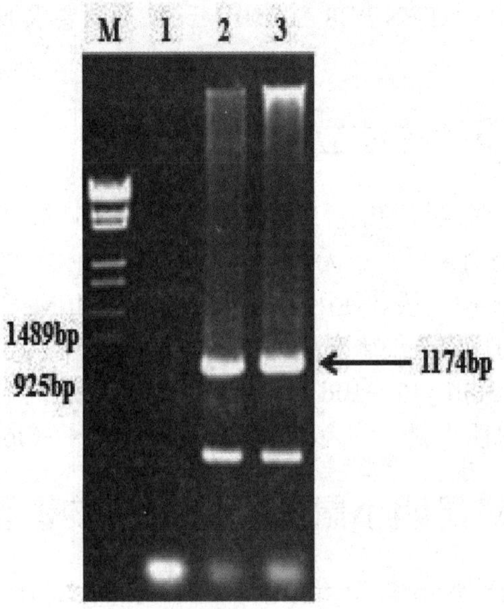

LaneM：λ-*Eco*T14 DNA Marker；Lane1：空白对照(没加模板)；

Lane2，3：F1片段PCR的产物

图 4-1 F1 的 PCR 产物

重组质粒 pMD18-T-F1 用限制性内切酶 *Bam*HI 进行酶切鉴定，得到约 3900bp 的带，与预期的 3867bp 大小相符，初步确认为 F1 片段，如图 4-2 所示。

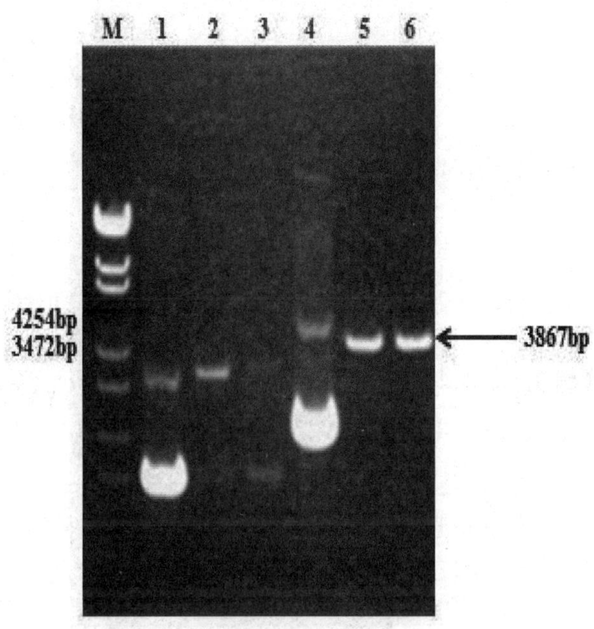

LaneM：λ-*Eco*T14 DNA Marker；Lane1，4：1号和2号重组质粒pMD18-T-F1；

Lane2，3，5，6：重组质粒pMD18-T-F1酶切结果(2号质粒正确)

图 4-2 重组质粒 pMD18-T-F1 酶切鉴定

4.1.2 F2 cDNA 的 PCR 扩增与酶切鉴定

以 F2-PF、F2-PR 为引物，扩增出一条约为 1500bp 的特异性目的带，与预期的 1495bp 大小相符，初步确认为 F2 片段，如图 4-3 所示。

重组质粒 pMD18-T-F2 用限制性内切酶 *Eco*RV 进行酶切鉴定，得到约为 4200bp 的带，与预期的 4188bp 大小相符，初步确认为 F2 片段，如图 4-4 所示。

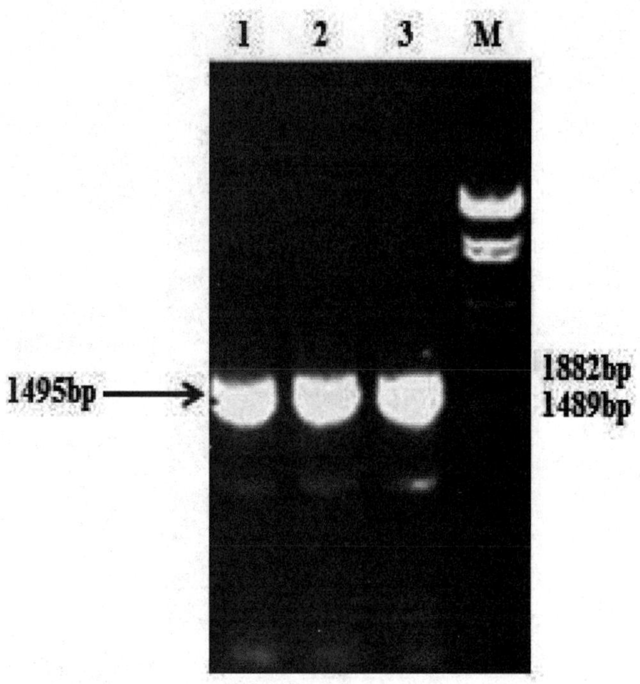

Lane1，2，3：F2片段的PCR产物；LaneM：λ-*Eco*T14 DNA Marker

图 4-3 F2 片段的 PCR 产物

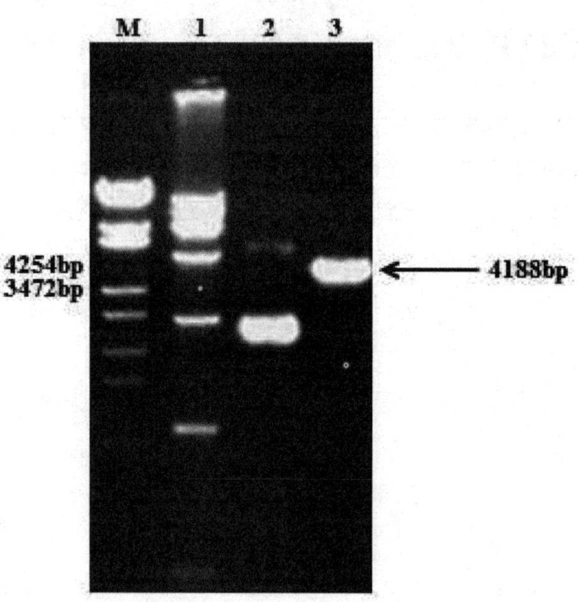

LaneM：λ-*Eco*T14 DNA Marker；Lane1：DL 15 000 marker; Lane2：重组质粒pMD18-T-F2；

Lane3：重组质粒pMD18-T-F2酶切结果

图 4-4 重组质粒 pMD18-T-F2 酶切鉴定

4.1.3 F3 cDNA 的 PCR 扩增与酶切鉴定

以 F3-PF、F3-PR 为引物，扩增出一条约为 1600bp 的特异性目的带，与预期的 1602bp 大小相符，初步确认为 F3 片段，如图 4-5 所示。

重组质粒 pMD18-T-F3 用限制性内切酶 *Eco*RV 进行酶切鉴定，得到约为 4300bp 的带，与预期的 4295bp 大小相符，初步确认为 F3 片段，如 4-6 图所示。

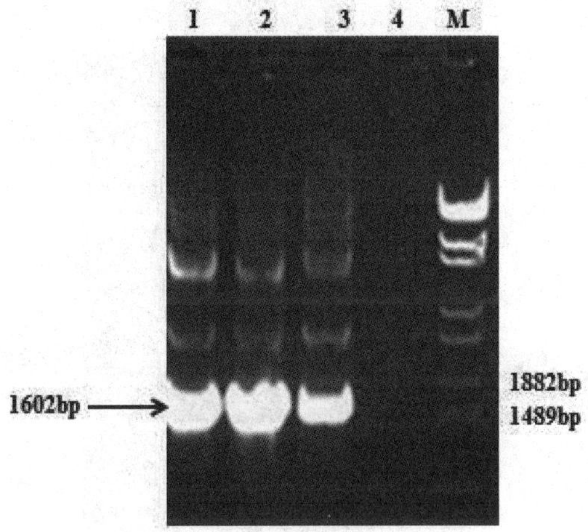

Lane1，2，3：F3片段的PCR产物；Lane4 空白对照(未加模板)；LaneM：λ-*Eco*T14 DNA Marker

图 4-5 F3 片段的 PCR 产物

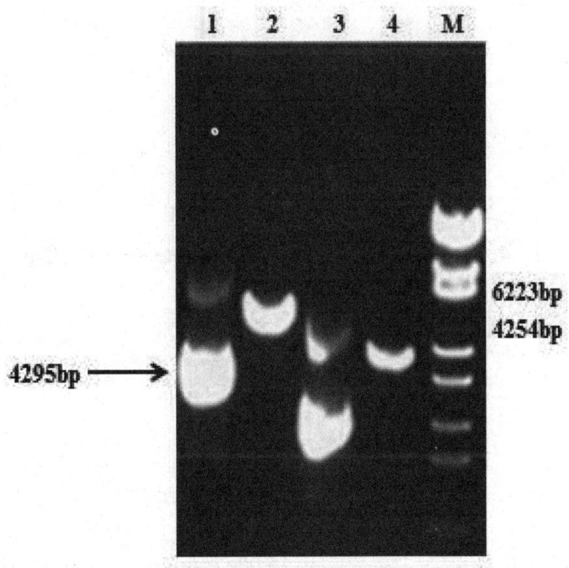

Lane1：重组质粒pMD18-T-F3；Lane2：重组质粒pMD18-T-F3酶切结果；LaneM：λ-*Eco*T14 DNA Marker

图 4-6 重组质粒 pMD18-T-F3 酶切鉴定

4.1.4 F4 cDNA 的 PCR 扩增与酶切鉴定

以 F4-PF、F4-PR 为引物，扩增出一条约为 2000bp 的特异性目的带，与预期的 2059bp 大小相符，初步确认为 F4 片段，如图 4-7 所示。

重组质粒 pMD18-T-F4 用限制性内切酶 *Bam*HI 进行酶切鉴定，得到约 4300bp 的带，与预期的 4254bp 大小相符，初步确认为 F4 片段，如图 4-8 所示。

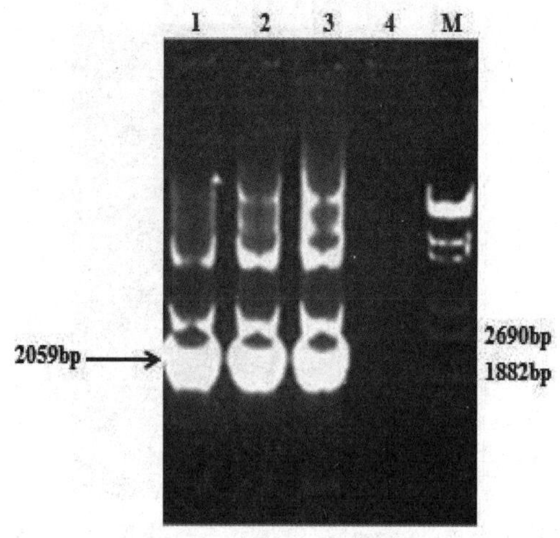

Lane1，2，3：F4片段的PCR产物；Lane4：空白对照 (没加模板)；LaneM：λ-*Eco*T14 DNA Marker

图 4-7 F4 片段的 PCR 产物

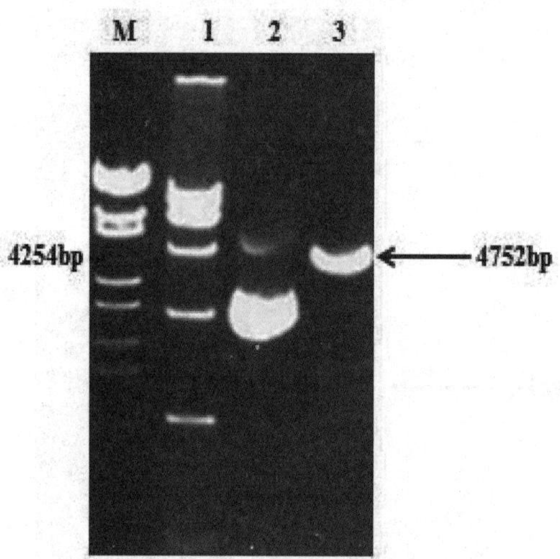

LaneM：λ-*Eco*T14 DNA Marker；Lane1：DL 15 000 marker；Lane2：重组质粒pMD18-T-F4；

Lane3：重组质粒pMD18-T-F4酶切结果

图 4-8 重组质粒 pMD18-T-F4 酶切鉴定

4.1.5 F5 cDNA 的 PCR 扩增与酶切鉴定

以 F5-PF、F5-PR 为引物，扩增出一条约为 1800bp 的特异性目的带，与预期的 1820bp 大小相符，初步确认为 F5 片段，如图 4-9 所示。

重组质粒 pMD18-T-F5 用限制性内切酶 *Eco*RI 进行酶切鉴定，得到约 4500bp 的带，与预期的 4513bp 大小相符，初步确认为 F5 片段，如图 4-10 所示。

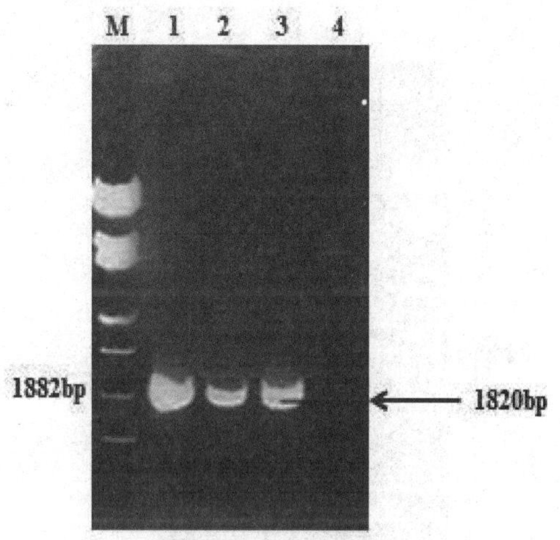

LaneM：λ-*Eco*T14 DNA Marker；Lane1，2，3：F5片段的PCR产物；Lane4：空白对照(没加模板)

图 4-9 F5 片段的 PCR 产物

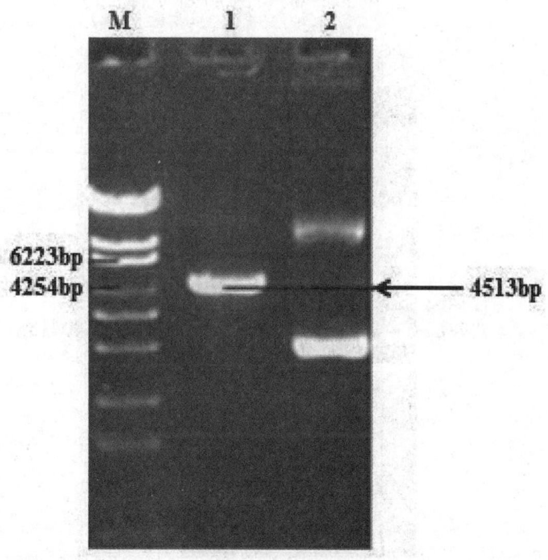

LaneM：λ-*Eco*T14 DNA Marker；Lane1：重组质粒pMD18-T-F5；Lane2：重组质粒pMD18-T-F5酶切结果

图 4-10 重组质粒 pMD18-T-F5 酶切鉴定

4.1.6 F6 cDNA 的 PCR 扩增与酶切鉴定

以 F6-PF、F6-PR 为引物，扩增出一条约为 1400bp 的特异性目的带，与预期的 1351bp 大小相符，初步确认为 F6 片段，如图 4-11 所示。

重组质粒 pMD18-T-F6 用限制性内切酶 *Bam*HI 进行酶切鉴定，得到约 4000bp 的带，与预期的 4041bp 大小相符，初步确认为 F6 片段，如图 4-12 所示。

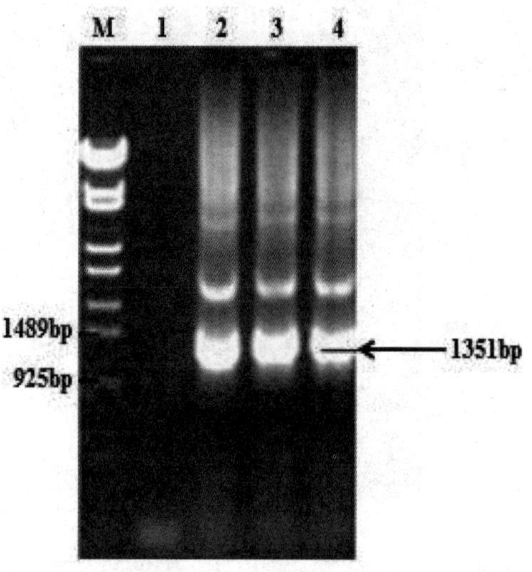

LaneM：λ-*Eco*T14 DNA Marker；Lane1：空白对照 (没加模板)；Lane1，2，3：F6片段的PCR产物

图 4-11 F6 片段的 PCR 产物

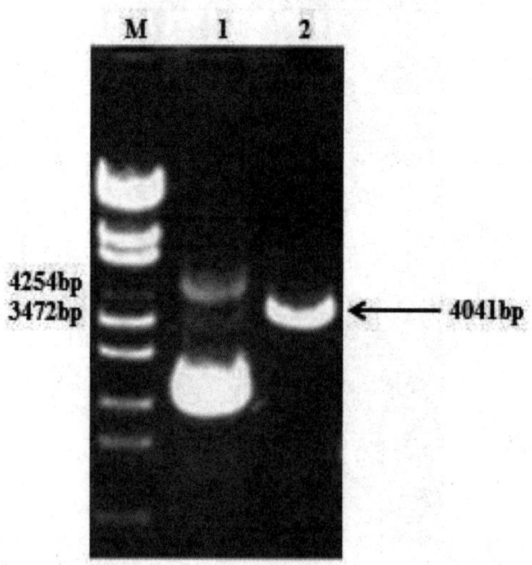

LaneM：λ-*Eco*T14 DNA Marker；Lane1：重组质粒pMD18-T-F6；Lane2：重组质粒pMD18-T-F6酶切结果

图 4-12 重组质粒 pMD18-T-F6 酶切鉴定

4.1.7 F7 cDNA 的 PCR 扩增与酶切鉴定

以 F7-PF、F7-PR 为引物，扩增出一条约为 1900bp 的特异性目的带，与预期的 1931bp 大小相符，初步确认为 F7 片段，如图 4-13 所示。

重组质粒 pMD18-T-F7 用限制性内切酶 *Bam*HI 进行酶切鉴定，得到约 4600bp 的带，与预期的 4624bp 大小相符，初步确认为 F7 片段，如图 4-14 所示。

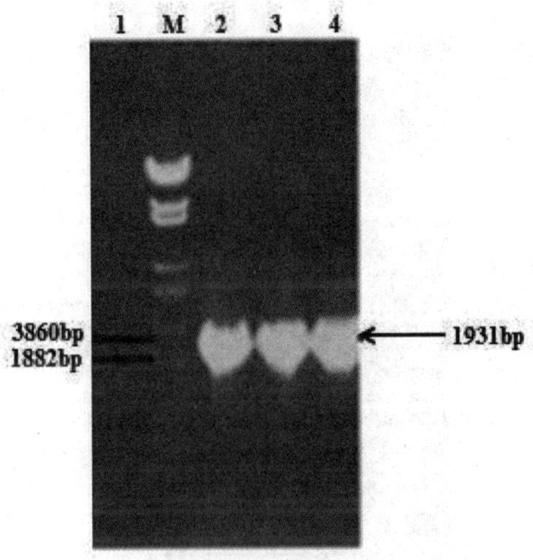

Lane1：空白对照 (没加模板)；LaneM：λ-*Eco*T14 DNA Marker；Lane2，3，4：F7片段的PCR产物

图 4-13 F7 片段的 PCR 产物

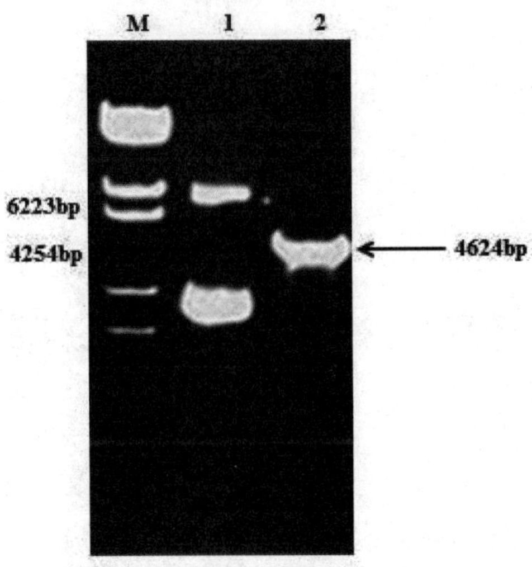

LaneM：λ-*Eco*T14 DNA Marker；Lane1：重组质粒pMD18-T-F7；Lane2：重组质粒pMD18-T-F7酶切结果

图 4-14 重组质粒 pMD18-T-F7 酶切鉴定

4.1.8 F8 cDNA 的 PCR 扩增与酶切鉴定

以 F8-PF、F8-PR 为引物，扩增出一条约为 1200bp 的特异性目的带，与预期的 1210bp 大小相符，初步确认为 F8 片段，如图 4-15 所示。

重组质粒 pMD18-T-F8 用限制性内切酶 *Eco*RI 进行酶切鉴定，得到约 3900bp 的带，与预期的 3903bp 大小相符，初步确认为 F8 片段，如图 4-16 所示。

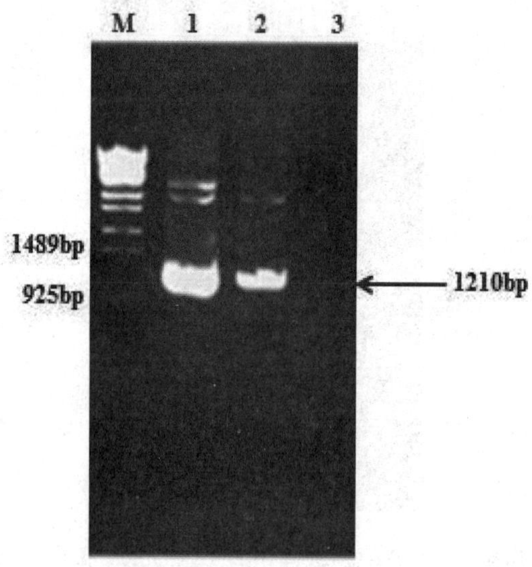

LaneM：λ-*Eco*T14 DNA Marker；Lane1，2：F8片段的PCR产物；Lane3：空白对照(没加模板)

图 4-15 F8 片段的 PCR 产物

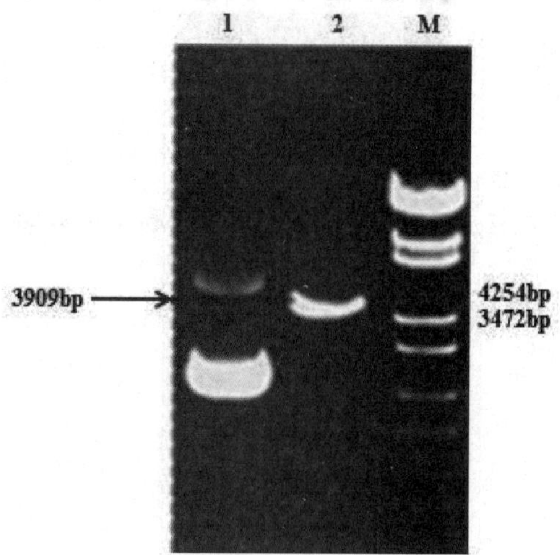

Lane1：重组质粒pMD18-T-F8；Lane2：重组质粒pMD18-T-F8酶切结果；LaneM：λ-*Eco*T14 DNA Marker

图 4-16 重组质粒 pMD18-T-F8 酶切鉴定

4.1.9 F9 cDNA 的 PCR 扩增与酶切鉴定

以 F9-PF、F9-PR 为引物，扩增出一条约为 1700bp 的特异性目的带，与预期的 1733bp 大小相符，初步确认为 F9 片段，如图 4-17 所示。

重组质粒 pMD18-T-F9 用限制性内切酶 EcoRI 进行酶切鉴定，得到约 4400bp 的带，与预期的 4426bp 大小相符，初步确认为 F9 片段，如图 4-18 所示。

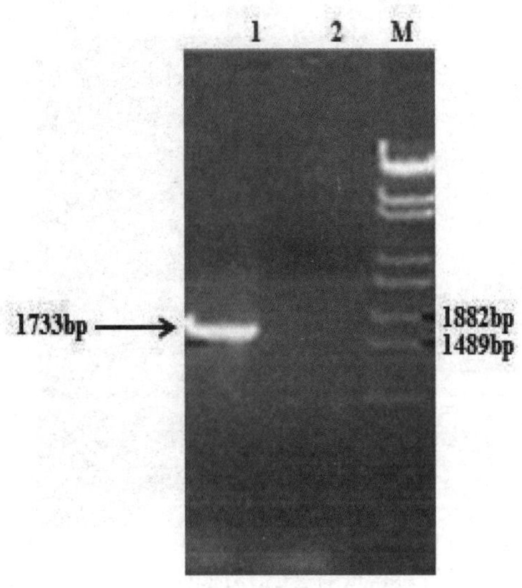

Lane1：F9片段的PCR产物；Lane2：空白对照(没加模板)；LanaeM：λ-*Eco*T14 DNA Marker

图 4-17 F9 的 PCR 产物

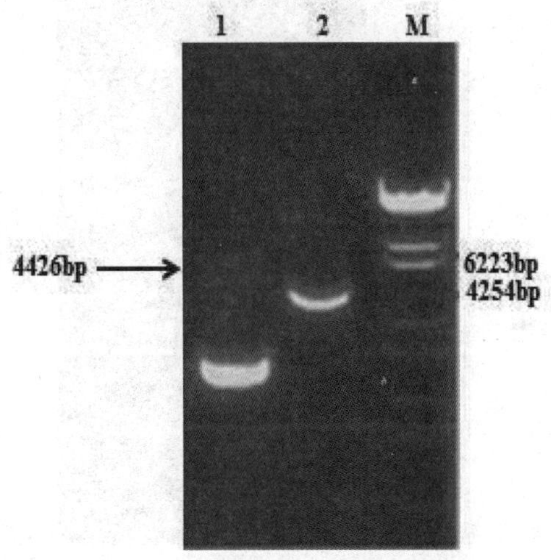

Lane1：重组质粒pMD18-T-F9；Lane2：重组质粒pMD18-T-F9酶切结果；LaneM：λ-*Eco*T14 DNA Marker

图 4-18 重组质粒 pMD18-T-F9 酶切鉴定

4.1.10 F10 cDNA 的 PCR 扩增与酶切鉴定

以 F10-PF、F10-PR 为引物，扩增出一条约为 1200bp 的特异性目的带，与预期的 1186bp 大小相符，初步确认为 F10 片段，如图 4-19 所示。

重组质粒 pMD18-T-F10 用限制性内切酶 *Eco*RI 进行酶切鉴定，得到约 3800bp 的带，与预期的 3879bp 大小相符，初步确认为 F10 片段，如图 4-20 所示。

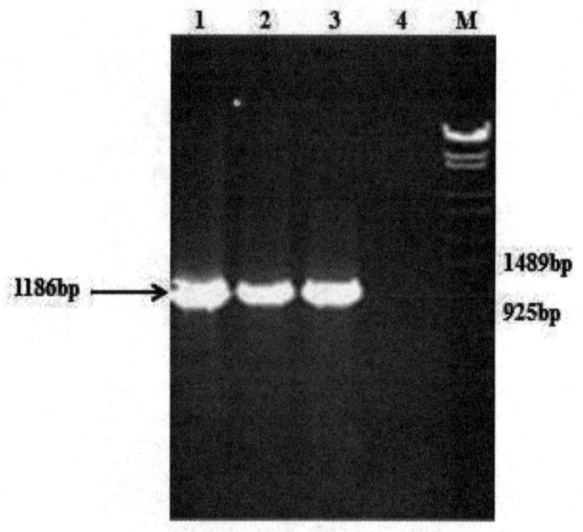

Lane1，2，3：F10片段的PCR产物；Lane4：空白对照(没加模板)；LaneM：λ-*Eco*T14 DNA Marker

图 4-19 F8 的 PCR 产物

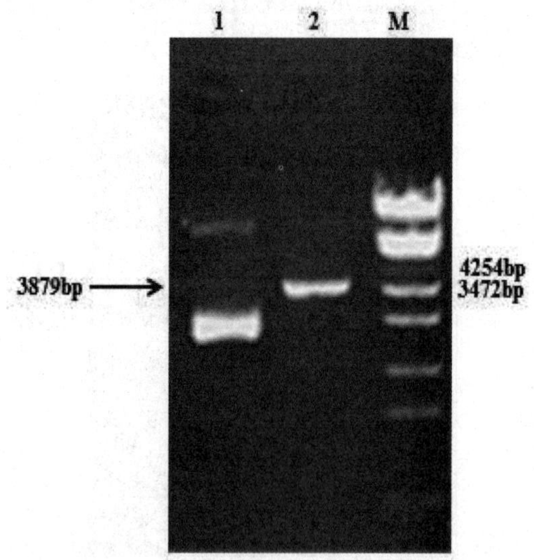

Lane1：重组质粒pMD18-T-F10；Lane2：重组质粒pMD18-T-F10酶切结果；LaneM：λ-*Eco*T14 DNA Marker

图 4-20 重组质粒 pMD18-T-F10 酶切鉴定

4.2 序列测定结果分析

测序结果表明，NDV Clone30 全基因组 cDNA 序列的核苷酸长度为 15186bp，与 GenBank 上已公布 NDV 相应序列 Y18898 相比，共有 12 个碱基发生突变，如表 4-1 所示。

表 4-1 测序结果与 Y18898 序列比对

位置(bp)	Y18898	测序
1948	G	A
2368	T	A
3667	G	A
4446	C	T
5478	A	G
11657	G	A
12370	G	A
12567	C	T
13276	C	T
13852	A	G
14701	G	A
15051	T	A

4.3 NDV 全长 cDNA 克隆载体的构建

4.3.1 F1，F2，F3 的连接

Fl 段 cDNA 经 *Not*I/*Bst*XI 克隆到载体 pFLC，得到质粒 $pFLC_1$，用限制性内切酶 *Not*I 酶切鉴定得到约为 9400bp 的带，与预期的 9428bp 大小相符，说明 F1 已经连入载体 pFLC，如图 4-21 所示。F2 段 cDNA 经 *Bst*XI/*Eco*RV 克隆到载体 $pFLC_1$，得到质粒 $pFLC_{1-2}$，用限制性内切酶 *Eco*RV 酶切鉴定得到约为 8000bp 的带，与预期的 7995bp 大小相符，说明 F2 已经连入载体 $pFLC_1$，如图 4-22 所示。F3 段 cDNA 经 *Eco*RV/*Hind*III 克隆到载体 $pFLC_{1-2}$，得到质粒 $pFLC_{1-3}$，用限制性内切酶 *Kpn*I 酶切鉴定得到约为 5400bp 和 3000bp 的带，与预期的 5448bp 和 2978bp 大小相符，说明 F3 已经连入载体 $pFLC_{1-2}$，如图 4-23 所示。

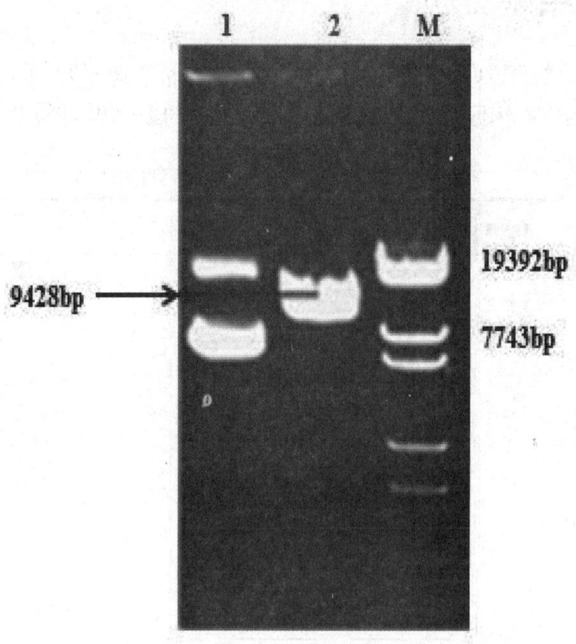

Lane1：重组质粒pFLC$_1$；Lane2：重组质粒pFLC$_1$酶切鉴定结果；LaneM：λ-*Eco*T14 DNA Marker

图 4-21 重组质粒 pFLC1 酶切鉴定

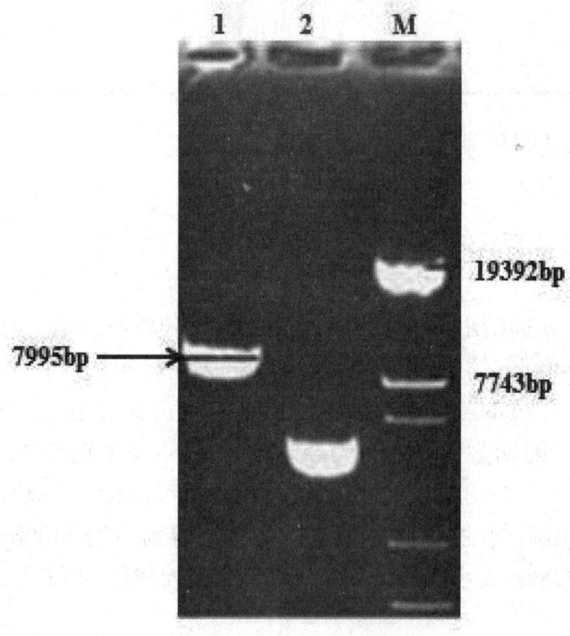

Lane1：重组质粒pFLC$_{1\text{-}2}$鉴定结果；Lane2：重组质粒pFLC$_{1\text{-}2}$；LaneM：λ-*Eco*T14 DNA Marker

图 4-22 重组质粒 pFLC1-2 鉴定

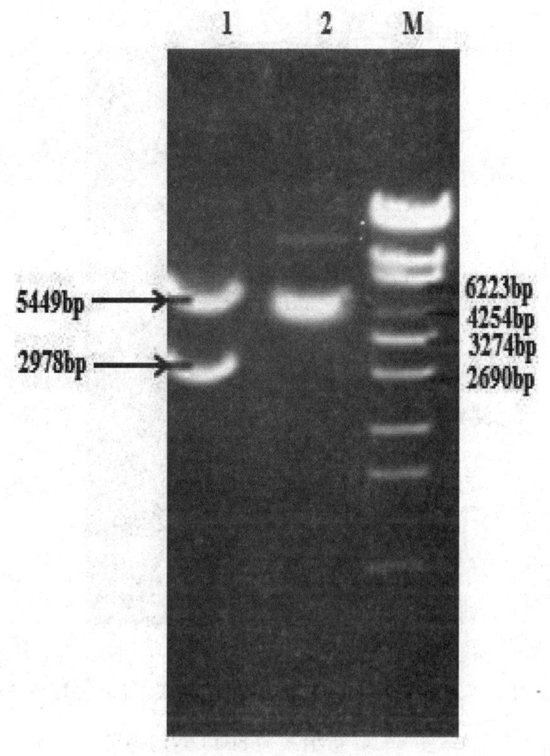

Lane1：重组质粒pFLC$_{1-3}$鉴定结果；Lane2：重组质粒pFLC$_{1-3}$；LaneM：λ-*Eco*T14 DNA Marker

图 4-23 重组质粒 pFLC1-3 鉴定

4.3.2 F3，F4 的连接

F3 段 cDNA 经 *Cla*I/*Hind*III 克隆到 pBluescriptII KS（+/-），所得质粒命名为 pBL$_3$，用限制性内切酶 *Hind*III 酶切鉴定得到约为 3600bp 的带，与预期的 3584bp 大小相符，说明 F3 已经连入载体 pBluescriptII KS（+/-），如图 4-24 所示。

F4 段 cDNA 经 *Hind*III/*Eco*RV 克隆到 pBL$_3$，所得质粒命名为 pBL$_{3-4}$。用限制性内切酶 *Hind*III 酶切鉴定得到约为 5400bp 的带，与预期的 5357bp 大小相符，说明 F4 已经连入载体 pBL$_3$，如图 4-25 所示。

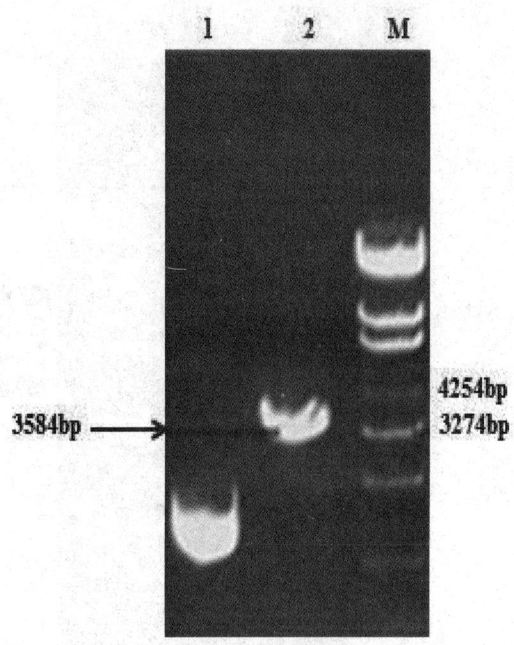

Lane1：重组质粒pBL_3；Lane2：重组质粒pBL_3酶切结果；LaneM：λ-*Eco*T14 DNA Marker

图 4-24 重组质粒 pBL3 酶切鉴定

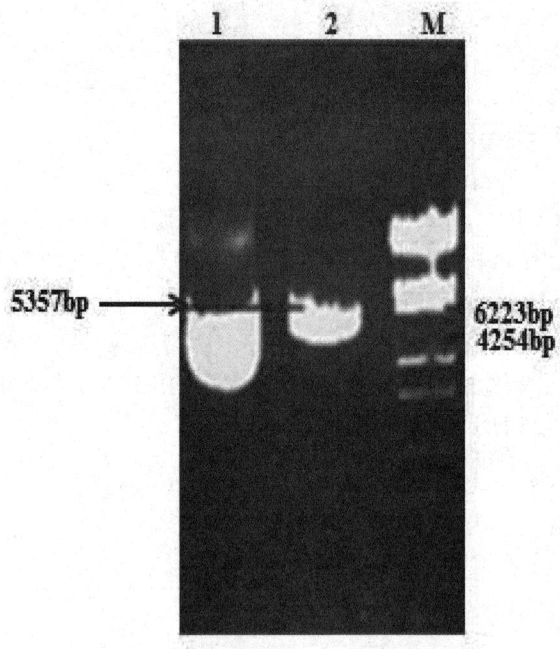

Lane1：重组质粒$pBL_{3\text{-}4}$；Lane2：重组质粒$pBL_{3\text{-}4}$酶切结果；LaneM：λ-*Eco*T14 DNA Marker

图 4-25 重组质粒 pBL3-4 酶切鉴定

4.3.3 F4，F5，F6 的连接

F5 段 cDNA 经 *Xba*I/*Xho*I 克隆到载体 pBluescript II KS(+/-)，得到质粒 pBL_5，用限制性内切酶 *Eco*RI 酶切鉴定得到约为 4500bp 的带，与预期的 4513bp 大小相符，说明 F5 已经连入载体 pBluescript II KS(+/-)，如图 4-26 所示。

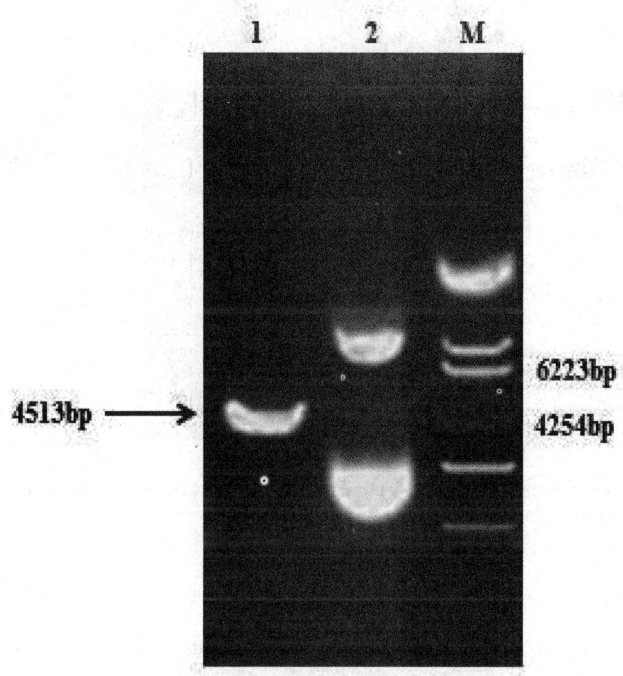

Lane1：重组质粒pBL_5酶切结果；Lane2：重组质粒pBL_5；LaneM：λ-*Eco*T14 DNA Marker

图 4-26 重组质粒 pBL5 酶切鉴定

F6 段 cDNA 经 *Xho*I 克隆到载体 pBL_5，得到质粒 $pBL_{5\text{-}6}$，用限制性内切酶 *Sac*I 酶切鉴定，得到约为 2200bp 和 3600bp 的带，与预期的 2235bp 和 3573bp 大小相符，说明 F6 正向连入载体 pBL_5，如图 4-27 所示。F4 段 cDNA 经 *Not*I/*Xba*I 克隆到载体 $pBL_{5\text{-}6}$，得到质粒 $pBL_{4\text{-}6}$，用限制性内切酶 *Eco*RV 酶切鉴定得到约为 7200bp 的带，与预期的 7216bp 大小相符，说明 F4 已经连入载体 $pBL_{5\text{-}6}$，如图 4-28 所示。

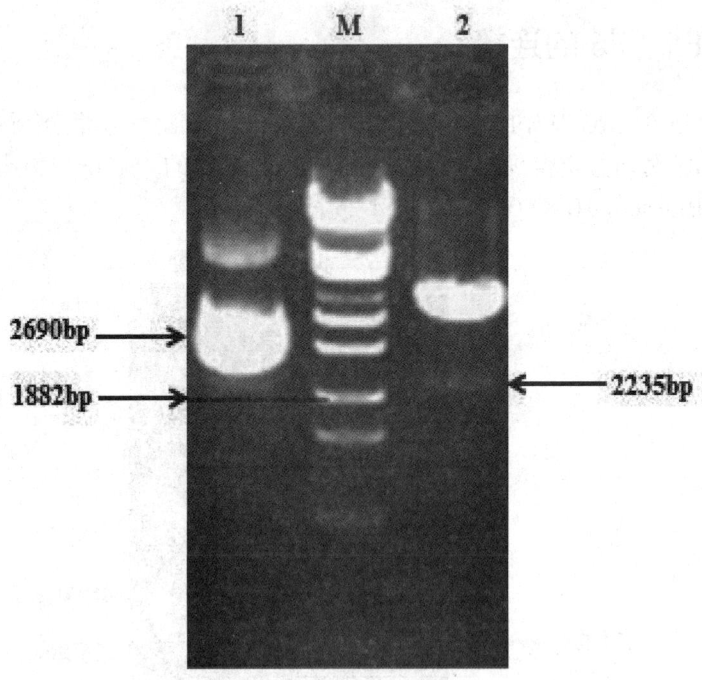

Lane1：重组质粒pBL_{5-6}；LaneM：λ-*Eco*T14 DNA Marker；Lane2：重组质粒pBL_{5-6}酶切结果

图 4-27 重组质粒 pBL5-6 酶切鉴定

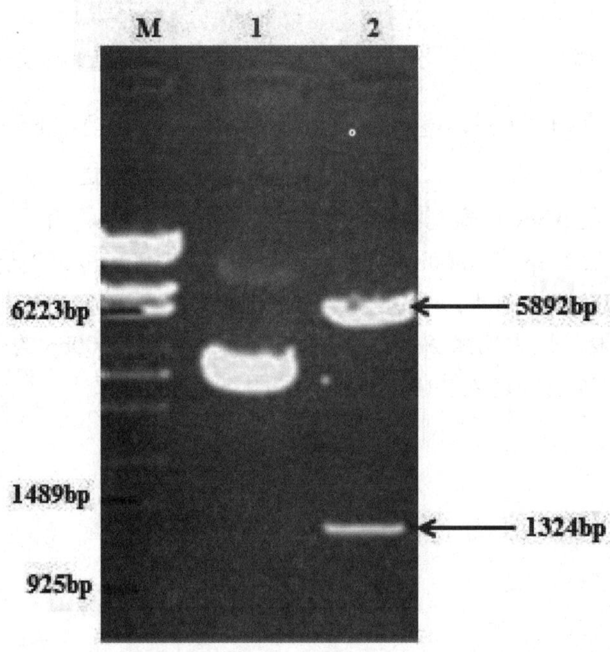

LaneM：λ-*Eco*T14 DNA Marker；Lane1：重组质粒pBL_{4-6}；Lane2：重组质粒pBL_{4-6}酶切结果

图 4-28 重组质粒 pBL4-6 酶切鉴定

4.3.4 F3，F4，F5，F6 的连接

F4、F5、F6 段 cDNA 经 *Eco*RV/*Spe*I 自 pBL_{4-6} 切下克隆到 pBL_{3-4}，所得质粒命名为 pBL_{3-6}，用限制性内切酶 *Nhe*I 酶切鉴定得到约为 8700bp 的带，与预期的 8695bp 大小相符，说明 F4、F5、F6 段已经连入载体 pBL_{3-4}，如图 4-29 所示。

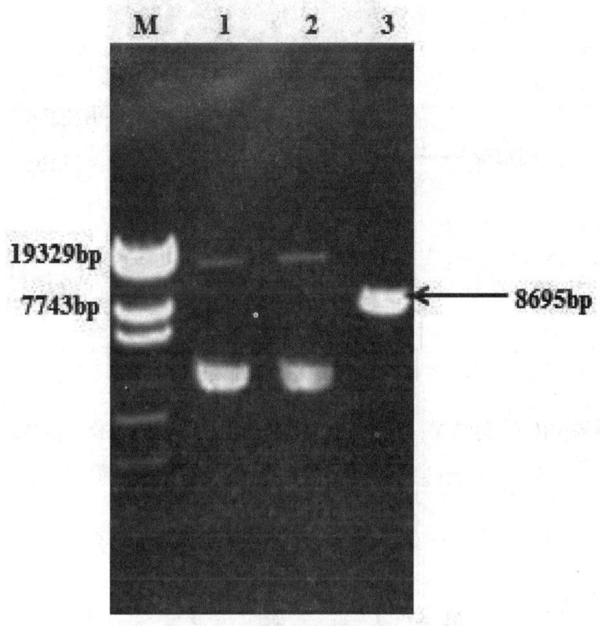

LaneM：λ-*Eco*T14 DNA Marker；Lane1，2：重组质粒pBL_{3-6}；Lane3：重组质粒pBL_{3-6}酶切鉴定结果

图 4-29 重组质粒 pBL3-6 酶切鉴定

4.3.5 F6，F7，F8 的连接

F7 段 cDNA 经 *Xho*I/*Sma*I 自 pMD18-T-F7 切下克隆到 pBluescriptII KS (+/-)，所得质粒命名为 pBL_{7}，用限制性内切酶 *Nhe*I 酶切鉴定，得到约为 4600bp 的带，与预期的 4624bp 大小相符，说明 F7 段已经连入载体 pBluescriptII KS (+/-)，如图 4-30 所示。F6 段 cDNA 经 *Xho*I 自 pMD18-T-F6 切下克隆到 pBL_{7}，所得质粒命名为 pBL_{6-7}，用限制性内切酶 *Sma*I 酶切鉴定，得到约为 6200bp 的带，与预期的带 6181bp 大小相符，用限制性内切酶 *Sac*I 酶切鉴定，得到约为 3300bp 和 2800bp 的带，与预期的 3341bp 和 2840bp 大小相符，说明 F6 正向连入载体 pBL_{7}，如图 4-31 所示。F8 段 cDNA 经 *Sma*I/*Sac*II 自 pMD18-T-F8 切下克隆到 pBL_{6-7}，用限制性内切酶 *Sma*I 酶切鉴定，得到约 7300bp 片段，与预期的 7306bp 所得质粒命名为 pBL_{6-8}，如图 4-32 所示。

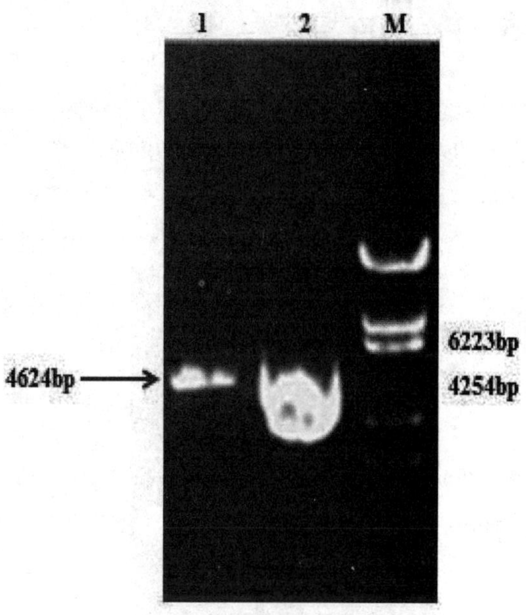

Lane1：重组质粒pBL$_7$酶切结果；Lane2：重组质粒pBL$_7$；LaneM：λ-*Eco*T14 DNA Marker

图 4-30 重组质粒 pBL7 酶切鉴定

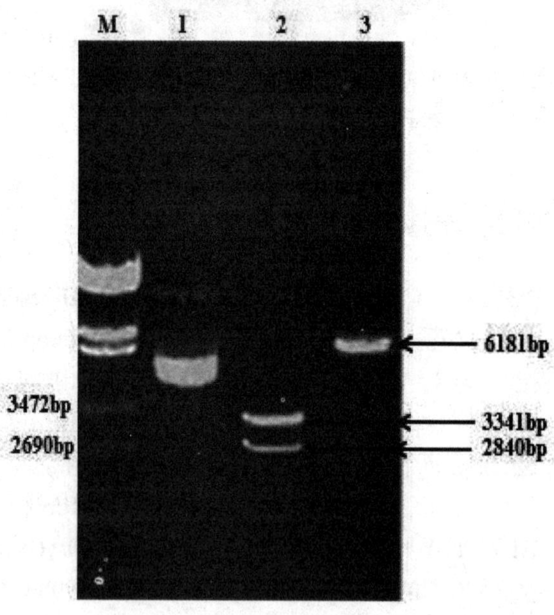

LaneM：λ-*Eco*T14 DNA Marker；Lane1：重组质粒pBL$_{6\text{-}7}$；Lane2，3：重组质粒pBL$_{6\text{-}7}$SacI酶切结果

图 4-31 重组质粒 pBL6-7 酶切鉴定

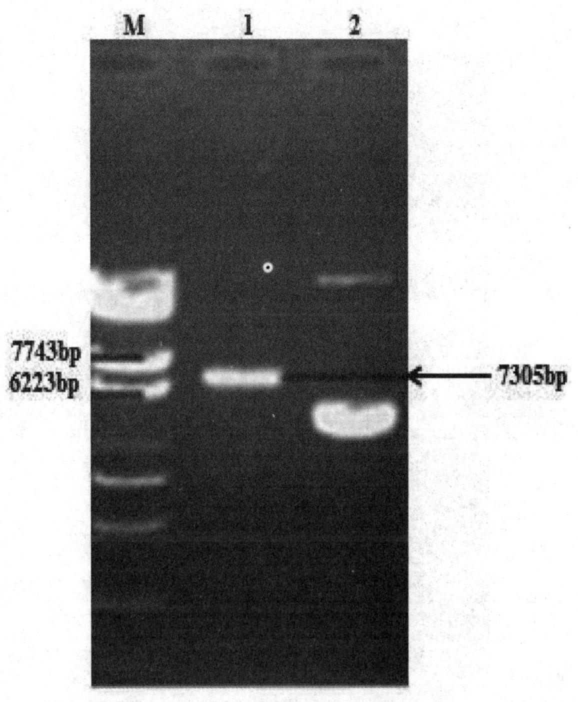

LaneM：λ-*Eco*T14 DNA Marker；Lane1：重组质粒pBL$_{6\text{-}8}$酶切结果；Lane2：重组质粒pBL$_{6\text{-}8}$

图 4-32 重组质粒 pBL6-8 酶切鉴定

4.3.6 F8，F9 的连接

F8 段 cDNA 经 *Kpn*I/*Cla*I 克隆到 pBluescriptII KS (+/-)，所得质粒命名为 pBL$_8$，用限制性内切酶 *Cla*I 酶切鉴定，得到约为 3300bp 的带，与预期的 3334bp 大小相符，说明 F8 段已经连入载体 pBluescriptII KS（+/-），如图 4-33 所示。F9 段 cDNA 经 *Cla*I/*Hind*III 克隆到 pBL$_8$，所得质粒命名为 pBL$_{8\text{-}9}$，用限制性内切酶 *Hind*III 酶切鉴定，得到约为 5000bp 的片段，与预期的 5028bp 大小相符，说明 F9 段已经连入载体 pBL$_8$，如图 4-34 所示。

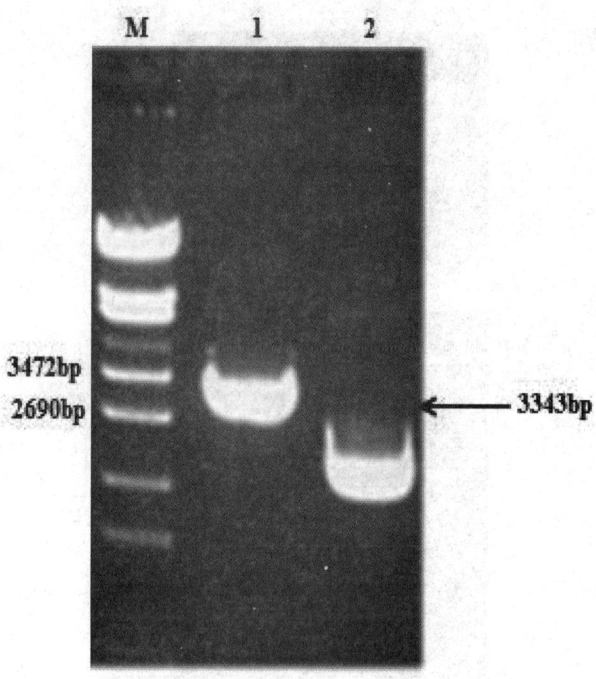

LaneM：λ-*Eco*T14 DNA Marker；Lane1：重组质粒pBL$_8$酶切结果；Lane2：重组质粒pBL$_8$

图 4-33 重组质粒 pBL8 酶切鉴定

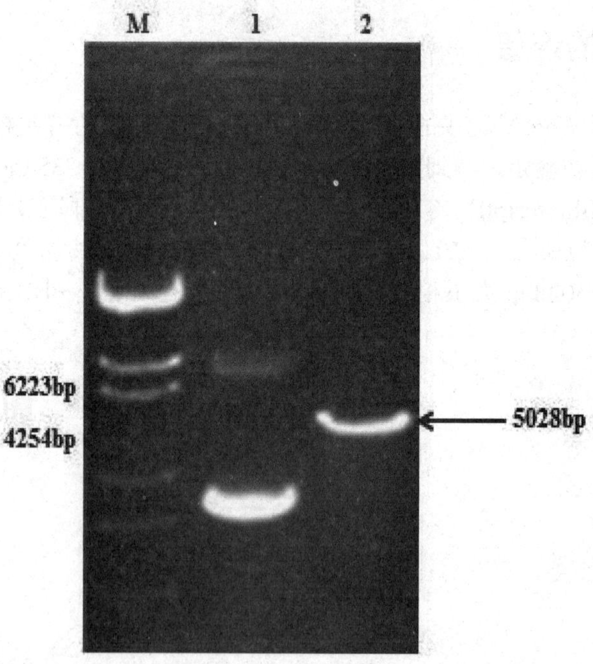

LaneM：λ-*Eco*T14 DNA Marker；Lane1：重组质粒pBL$_{8-9}$；Lane2：重组质粒pBL$_{8-9}$酶切结果

图 4-34 重组质粒 pBL8-9 酶切鉴定

4.3.7 F9，F10 的连接

F10 段 cDNA 经 *Hind*III/*Nar*I 克隆到 pFLC，所得质粒命名为 pFLC-Clone30_{10}，用限制性内切酶 *Mlu*I 酶切鉴定，得到约为 13 000bp 的带，与预期的 13436bp 大小相符，说明 F10 段已经连入载体 pFLC，如图 4-35 所示。F9 段 cDNA 经 *Kpn*I/*Hind*III 克隆到 $pFLC_{10}$，所得质粒命名为 $pFLC_{9\text{-}10}$。用限制性内切酶 BglII 酶切鉴定，得到约为 12 000bp 的带，与预期的带 12214bp 大小相符，说明 F9 段已经连入载体 $pFLC_{10}$，如图 4-36 所示。

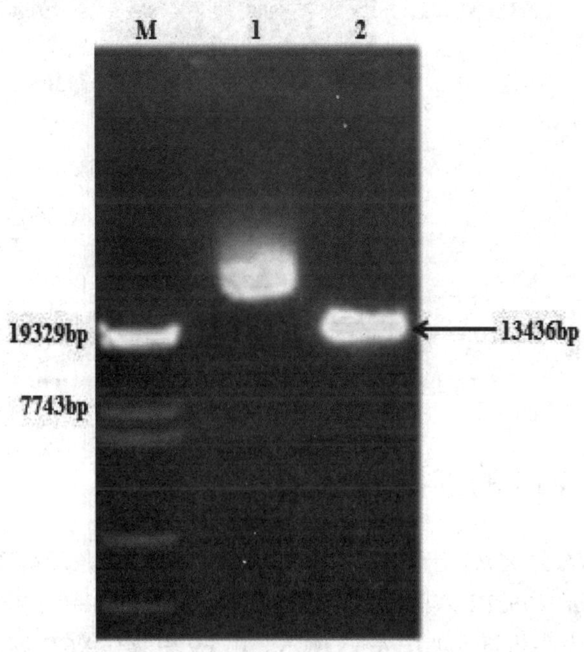

LaneM：λ-*Eco*T14 DNA Marker；Lane1：重组质粒$pFLC_{10}$；Lane2：重组质粒$pFLC_{10}$酶切结果

图 4-35 重组质粒 pFLC10 酶切鉴定

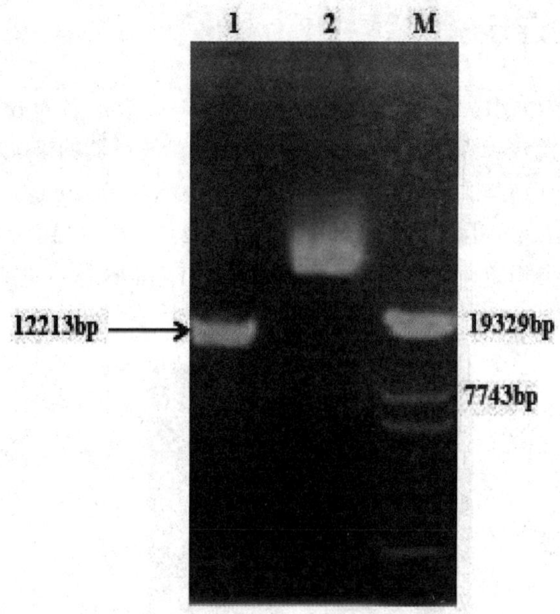

Lane1：重组质粒pFLC$_{9-10}$酶切结果；Lane2：重组质粒pFLC$_{9-10}$；LaneM：λ-*Eco*T14 DNA Marker

图 4-36 重组质粒 pFLC9-10 酶切鉴定

4.3.8 F8、F9、F10 的连接

F8、F9 段 cDNA 经 *Kpn*I 自 pBL$_{8-9}$ 切下克隆到 pFLC$_{9-10}$，所得质粒命名为 pFLC$_{8-10}$，用限制性内切酶 *Cla*I/*Hind*III 双酶切鉴定得到约为 11 000bp 和 1700bp 的带，与预期的 11047bp 和 1695bp 大小相符，如图 4-37 所示。用 F9 引物作 PCR 鉴定，扩增出一条约为 1700bp 的带，与预期的 1173bp 大小相符，如图 4-38 所示。以上鉴定结果说明 F8、F9 段已经连入载体 pFLC$_{9-10}$。

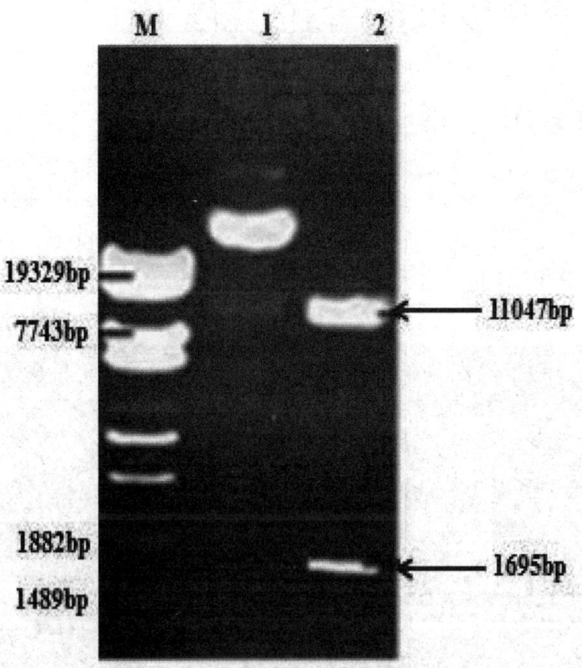

LaneM：λ-*Eco*T14 DNA Marker；Lane1：重组质粒pFLC$_{8\text{-}10}$；Lane2：重组质粒pFLC$_{8\text{-}10}$酶切结果

图 4-37 重组质粒 pFLC8-10 酶切鉴定

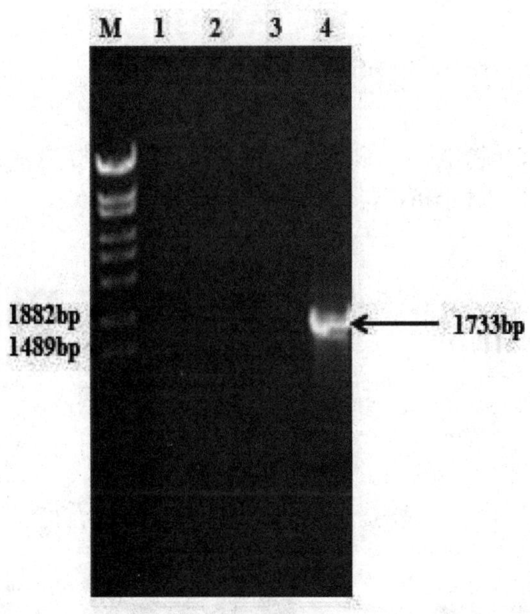

LaneM：λ-*Eco*T14 DNA Marker；Lane1：空白对照（没加模板）；Lane4：F9片段的PCR产物

图 4-38 重组克隆质粒 pFLC8-10PCR 鉴定

4.4 S片段、HN片段和B片段的克隆

4.4.1 S片段的PCR扩增

利用设计的特异性引物,通过PCR扩增得到了S片段。由图4-39可见,以pClone30质粒为模板，同时使用引物P5、P6和P7，得到长度为170bp左右的特异性条带。电泳结果显示S片段PCR扩增的最佳退火温度为61.0°C。

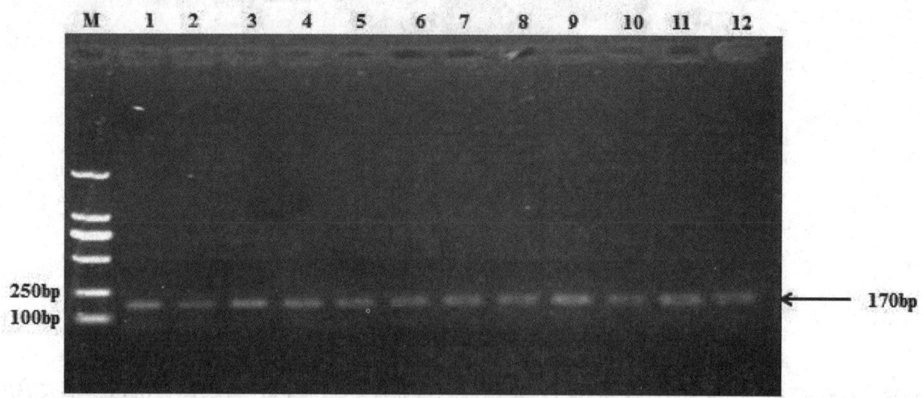

LaneM：DL2000 DNA marker；Lane1-12：S片段的PCR产物，退火温度为45～65°C

图4-39 S片段的PCR扩增

4.4.2 S片段的PCR产物的纯化与回收

将PCR扩增产物电泳，如图4-40所示，可得到与PCR扩增产物长度相一致的条带，与预期长度(约170bp)相符，结果正确，切胶后回收。

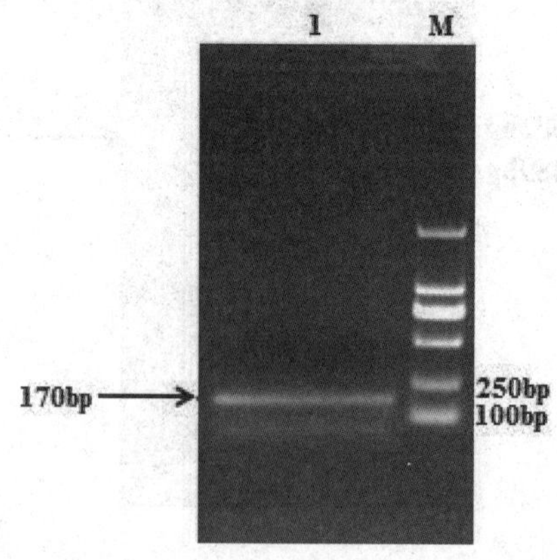

LaneM：DL2000 DNA marker；Lane1：S片段的PCR回收产物

图4-40 S片段的PCR胶回收产物

4.4.3 HN 片段的 PCR 扩增

利用设计的特异性引物，通过 PCR 扩增得到了片段 HN。由图 4-41 可见，以重组质粒 pAnh 为模板，用 P8 和 P9 作为引物，获得长度约 1731bp 左右的特异性条带。结果显示 HN 片段 PCR 扩增的最佳退火温度为 56.3°C。

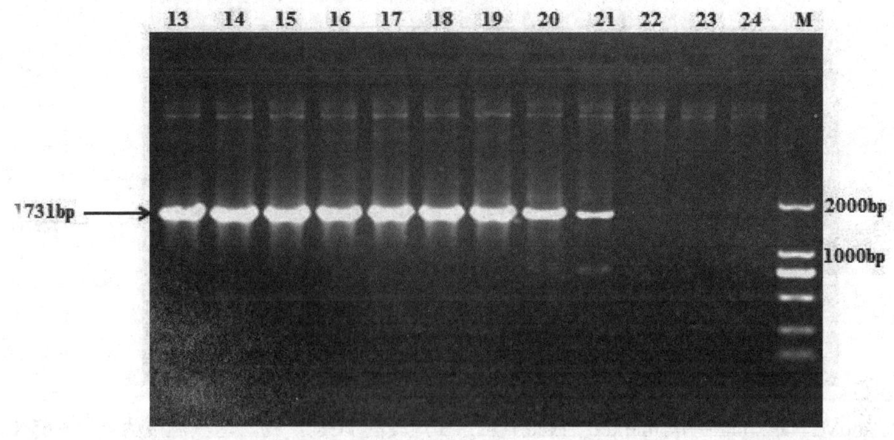

Lane M：DL2000 DNA marker；Lane1-12：HN 片段的 PCR 产物，退火温度为 45～65°C

图 4-41 HN 片段的 PCR 扩增

4.4.4 HN 片段的 PCR 产物的纯化与回收

将 PCR 扩增产物电泳，如图 4-42 所示，可得到与 PCR 产物长度相一致的目的条带，与预期带的长度(约 1731bp)相符，结果正确，切胶后回收。

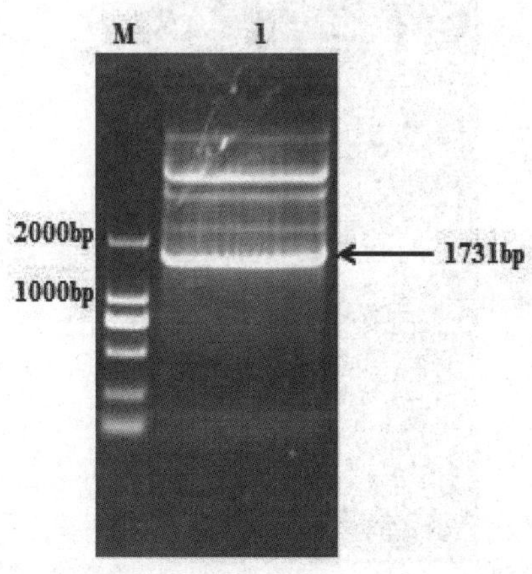

LaneM：DL2000 DNA marker；Lane1：HN 片段的 PCR 回收产物

图 4-42 HN 片段的 PCR 回收产物

4.4.5 B 片段的 PCR 扩增

利用设计的特异性引物，通过 PCR 扩增得到了 B 片段。由图 4-43 可见，以重组质粒 pClone30 为模板，用 P10、P11 和 P12 作为引物，获得长度约 725bp 左右的特异性条带。电泳结果显示 B 片段的最佳退火温度为 46.9°C。

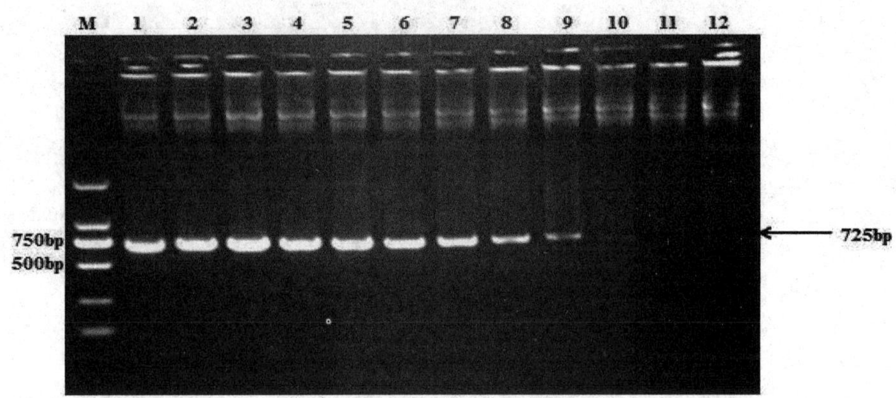

LaneM：DL2000 DNA marker；Lane1-12：B 片段的 PCR 产物，退火温度为 45 ～65°C

图 4-43 B 片段的 PCR 扩增

4.4.6 B 片段的 PCR 产物的纯化与回收

将 PCR 扩增产物电泳，如图 4-44 所示，可得到与 PCR 产物长度相一致的目的条带，与预期条带的长度(约 725bp)相符，结果正确，切胶后进行回收。

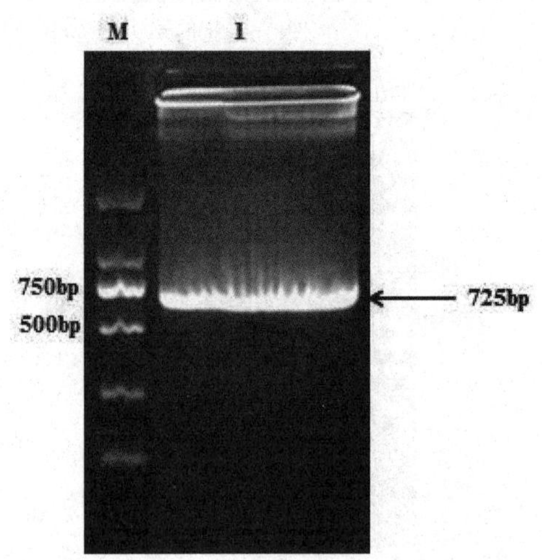

LaneM：DL2000 marker；Lane1-12：B 片段的回收产物

图 4-44 B 片段的回收产物

4.5 S-HN 片段的克隆

4.5.1 S-HN 片段的 PCR 扩增

以上述操作 4.4.2 和 4.4.4 中分别获得的 S 片段和 HN 片段，使用引物 P5 和 P10，如图 4-45 所示，扩增得到了一条长度约 1800bp 左右的目的条带。电泳结果显示 S-HN 片段 PCR 扩增的最佳退火温度为 56.3°C。

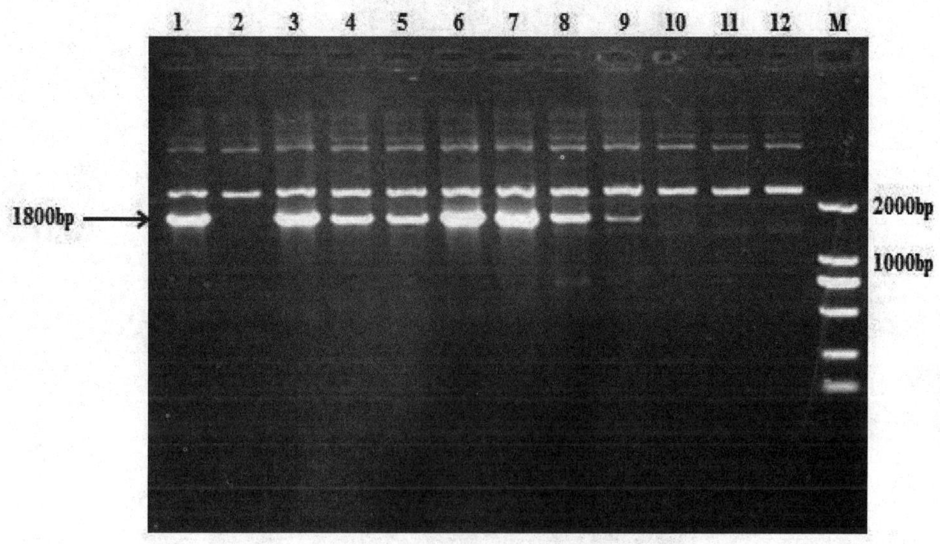

LaneM：DL2000 marker；Lane1-12：S-HN 片段的 PCR 产物，退火温度为 45～65°C

图 4-45 S-HN 片段的 PCR 扩增

4.5.2 S-HN 片段的 PCR 产物的纯化与回收

将 4.5.1 获得的胶回收产物，进行 PCR 扩增，如图 4-46 所示，电泳跑胶，可得到与 PCR 产物长度相一致的 S-HN 片段，与预期带长度(约 1871bp)相符，结果正确，切胶回收。

4.5.3 阳性重组质粒的鉴定

pMD-S-HN 用限制性内切酶 *Sfi*I 进行酶切鉴定，见图 4-47，获得一条与预期长度(约 4561bp)相符的条带。

应用 P5 和 P9 对重组质粒进行 PCR 鉴定，获得一条与 S-HN 片段预期长度(约 1871bp)相符的条带，如图 4-47 所示。

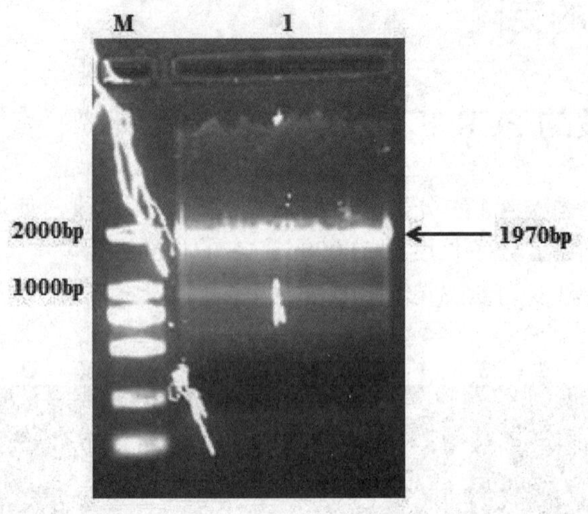

LaneM：DL2000 marker；Lane1：S-HN 片段的 PCR 胶回收

图 4-46 S-HN 片段的 PCR 胶回收图

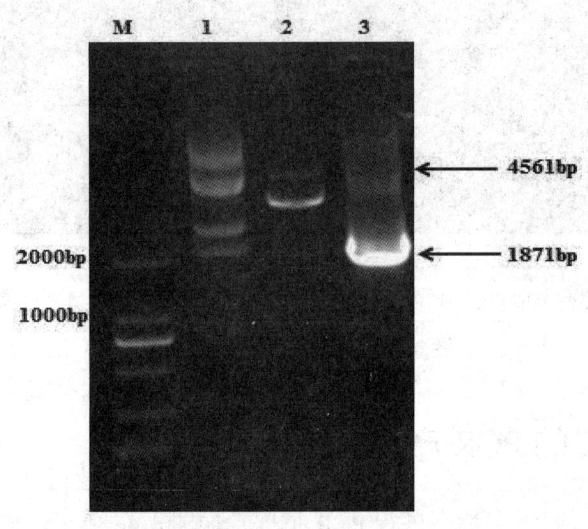

LaneM：DL2000 marker；Lane1：重组质粒 pMD-S-HN；Lane2：重组质粒经 *Sfi*I 单酶切鉴定；

Lane3：重组质粒的 PCR 鉴定

图 4-47 重组质粒的酶切鉴定和 PCR 鉴定

4.6 S-HN-B 片段的克隆与序列测定

4.6.1 S-HN-B 片段的 PCR 扩增

将上述步骤 4.5.3 获得的重组质粒 pMD-S-HN 和 4.4.6 获得 B 片段的胶回收产物，进行 PCR 扩增，电泳跑胶，如图 4-48 所示，可得到与 PCR 产物长度相符合的 S-HN-B 片段，与预期 S-HN-B 片段长度(约 2583bp)相符。电泳结果显示 S-HN-B 片段 PCR 扩增的最佳退火温度为 58.6°C。

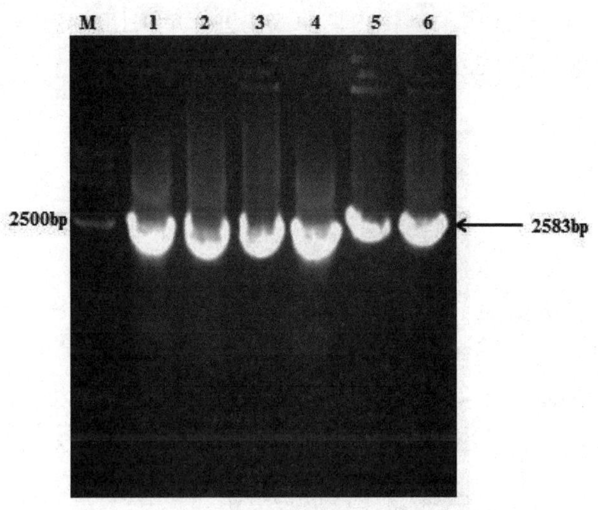

LaneM：DL2000 marker；Lane1-6：S-HN-B 片段的 PCR 产物，退火温度为 45～65°C

图 4-48 S-HN-B 片段的 PCR 扩增

4.6.2 S-HN-B 片段的 PCR 产物的纯化与回收

将 PCR 扩增产物在 1%琼脂糖凝胶上电泳，如图 4-49 所示，可得到与 PCR 产物长度相一致的目的带(约 2583bp)，与预期带长度相符，切胶回收。

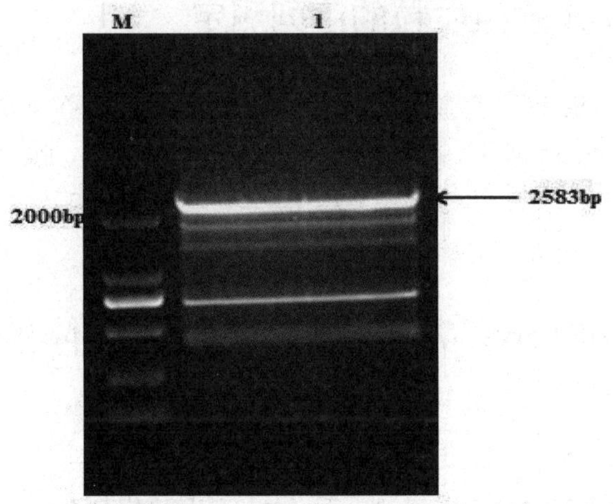

LaneM：DL2000 marker；Lane1：S-HN-B 片段胶回收产物

图 4-49 S-HN-B 片段的胶回收产物

4.6.3 阳性重组质粒的鉴定

重组质粒 pMD-S-HN-B 用限制性内切酶 *Sfi*I 进行单酶切鉴定，获得一条线性条带(见图 4-50)，与预期条带长度(约 4561bp)相符。

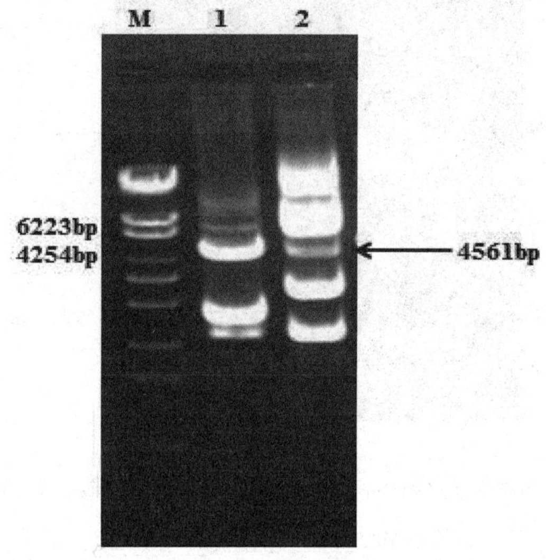

LaneM：λ-*Eco*T14 DNA Marker；Lane1：重组质粒 pMD-S-HN-B 经 *Sfi*I 单酶切鉴定；

Lane2：重组质粒 pMD-S-HN-B

图 4-50 重组质粒的酶切鉴定

4.6.4 pMD-S-HN-B 重组质粒的序列测定

回收 S-HN-B 片段的 PCR 产物，按照固定体系与 pMD19-T simple vector 片段连接，为了方便叙述将其命名为 pMD-S-HN-B，转化大肠杆菌 DH5α，随机挑取单菌落，提取质粒进行酶切鉴定，将酶切鉴定正确的重组质粒送交哈尔滨博仕生物公司进行测序。

测序结果与预期序列进行对比，完全正确，克隆成功。

4.7 重组 NDV pClone30-Anh(HN)基因组载体的构建和阳性重组质粒的鉴定

4.7.1 S-HN-B 片段和 pClone30 载体片段的制备

重组质粒 pMD-S-HN-B 和 pClone30 分别用限制性内切酶 *Sfi*I 和 *Bsiw*I 进行双酶切后，胶回收目的片段，分别获得约 2583bp 的 S-HN-B 片段和约 18 000bp 的 Clone30 载体片段。上述胶回收目的片段均与预期条带长度相符，如图 4-51 所示。

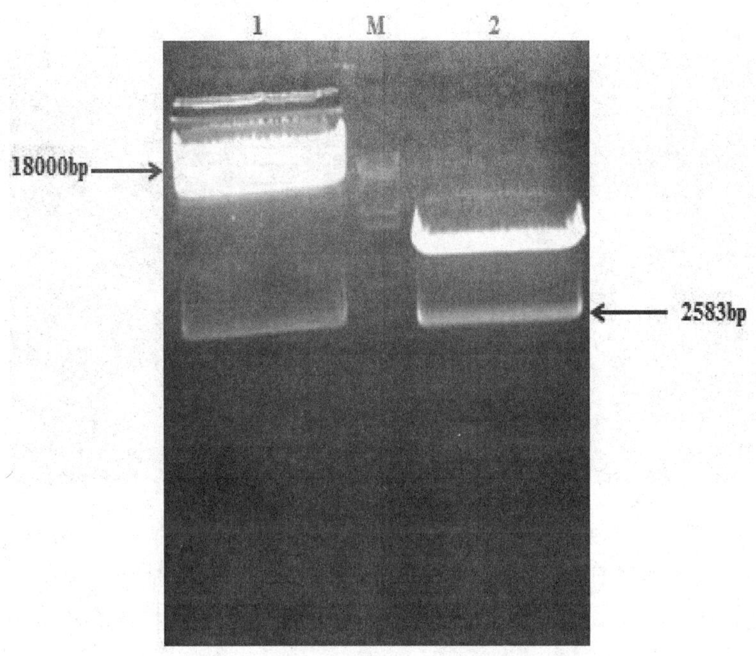

LaneM：λ-*Eco*T14 DNA Marker；Lane1：pClone30 酶切胶回收；Lane2：S-HN-B 片段的酶切胶回收

图 4-51 两种重组质粒的酶切胶回收

4.7.2 阳性重组质粒的鉴定

将制备好的 Clone30 载体片段和 S-HN-B 片段连接过夜后转化于 *Stbl*-2 感受态细胞。提取质粒后，用引物 P8 和 P9 对 pMD-S-HN-B 进行 PCR 鉴定，在约 1716bp 处有一条目的带，与 Anh 株的 *HN* 基因片段长度相符，如图 4-52a 所示。

重组质粒 pClone30-Anh(HN)分别用限制性内切酶 *Mlu*I 和 *Aat*II 进行单酶切鉴定，分别获得与预期条带长度相符的线性片段(见图 4-52b)。

4.8 嵌合病毒的生长动力学测定

为了测定嵌合病毒 rClone30-Anh(HN)在细胞水平的生长能力，将 MOI 为 1 的嵌合病毒 rClone30-Anh(HN)和亲本病毒 rClone30 分别感染接种于六孔细胞培养板的 DF-1 细胞，于 0h、24h、48h、72h 和 96h 五个时间点分别收获感染的细胞上清，每个时间段收获的上清通过 Reed-Muench 法计算每毫升病毒 $TCID_{50}$。如图 4-53 所示，嵌合病毒 rClone30-Anh(HN)仍然保持与亲本株 rClone30 相一致的生长特性。

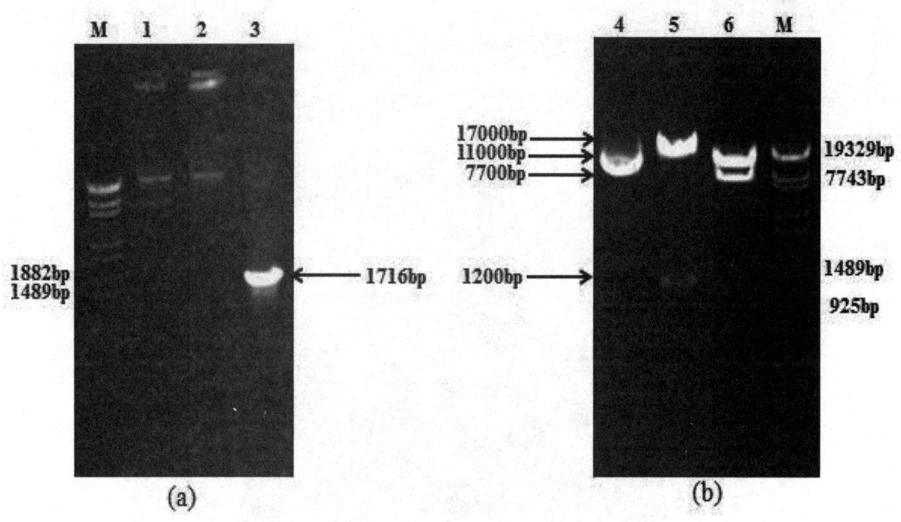

LaneM：λ-*Eco*T14 DNA Marker；Lane1，2，4：重组质粒 pClone30-Anh(HN)；Lane3：pMD-S-HN-B 的 PCR 鉴定；Lane5：pMD-S-HN-B 经 *Mlu*I 单酶切鉴定；Lane6：pMD-S-HN-B 经 *Aat*II 单酶切鉴定

图 4-52 pMD-S-HN-B 的酶切鉴定及 PCR 鉴定

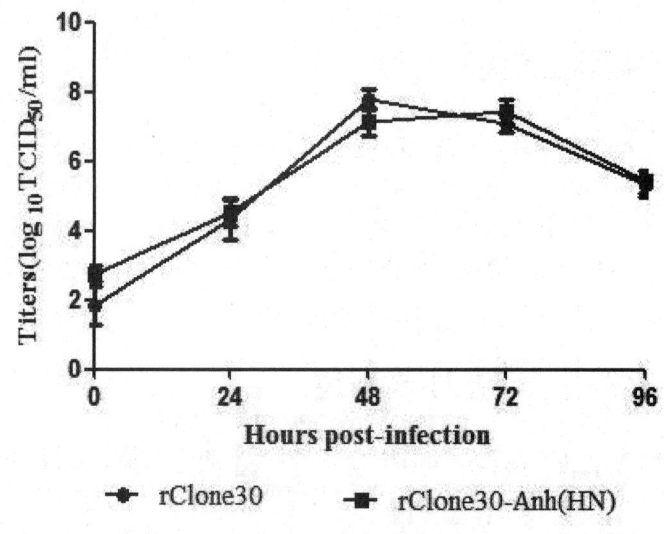

图 4-53 rNDVs 在 DF-1 细胞复制动力学曲线

4.9 DAPI 染色分析嵌合病毒的促融合作用

嵌合病毒感染 48h 后，加入 DAPI 染料进行检测，结果如图 4-54 所示：正常 HepG2 细胞未观察到细胞核聚集的合胞体的形成，亲本株 rClone30 感染细胞后可以观察到形成一定大小的细胞核聚集的合胞体的产生(图中已用红色箭头指出)；而 rClone30-Anh(HN)

感染后的细胞可以更加明显观察细胞核聚集的合胞体产生(图中已用红色箭头指出)。结果显示与亲本株 rClone30 相比，嵌合病毒 rClone30-Anh(HN)具有更加明显的促融合作用。

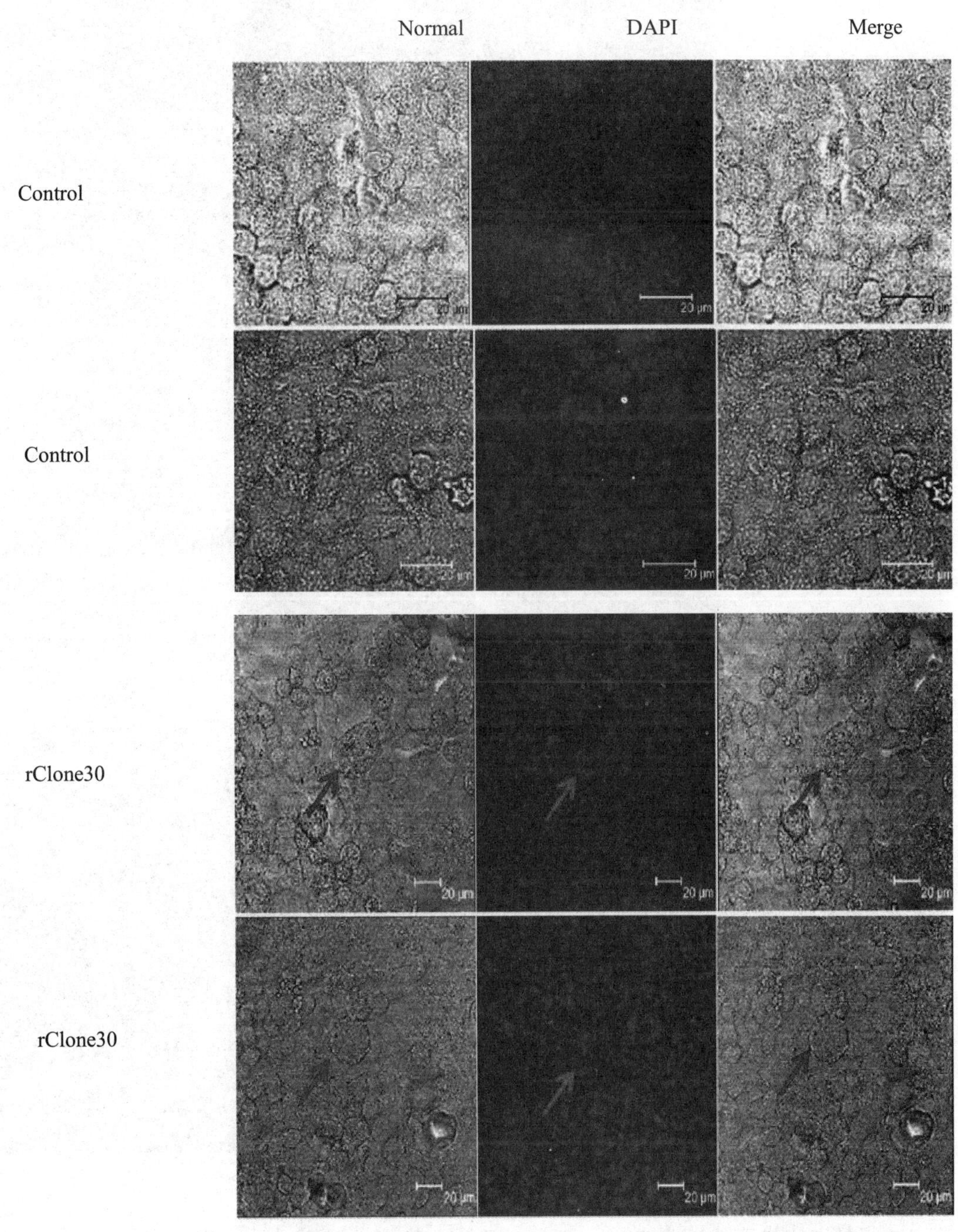

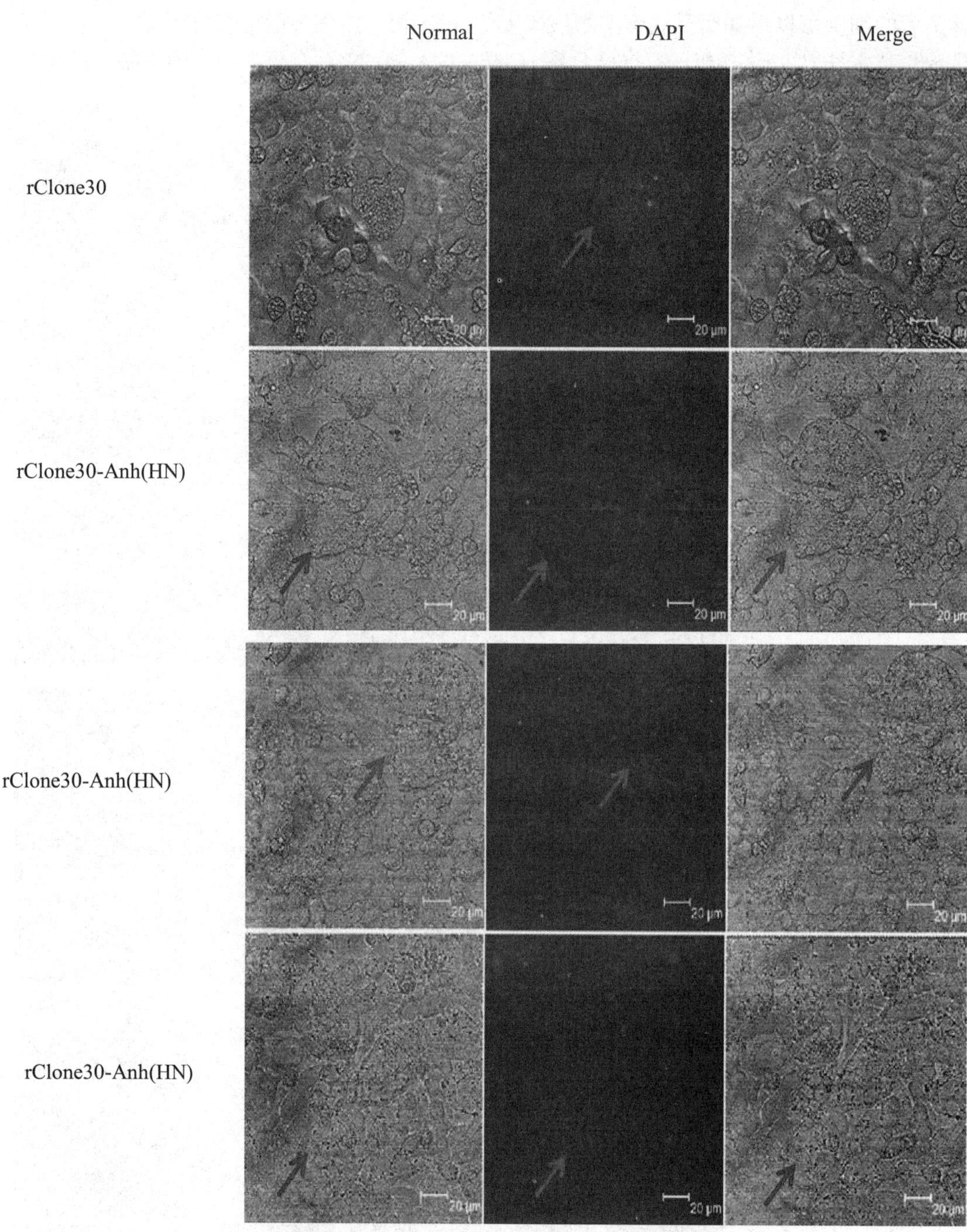

图 4-54 DAPI 染色分析核融合现象

4.10 嵌合病毒的滴度、毒力及致病力的测定

按照标准方法对收获的第三代尿囊液进行 HA 和 HI 试验，如图 4-55 和图 4-56 所示，嵌合病毒 rClone30-Anh(HN)的血凝效价为 2^4，亲本株 rClone30 的血凝效价为 2^9。同时，不含 rClone30-Anh(HN)的平行对照组尿囊液 HA 与 HI 均为阴性，对照组成立。从表 4-2

可以看出，嵌合病毒的毒力及致病力的测定，均与亲本株 rClone30 没有显著区别。嵌合病毒仍然属于弱毒株。

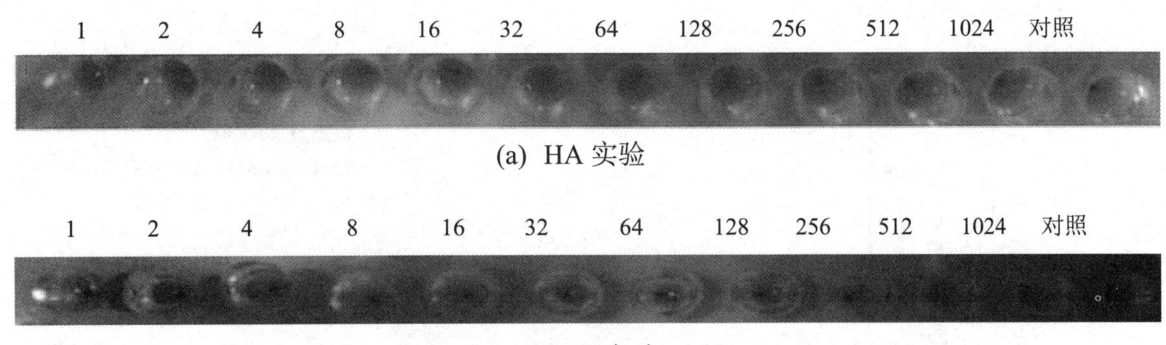

(a) HA 实验

(b) HI 实验

图 4-55 嵌合病毒 rClone30-Anh(HN)的 HA 和 HI 实验

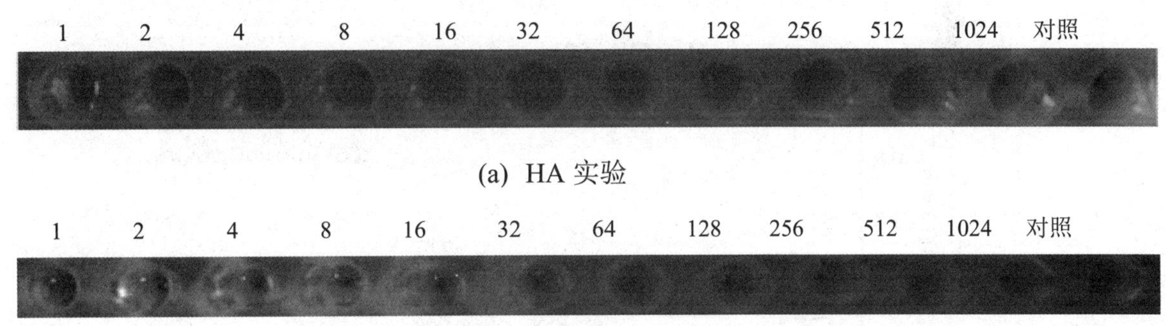

(a) HA 实验

(b) HI 实验

图 4-56 亲本毒株 rClone30 HA 和 HI 实验

表 4-2 病毒滴度、毒力及致病力的比较

Virus	HA	$TCID_{50}$	EID_{50}	MDT	ICPI
rClone30	2^9	1.58×10^8	5×10^9	>120h	0.00
rClone30-Anh(HN)	2^4	3.95×10^7	1.8×10^8	>120h	0.08

4.11 MTT 法检测嵌合病毒对人 HepG2 细胞的抑制作用

新城疫病毒作为溶瘤生物制剂的主要特征是其可以诱导肿瘤细胞发生凋亡，而对人体正常细胞没有毒害作用。本实验检测了 rClone30-Anh(HN)和 rClone30 对人肝癌细胞 HepG2 的抑制作用。

如图 4-57 所示，当分别接种 MOI 为 10 的嵌合病毒和亲本病毒且感染细胞时间为 24h 时，rClone30-Anh(HN)对 HepG2 细胞的抑制率显著高于亲本毒株 rClone30(*P<0.05)；当

接种 MOI 分别为 0.01、0.10 和 1.00 嵌合病毒和亲本病毒且感染时间为 48h 时，本实验构建的嵌合病毒 rClone30-Anh(HN) 对 HepG2 细胞的抑制率显著高于亲本毒株 rClone30(***P*<0.01)。

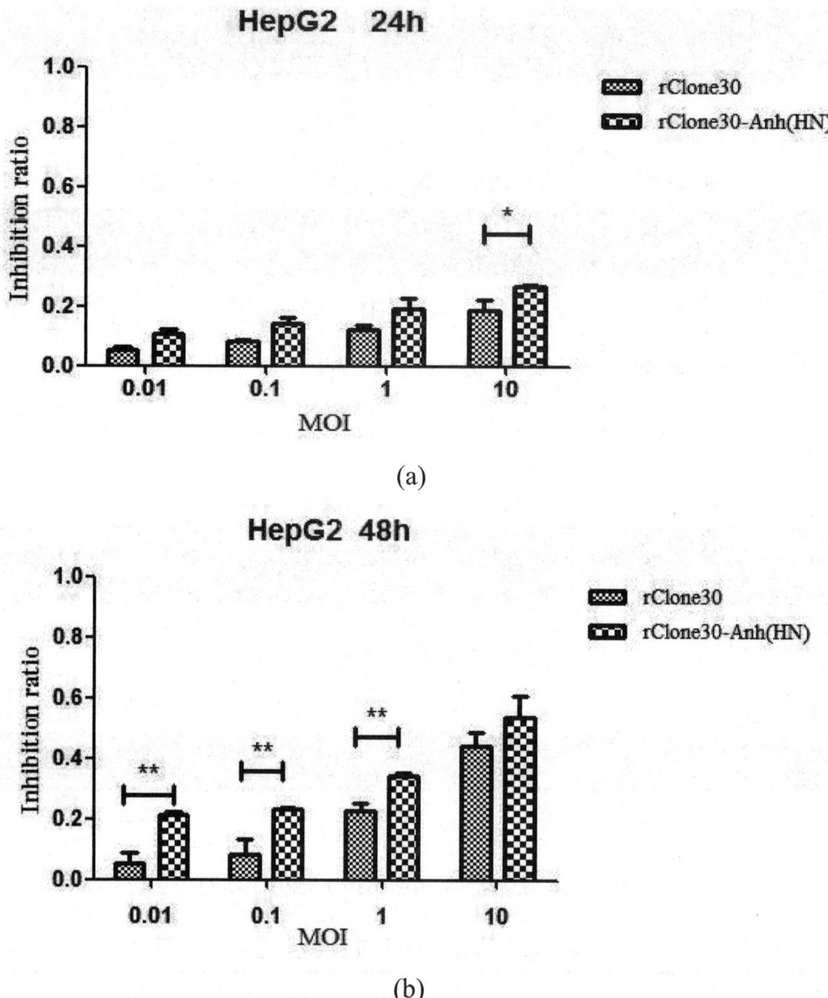

(a)

(b)

a.分别使用 MOI 为 0.01、0.10、1.00 和 10.00 的亲本病毒和嵌合病毒感染 HepG2 细胞且感染时间为 24h 时对肝癌细胞的抑制作用；b.分别使用 MOI 为 0.01、0.10、1.00 和 10.00 的亲本病毒和嵌合病毒感染 HepG2 细胞且感染时间为 48h 时对肝癌细胞的抑制作用

图 4-57 嵌合病毒对肿瘤细胞 HepG2 的抑制效果

4.12 Annexin V-PI 法检测嵌合病毒对 HepG2 细胞的杀伤效果

新城疫病毒可以诱导肿瘤细胞发生凋亡，本实验采用流式细胞仪和 AnnexinV-PI 双染相结合的方法分别检测嵌合病毒 rClone30-Anh(HN)和亲本病毒 rClone30 对人肝癌细胞株 HepG2 的杀伤效果。

检测结果如图 4-58 所示，未经病毒感染的细胞，细胞会有很小部分的凋亡和坏死发生(4%，3.9%)，经 rClone30 感染的这组细胞，其细胞发生凋亡和坏死的百分比稍有提高(接种 MOI 为 0.01 的亲本病毒感染 24 小时的凋亡总数为 4.7%，接种 MOI 为 1 的亲本病毒感染 48 小时的凋亡总数为 7.4%)，而经嵌合病毒 rClone30-Anh(HN)感染后的这组细胞，其诱导肿瘤细胞发生凋亡和坏死的比例明显增加(接种 MOI 为 0.01 的嵌合病毒感染 24 小时的凋亡总数为 8%，接种 MOI 为 1 的嵌合病毒感染 48 小时的凋亡总数为 18.1%)。此实验结果表明，亲本毒株 HN 的替换增强了亲本毒株诱导肿瘤细胞发生凋亡和坏死的几率，从而增加了其对肿瘤细胞 HepG2 的杀伤效果。

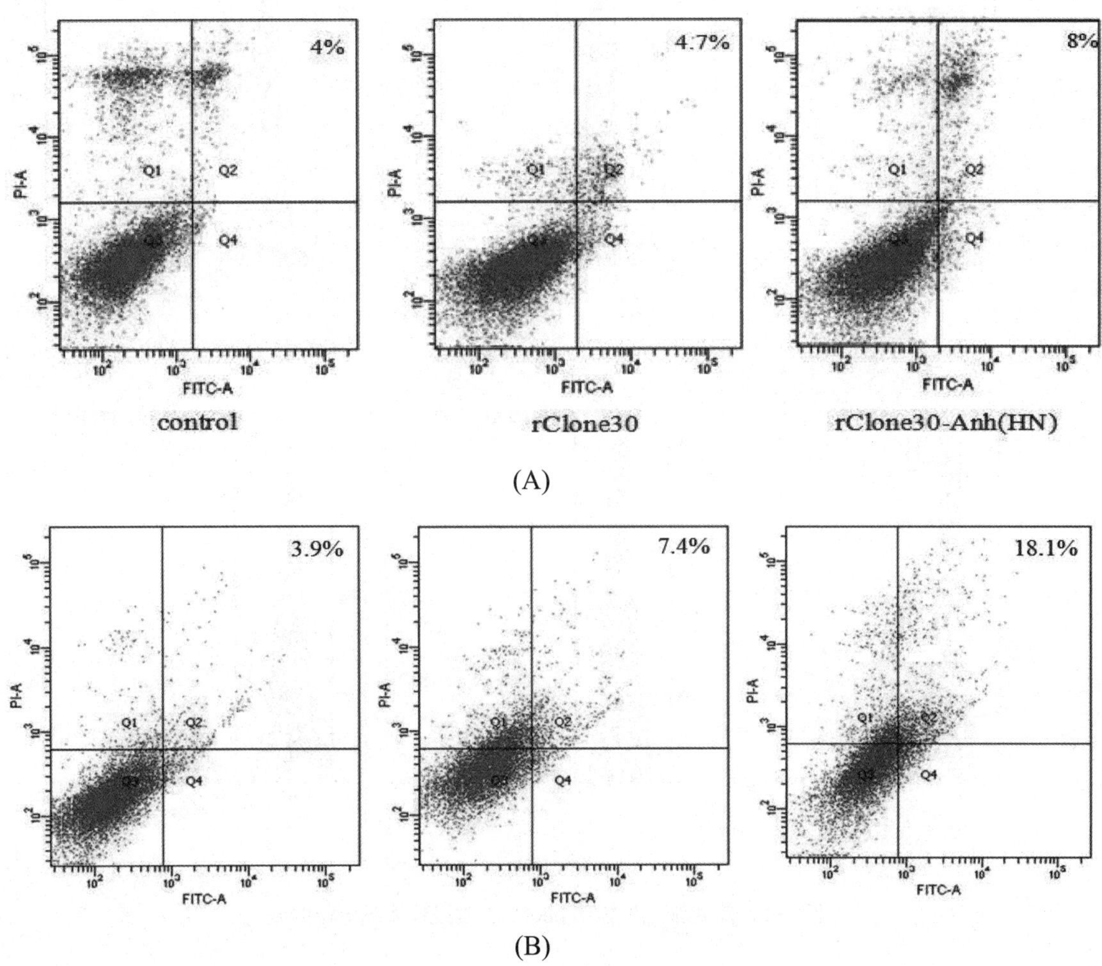

图 4-58 Annexin V-PI 法检测嵌合病毒对肿瘤细胞 HepG2 的杀伤效果

4.13 FACS 检测分析细胞线粒体膜电位

凋亡的发生多与细胞线粒体跨膜电位的变化密切相关。有活性呼吸的线粒体会选择性的螯合一些阳离子型的亲脂荧光染料(如 Rhodamine 123)，一旦线粒体膜电位丧失时，就会被洗掉。因此，这些染料在用流式细胞仪检测线粒体的凋亡改变时可用做指示剂。如图 4-24 所示，接种 MOI 为 1 的嵌合病毒 rClone30-Anh(HN)和亲本病毒 rClone30 感染 48h 时，嵌合病毒组的荧光强度(71.4%)明显低于空细胞对照组(91.4%)和亲本病毒组

(80.6%)。接种 MOI 为 1 的嵌合病毒 rClone30-Anh(HN)和亲本病毒 rClone30 感染 72h 时，嵌合病毒组的荧光强度(38.3%)明显低于空细胞对照组(78.7%)和亲本病毒组(67%)。结果表明与空细胞和亲本病毒组相比，嵌合病毒组的细胞线粒体吸附 Rhodamine 123 的能力明显下降。

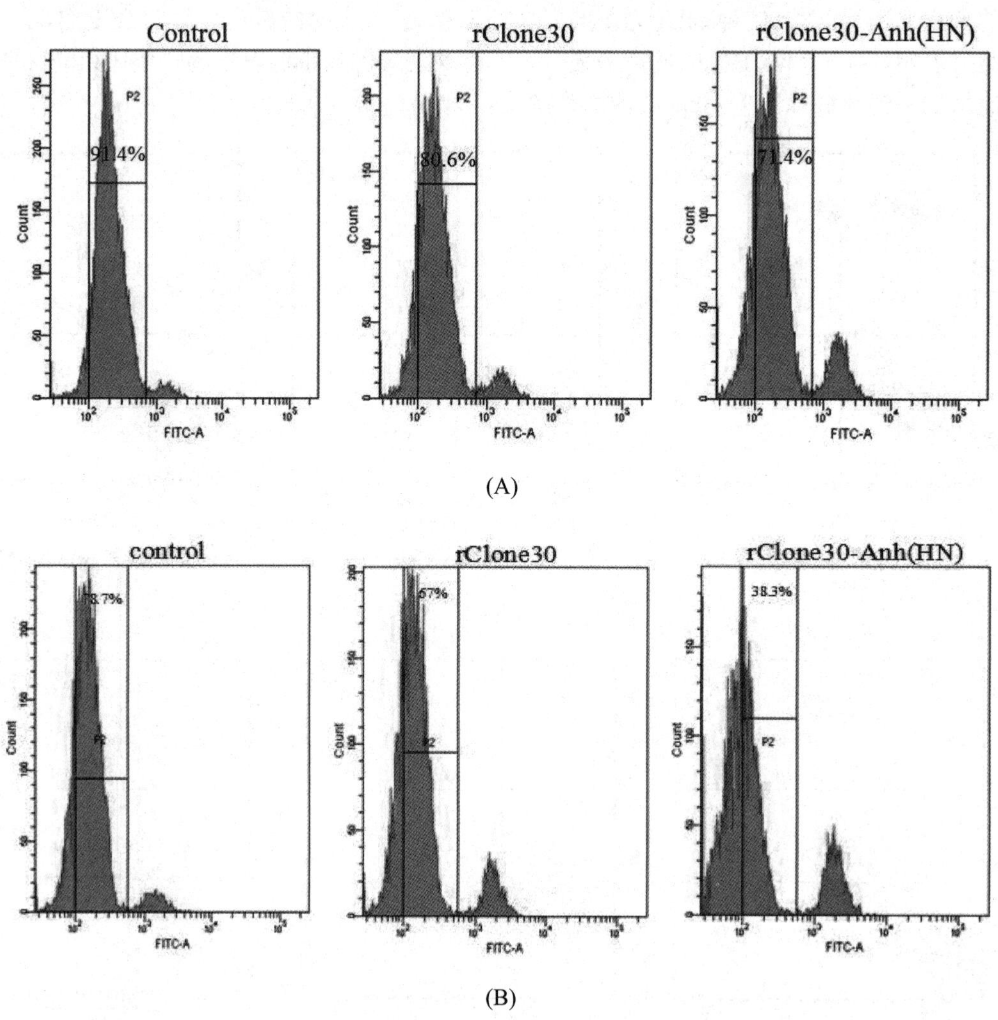

图 4-59 流式细胞仪检测 HepG2 细胞线粒体膜电位的变化

4.14 Caspase3 基因转录水平的检测

分别收获经 rClone30-Anh(HN)以及 rClone30 感染 48h 的 HepG2 细胞，提取细胞总 RNA，反转录成 cDNA 后，利用表 2-3 所示的特异性引物进行实时荧光定量 PCR 扩增，检测 Caspase3 的相对表达情况。如图 4-60 所示，检测 Caspase3 基因表达量的变化倍数。经 rClone30-Anh(HN)感染后 Caspase3 的转录水平几乎是 rClone30 感染细胞的 Caspase3 转录水平的 30 倍(*P<0.05)。每组数据均以三个平行样的平均数和标准差表示，空白为未经病毒感染的 HepG2 细胞对照组，*P<0.05 表示实验组与对照组相比差异显著。

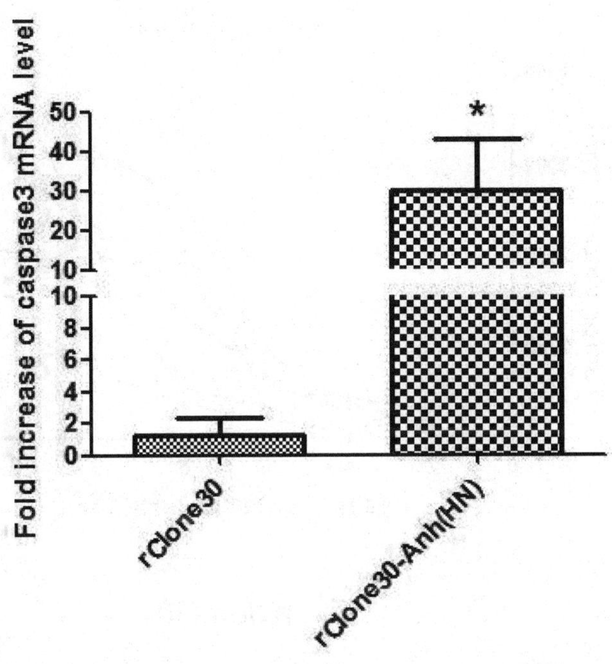

图 4-60 Caspase3 的 mRNA 转录水平的检测

4.15 嵌合病毒对昆明小鼠 H22 肝癌动物模型的抑制作用

当昆明小鼠肿瘤直径达到 6～8mm 时开始注射病毒进行治疗，实验分组按照 3.16 中的方法进行，实验组分别注射 10^7pfu 的 rClone30-Anh(HN)和 rClone30，对照组注射同等体积的无菌尿囊液，每 2d 一次，连续治疗 4 次，隔天测量一次肿瘤的直径，计算出肿瘤的平均半径，应用下列公式计算肿瘤的体积：

$V = 4/3 \times \pi \times r^3$(其中 r 表示肿瘤平均直径，V 表示肿瘤的体积)

从图 4-61(A)中可以看出，尿囊液治疗组，肿瘤体积一直在增加，无治疗或抑制效果。治疗前肿瘤平均体积为 167.29mm^3，治疗后肿瘤的平均体积为 2274.57mm^3。

从图 4-61(B)中可以看出，rClone30 治疗组，经 rClone30 治疗后，肿瘤生长速度变慢，表现出一定的抑制效果。治疗前肿瘤平均体积为 129.70mm^3，治疗后肿瘤的平均体积为 1684.96mm^3。

从图 4-61(C)中可以看出，rClone30-Anh(HN)治疗组，荷瘤鼠注射 rClone30-Anh(HN)后，肿瘤的体积明显变小，治疗效果显著。治疗前肿瘤平均体积为 128.02mm^3，治疗后肿瘤的平均体积为 700.43mm^3。

从图 4-61(D)中可以看出，经统计学分析，嵌合病毒 rClone30-Anh(HN)与对照组尿囊液治疗组相比，差异极显著(**$p<0.01$)；与 rClone30 病毒治疗组比较，差异显著(*$p<0.05$)。

allantoic fluid

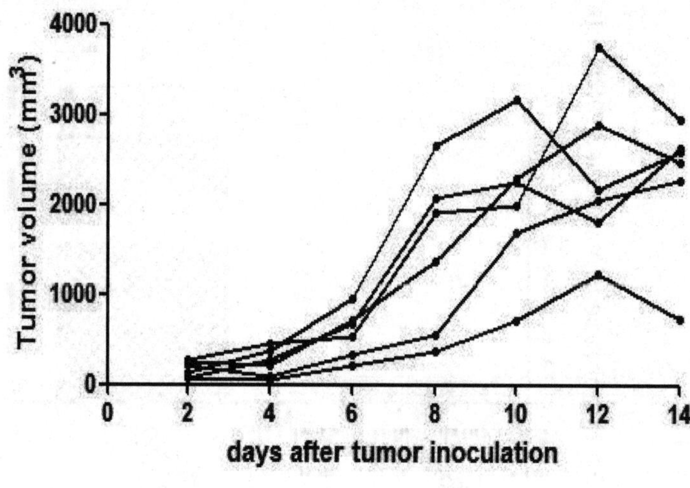
Tumor volume (mm3)
4000
3000
2000
1000
0
0
2
4
6
8
10
12
14
days after tumor inoculation

(A)

rClone30

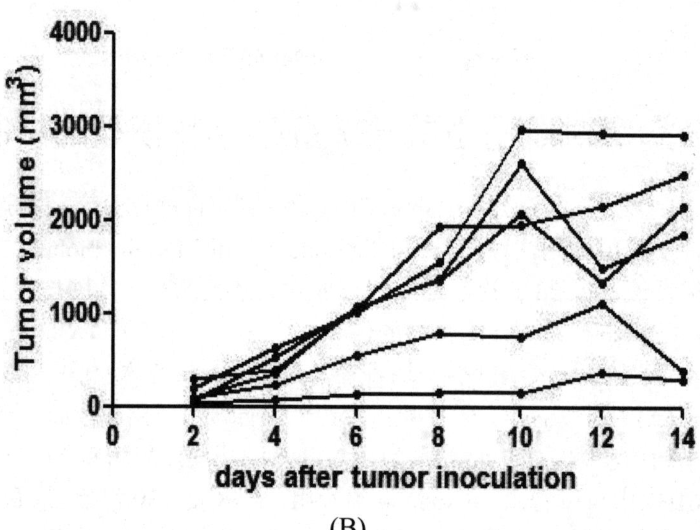
Tumor volume (mm3)
4000
3000
2000
1000
0
0
2
4
6
8
10
12
14
days after tumor inoculation

(B)

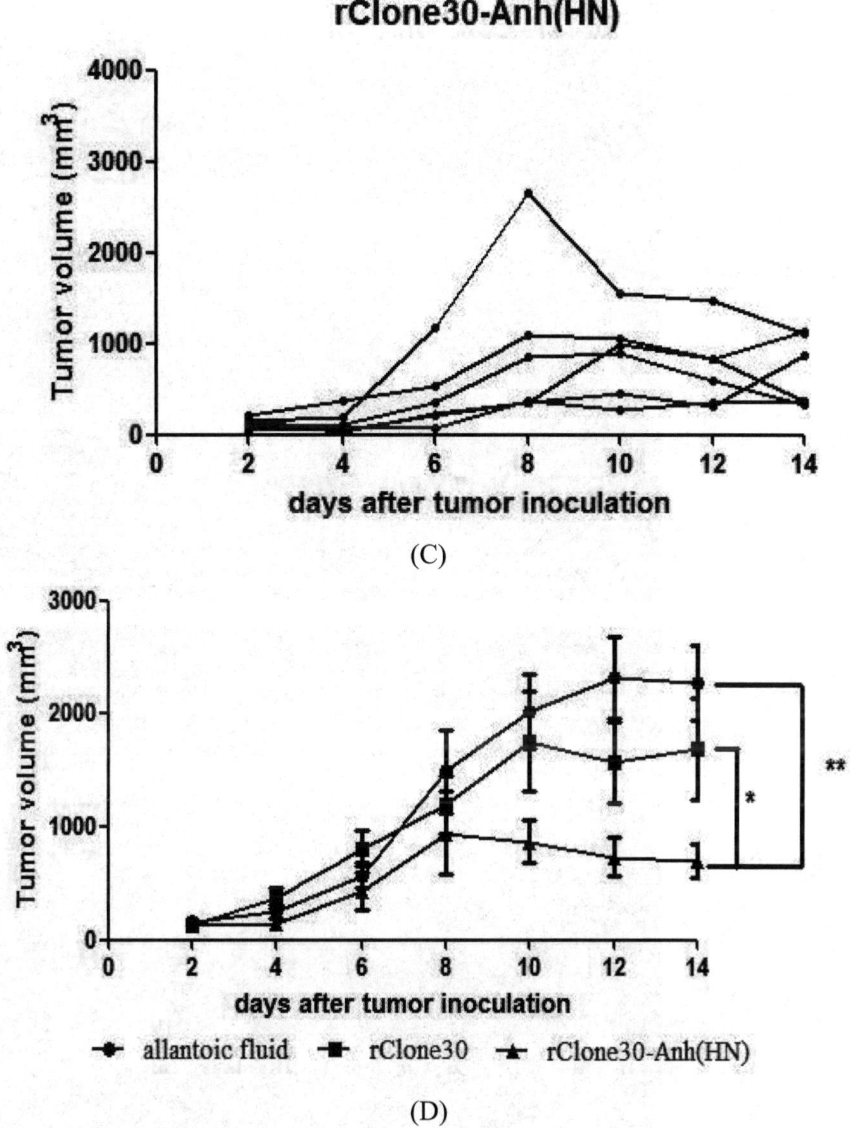

Short-term tumor growth in hepatic carcinoma-bearing mice treated with rClone30 (B), rClone30-Anh(HN) (C) with PBS (A) as control. D: Mean of the tumor volume of H22 model animals after treatment with the recombinant viruses.

图 4-61 rNDVs 治疗的 H22 荷瘤鼠模型肿瘤体积变化

4.16 嵌合病毒治疗后的肿瘤组织切片观察

荷瘤鼠经过嵌合病毒治疗 4 次后，在第一次注射后的第 14d，小鼠经麻醉处死后，剥取肿瘤制备成肿瘤切片，HE 染色分别观察实验组和对照组的肿瘤切片。

如图 4-62 所示，与尿囊液对照组相比较，亲本病毒 rClone30 治疗组的肿瘤组织切片出现轻微坏死，有一定程度的淋巴细胞浸润。而嵌合病毒 rClone30-Anh(HN)治疗组的肿瘤切片有较大程度的淋巴细胞浸润和坏死。

Allantoic fluid

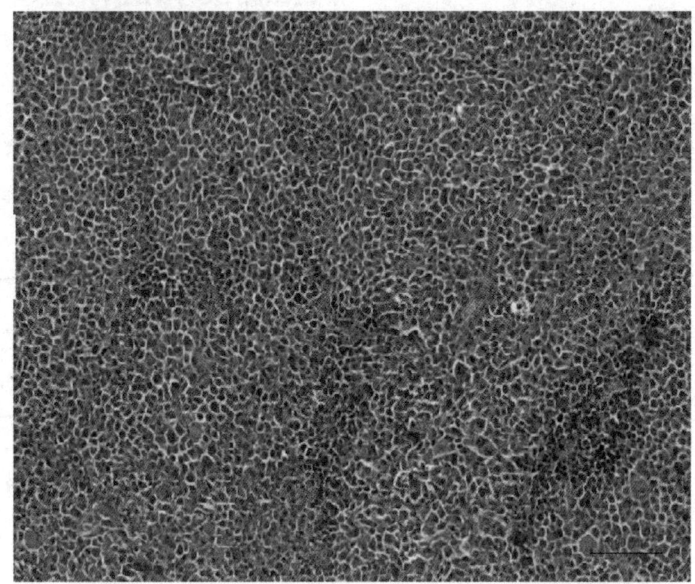

rClone30

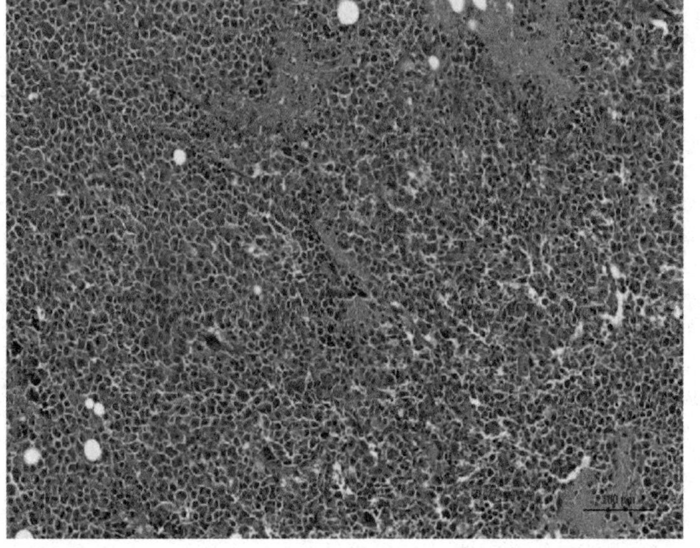

rClone30-Anh(HN)

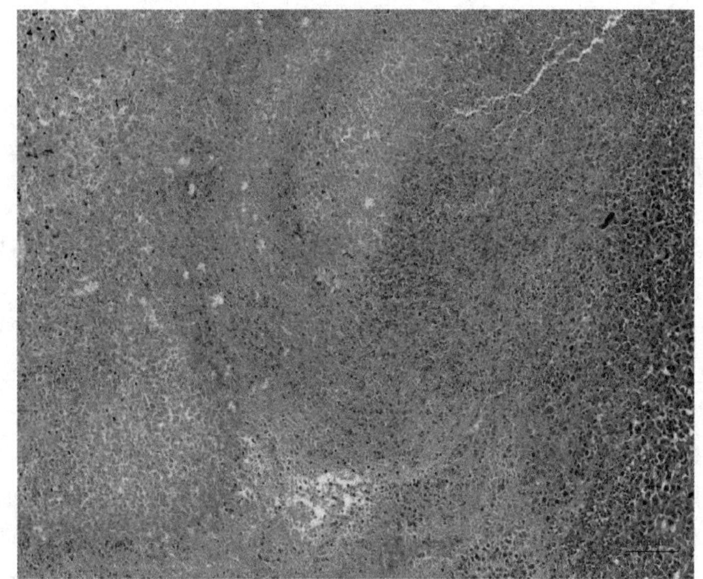

图 4-62 肿瘤组织切片 HE 染色结果

5 讨　论

5.1 NDV 治疗肿瘤的前景

多项研究结果表明 NDV 在不同的实验模型[19, 20, 105-109]和临床实验[2, 110-112]中具有显著的抗肿瘤活性。

NDV 作为一种抗肿瘤的生物制剂，具有众多优势：(1)NDV 特异性感染肿瘤细胞。NDV 表达的非结构蛋白 V 具有种属特异性，其不能够有效抵抗天然宿主之外的 I 型干扰素产生的抗病毒作用。因此，NDV 不感染人的正常细胞，而能够在干扰素通路缺陷的各种肿瘤细胞中高效复制增殖。(2)与其他人源的溶瘤病毒(如：单纯疱疹病毒-1、呼肠孤病毒和溶瘤腺病毒)相比，NDV 属于非人源性病原体，在多数人群的血清中抗体为阴性，保证其作为抗肿瘤制剂的有效性。(3)NDV 具有遗传稳定性，在多年的 NDV 弱毒疫苗应用过程中，尚未报道过病毒毒力自发变强的现象。(4)NDV 为负链 RNA 病毒，在复制的过程中无 DNA 阶段，不会产生病毒基因组整合到宿主细胞 DNA 的风险[110]。(5)NDV 的遗传背景已被详细研究，使用反向遗传操作技术可较为便利的对其基因组进行改造，提高其抗肿瘤能力。

5.2 低致病力，高溶瘤活性是理想的 NDV 抗肿瘤制剂

NDV 作为一种治疗肿瘤的生物制剂，其本身也存在一定的局限性。NDV 的宿主主要是禽类，可在禽类中进行传播。新城疫病毒按照其致病力的不同可分为强毒株（高致死力，致死率 100%）、中毒株（中等致病力，致病率<10%）和弱毒株(引起轻微感染症状，无致死力)。虽然所有 NDV 毒株感染只对个别人产生一过性起结膜炎，但 NDV 强毒株感染鸡群后，可使鸡群全部死亡。中毒株可引起鸡场鸡群或者野生禽类呼吸道中度感染，并导致产蛋鸡的产蛋量降低。弱毒株对接种鸡的健康几乎没有影响。病毒的毒力和其溶瘤能力密切相关，溶瘤能力强的病毒其毒力也较强。在肿瘤治疗时，溶瘤活性强的毒株治疗效果好，但因其毒力也较强，对禽类健康造成威胁。弱毒株的生物安全性多年来已被证实，但其溶瘤活性也相对较弱。因此，寻找毒力低，但溶瘤活性好，或增加弱毒株的溶瘤效果，保持其毒力，是开发理想新城疫溶瘤制剂亟待解决的问题。

大量的研究表明 NDV 的 F 基因是决定病毒溶瘤效果的关键因素。F 基因编码病毒结构蛋白，F 蛋白其碱性氨基酸裂解基序是毒力的先决条件。与弱毒的裂解位点相比，强毒株的裂解位点具有更多的碱性氨基酸，更容易被宿主体内的广泛存在的蛋白酶所裂解，具有更强的细胞感染性。王永等[113]研究表明，将 F 蛋白的碱性裂解位点 GGRQGR↓L 突变为典型的中、高致病力毒株序列 GRRQRR↓F 与非典型的 GRRQRR↓L 序列，毒力均增强。证明 F 基因是病毒毒力的一个重要决定因素。这些研究结果表明改造 F 基因提高 NDV 溶瘤效果的思路是不可行的。

HN 基因编码病毒结构蛋白，HN 蛋白在病毒进入宿主细胞的过程中负责识别细胞表面的唾液酸受体和触发 F 蛋白融合活性。此外，它作为一种神经氨酸酶可以催化唾液酸

水解，帮助出芽的成熟病毒粒子脱离宿主细胞去感染新的细胞。同时，防止病毒发生自我聚集[26]。NDV 的 *HN* 基因的核苷酸序列比较表明，分别为 571aa，577aa 和 616aa 3 种不同的 *HN* 基因型。在一些弱毒株中检测到含 616aa 的 HN 蛋白，需要通过去除小段糖基化末端的片段加工成有生物活性的 HN 蛋白[59, 60 78-80]。有些研究者认为，认为 HN 前体的加工过程对毒力也可能会有影响，然而也有研究表明 HN 开放阅读框的长度与病毒毒力不存在相关性[66]。Estevez 等[42]研究表明，将强毒株 Turkey/U.S. (ND)/43084/92 和 fowl/U.S. (CA)/212519/02 的 *HN* 基因替换到 Anhinga 株 *HN* 基因，Anhinga 株的毒力没有显著增强，证明 *HN* 基因不是病毒毒力的重要决定因素。

Estevez 等[86]研究表明，将中毒株 Anhinga 的 *HN* 基因的 192 位氨基酸由异亮氨酸 I 突变为甲硫氨酸 M，在体外通过毒力和促细胞融合作用的测定，结果为 Anhinga 突变株的促细胞融合能力增强，而毒力没有增加。Estevez 等仅从病毒学的角度分析了 *HN* 基因的突变对致病力的影响，但并未研究 *HN* 基因的突变是否增加溶瘤效果。

随着对 NDV 抗肿瘤机制研究的不断深入，发现 HN 蛋白是 NDV 抗肿瘤的主要功能性蛋白，是 NDV 抗肿瘤作用的主要分子基础。魏林等[114]研究通过构建 NDV 的 *HN* 基因的真核表达质粒 pcDNA3-HN，转染 COS-7 细胞表达，将其注射至小鼠的 B16 黑色素瘤，具有增强荷瘤小鼠 CTL，NK 杀伤活性的作用。而且龚伟等[115]和米志强等[116, 117]的研究工作也表明，含有新城疫病毒 *HN* 基因的重组质粒不但对多种肿瘤细胞具有杀伤作用而且能够抑制实体瘤的生长。2006 年，连海等[118]通过研究真核表达的 NDV HN 蛋白对肿瘤细胞的细胞毒性作用，初步阐明了新城疫病毒诱导人肺癌细胞 SPC-A1 凋亡与线粒体途径的密切相关，为深入研究 *HN* 基因的抗肿瘤机制奠定了基础。2015 年，Dong 等[119]通过腺病毒同时表达 TRAIL 基因和 *HN* 基因，有效的诱导马立克氏病肿瘤细胞系 MSB-1 的凋亡。上述研究结果仅分析了体外真核表达的 *HN* 基因具有诱导肿瘤细胞凋亡的能力，但针对不同毒株 *HN* 基因的替换对 NDV 溶瘤作用的影响方面却未见相关报道。

根据以上 *HN* 基因在细胞水平引起融合和杀伤肿瘤细胞的实验结果，提出以下研究设想：即以弱毒株 Clone30 为骨架，用中毒株 Anhinga 的 *HN* 基因替换弱毒株 Clone30 的 *HN* 基因，通过促进细胞融合来增加受体 NDV 的溶瘤效果，希望不改变受体病毒的致病力。综上所述，通过对 NDV 的优化和改造，保持其弱毒株的毒力水平，增加 NDV 溶瘤效果，获得 NDV 抗肿瘤领域的研究者多年来想要获得的低致病力，高溶瘤效果的 NDV 毒株。

5. 3 中毒株 *HN* 基因增加了弱毒株的溶瘤活性，保持了弱毒株的致病力

根据上述提出的假说，本实验通过反向遗传操作技术构建了由中毒株 Anhinga 的 *HN* 基因替换弱毒株 Clone30 的 *HN* 基因的重组嵌合病毒，分别在细胞水平和动物水平验证其致病力和抑瘤能力。

在细胞水平上，本研究采用多种方法对嵌合病毒 rClone30-Anh(HN)抑制肿瘤细胞生长和凋亡能力进行比较分析。首先，采用 MTT 方法检测 rClone30-Anh(HN)对人肝癌细胞的毒性作用。以不同 MOI(0.01，0.1，1，10)的病毒进行感染，当感染时间为 24h 时，嵌

合病毒 rClone30-Anh(HN)对人肝癌细胞 HepG2 的抑制率(11.0%，14.2%，19.4%，27.0%)均高于亲本毒株 rClone30 的抑制率(5.3%，8.2%，12.4%，18.9%)。当感染时间为 48h 时，嵌合病毒 rClone30-Anh(HN)对人肝癌细胞 HepG2 的抑制率(21.4%，23.0%，34.2%，53.6%)均高于亲本毒株 rClone30 的抑制率(5.2%，8.6%，22.9%，44.5%)。MTT 结果显示与亲本毒株 rClone30 相比，rClone30-Anh(HN)表现出对于人肝癌细胞 HepG2 更为显著的细胞毒性作用。

将 MOI 为 1 的 rClone30-Anh(HN)和 rClone30 分别感染人肝癌细胞 HepG2，48h 后经 DAPI 染色，于激光共聚焦显微镜下观察，与亲本株 rClone30 相比，rClone30-Anh(HN)产生的合胞体较大，促细胞融合能力增强。

Annexin V 为一种 Ca^{2+}依赖性磷脂结合蛋白，与磷脂酰丝氨酸(PS)有高度亲和力，正常的细胞细胞膜中的 PS 存在于脂膜内侧，而早期凋亡的细胞，PS 会由脂膜内侧向外翻转，因此 Annexin V 能够与早期凋亡细胞的胞膜结合，将 Annexin V 用 FITC 进行标记，并作为探针，利用流式细胞仪根据荧光强度就可以检测早期凋亡的细胞。碘化丙啶(Propidium Iodide，PI)为一种核酸染料，它能穿透晚期凋亡的细胞和死细胞的细胞膜而使细胞核染成红色。将 Annexin V 与 PI 一起使用就可以区分出正常细胞、早期凋亡细胞、晚期凋亡细胞和坏死细胞。该种细胞凋亡检测方法简单易操作，而且可以将凋亡各个时期的细胞进行定量。然后采用 Annexin V-FITC 和 PI 双染来检测嵌合病毒 rClone30-Anh(HN)诱导细胞凋亡的能力。将 MOI 为 0.01 rClone30-Anh(HN)和 rClone30 分别感染 HepG2 肿瘤细胞，24h 后采用流式细胞仪进行检测，结果 rClone30-Anh(HN)的诱导肿瘤细胞凋亡总数(8%)分别高于亲本株 rClone30(4.7%)和空细胞(4%)。将 MOI 为 1 rClone30-Anh(HN)和 rClone30 分别感染 HepG2 肿瘤细胞，48h 后采用流式细胞仪进行检测，结果 rClone30-Anh(HN) 诱导肿瘤细胞凋亡总数(18.1%)分别高于亲本毒株 rClone30(7.4%)和空细胞(3.9%)。

为了维持细胞线粒体的功能，线粒体内膜两侧质子和离子采用不对称分布的形式来形成线粒体膜电位 [120]。细胞凋亡过程中，线粒体形态和功能的改变会导致细胞内很多重要事件的发生。膜电位降低是细胞发生凋亡的早期事件，随之将会出现不可逆的细胞凋亡。接着采用 Rhodamine123 染色检测嵌合病毒感染细胞后线粒体膜电位的变化，将 MOI 为 1 的 rClone30-Anh(HN)和 rClone30 分别感染 HepG2 肿瘤细胞，48h 或 72h 采用流式细胞仪进行检测，结果为 rClone30-Anh(HN)的细胞线粒体膜电位(71.4%，38.3%)明显低于亲本毒株 rClone30(80.6%，67%)和空细胞(91.4%，78.7%)。

Capase3 是一类位点特异性蛋白水解酶，位于凋亡信号传导通路的中心，在细胞凋亡的信号转导中起着重要作用[121]。细胞凋亡的实质是通过 Caspase 蛋白的次序激活而实现的。而在诱导凋亡过程中，Caspase3 被认为是该凋亡系统的终末环节，也是促使细胞凋亡的主要效应分子。最后采用 Real-time PCR 方法来检测 caspase3 基因的转录水平，实验结果表明 rClone30-Anh(HN)的 caspase3 的 mRNA 转录水平比 rClone30 的转录水平高了将近 30 倍。通过以上实验结果分析，中毒株 Anh 的 *HN* 基因显著提高了亲本毒株 rClone30 促进细胞融合和诱导肿瘤细胞凋亡的能力。

在动物水平，分别利用 rClone30-Anh(HN)和 rClone30 对 H22 肝癌荷瘤小鼠进行治疗，rClone30-Anh(HN)组的平均肿瘤体积(700.43mm^3)显著小于 rClone30 组(1684.96mm^3)和尿

囊液对照组(2274.57mm^3)的平均肿瘤体积。第一次治疗后的第 14d，将肿瘤组织剥离，进行 HE 染色。与对照组和 rClone30 组相比，肿瘤病理切片结果显示 rClone30-Anh(HN)组的肿瘤内出现了较为严重的 T 细胞浸润和坏死。从上述实验结果可以得出，体内研究证明了使用中毒株 Anh 的 *HN* 基因替换弱毒株 Clone30 的 *HN* 基因，可以显著增强弱毒株 Clone30 的抑制肿瘤体积生长的能力，表明了 *HN* 基因在 NDV 抑制肿瘤的过程中发挥了重要的作用。

本研究用中毒株 Anhinga 的 *HN* 基因替换了弱毒株 Clone30 的 *HN* 基因，构建了嵌合病毒 rClone30-Anh(HN)，从致病力上来说，嵌合病毒 rClone30-Anh(HN)与亲本病毒 rClone30 相似，仍属于弱毒株。从溶瘤活性上来说，嵌合病毒 rClone30-Anh(HN)比亲本病毒 rClone30 的溶瘤活性有了显著的提高。实现构建低致病力，高溶瘤活性的 NDV 毒株的目标，为进一步优化 NDV 溶瘤制剂提供了新的思路。根据以上结果，今后在优化 NDV 的溶瘤效果方面，我们可以把注意力从 F 基因转移到 *HN* 基因上来，如利用强毒株 *HN* 基因来优化弱毒株的溶瘤效果；或者筛选不同 NDV 毒株的 *HN* 基因，为改造 NDV 的溶瘤效果提供材料；或者通过基因突变提高 *HN* 基因的溶瘤效果。这些工作必将为加快 NDV 在肿瘤治疗中的应用提供更多的实验依据和理论基础。

参考文献

[1] HANAHAN D, WEINBERGE R A. The hallmarks of cancer [J]. Cell, 2000, 100(1): 57-70.

[2] LIU T C, GALANIS E, KIIM D. Clinical trial results with Oncolytic virotherapy: a century of promise, a decade of progress [J]. Nat Clin Pract Oncol, 2007, 4(2): 101-117.

[3] RUSSELL S J, PENG K W, BELL J C. Oncolytic virotherapy [J]. Nat Biotechnol, 2012, 30(7): 658-670.

[4] SINKOVICS J G, HORVATH J C. Newcastle disease virus (NDV): a brief history of its Oncolytic strains [J]. J Clin Virol, 2000, 16(1): 1-15.

[5] SINKOVICS J, HORVATH J. New developments in the virus therapy of cancer: a historical review[J]. Intervirology, 1993, 36(4): 193-214.

[6] SOUTHAM C M, MOORE A E. Clinical studies of viruses as antineoplastic agents with particular reference to Egypt 101 virus[J]. Cancer, 1952, 5(5): 1025-1034.

[7] PACK G T. Note on the experimental use of rabies vaccine for melanomatosis[J]. AMA Arch Derm Syphilol, 1950, 62(5): 694-695.

[8] SOUTHAM C M, HILLEMAN M R, WERNER JH. Pathogenicity and Oncolytic capacity of RI virus strain RI-67 in man[J]. J Lab CLin Med, 1956, 47(4): 573-582.

[9] ASADA T. Treatment of human cancer with mumps virus[J]. Cancer, 1974, 34: 1907-1928.

[10] OKUNO Y, ASADA T, YAMANISHI K, et al. Studies on the use of mumps virus for treatment of human cancer[J]. Biken Journal, 1978, 21(2): 37-49.

[11] TAYLOR M W, CORDELL B, SOUHRADA M, et al. Virus as an aid to cancer therapy: regression of solid and ascites tumors in rodents after treatment with bovine enterovirus[J]. Proc Natl Acad Sci USA, 1971, 68(4): 836-840.

[12] HUEBNER R J, ROWE W P, SCHATTEN W E, et al. Studies on the use of viruses in the treatment of carcinoma of the cervix[J]. Cancer, 1956, 9(6): 1211-1218.

[13] WHEELOCK E F, DINGLE J H. Observations on the Repeated Administration of Virus to a Patient with Acute Leukemia. A Preliminary Report[J]. N Engl J Med, 1964, 271: 645-651.

[14] GUO Z S, THOME S H, BARTLETT D L. Oncolytic virotherapy: molecular targets in tumor-selective replication and carrier cell-mediated delivery of Oncolytic viruses[J]. Bichim Biophys Acta, 2008, 1785(2): 217-231.

[15] ZAMARIN D, PALESE P. Oncolytic Newcastle disease virus for cancer therapy: old challenges and new directions[J]. Future Microbiol, 2012, 7(3): 347-367.

[16] YAO F, MURAKAMI N, BLEIZIFFER O, et al. Development of a regulatable oncolytic herpes simplex virus type 1 recombinant virus for tumor therapy[J]. J Virol, 2010, 84(16): 8163-8171.

[17] ADDSION C L, BRAMON J L, HITT M M, et al. Intratumoral coinjection of adenoviral vectors expressing IL-2 and IL-12 results in enhanced frequency of regression of injected and untreated distal tumors[J]. Gene Ther, 1988, 5(10): 1400-1409.

[18] VIGIL A, MARTINEZ O, CHUA M A, et al. Recombinant Newcastle disease virus as a vaccine vector for cancer therapy[J]. Mol Ther, 2008, 16(11): 1883-1890.

[19] BAI F L, TIAN H, YU Y H, et al. TNF-related Apoptosis-inducing Ligand Delivered by rNDV is a Novel Agent for Cancer Gene Therapy[J]. Technol Cancer Res Treat, 2015, 14(6): 737-746.

[20] NIU Z, BAI F, SUN T, et al. Recombinant Newcastle Disease Expressing IL15 Demonstrates Promising Antitumor Efficiency in Melanoma Model[J]. Technol Cancer Res Treat, 2015, 14(5): 607-615.

[21] JANKE M, PEETERS B, DE LEEWE O, et al. Recombinant Newcastle disease virus (NDV) with inserted gene coding for GM-CSF as a new vector for cancer immunogene therapy[J]. Gene Ther, 2007, 14(23): 1639-1649.

[22] 何志旭，赵星. 溶瘤病毒抗肿瘤临床试验的回顾与展望[J]. 中国肿瘤生物治疗杂志, 2014,2: 119-124.

[23] MAYO M A. A summary of taxonomic changes recently approved by ICTV[J]. Arch Virol, 2002, 147(8): 1655-1663.

[24] CZEGLEDI A, UJVARI D, SOMOGYI E, et al. Third genome size category of avian paramyxovirus serotype 1 (Newcastle disease virus) and evolutionary implications[J]. Virus Res, 2006, 120(1-2): 36-48.

[25] STEWARD M, VIPOND I B, MILLAR N S, et al. RNA editing in Newcastle disease

virus[J]. J Gen Virol, 1993, 74: 2539-2547.

[26] LAMB R A, PARKS G D. Paramyxoviridase: the virus and their replication. In Fields Virology[M]. 5 edition. Philadelphia, PA: Lippincott Williams. 2007: 1449-1496.

[27] CURRAN J. Reexamination of the Sendai virus P protein domains required for RNA synthesis: a possible supplemental role for P protein[J]. Virology, 1996, 221(1): 130-140.

[28] CURRAN J, MARQ J B, KOLAKOFSKY D. The sendai virus nonstructural C proteins specifically inhibit viral mRNA synthesis[J]. Virology, 1992, 189(2): 647-656.

[29] HORIKAMI S M, CURRAN J, KOLAKOFSKY D, et al. Complexes of Sendai virus NP-P and P-L proteins are required for defective interfering particle genome replication in vitro[J]. J Virol, 1992, 66(8): 4901-4908.

[30] POCH O, BLUMBERG B M, BOUGUELERET L, et al. Sequence comparison of five polymerases (L protiens) of unsegmented negative-strand RNA viruses: theoretical assignment of functional domains[J]. J Gen Virol, 1990, 71: 1153-1162.

[31] SIDHU M S, MENONNA J P, COOK S D, et al. Canine distemper virus L gene: sequence and comparison with related viruses[J]. Virology, 1993, 193(1): 50-65.

[32] HARRISON M S, SAKAGUCHI T, SCHMITT A P. Paramyxovirus assembly and budding: building particles that transmit infections[J]. Int J Biochem Cell Biol, 2010, 42(9): 1416-1429.

[33] TAKIMOTO T, PORTNER A. Molecular mechanism of paramyxovirus budding[J]. Virus Res, 2004, 106(2): 133-145.

[34] CONZELMANN K K. Genetic manipulation of non-segmented negative-strand RNA viruses[J]. J Gen Virol, 1996, 77(3): 381-389.

[35] PALESE P, ZHENG H, ENGELHARDT O G, et al. Negative-strand RNA viruses: genetic engineering and applications[J]. Proc Natl Acad Sci USA, 1996, 93(21): 11354-11358.

[36] HUANG Z, KRISHNAMURTHY S, PANDA A, et al. High-level expression of a foreign gene from the most 3′-proximal locus of a recombinant Newcastle disease virus[J]. J Gen Virol, 2001, 82(7): 1729-1736.

[37] PEETERS B P, DE LEEUW O S, KOCH G, et al. Rescue of Newcastle disease virus from cloned cDNA: evidence that cleavability of the fusion protein is a major determinant for virulence[J]. J Virol, 1999, 73(6): 5001-5009.

[38] ROMER-OBERDORFER A, MUNDT E, MEBATSION T, et al. Generation of

recombinant Lentogenic Newcastle disease virus from cNDV[J]. J Gen Virol, 1999, 80(Pt11): 2987-2995.

[39] NAKAYA T, CROS J, PARK M S, et al.Recombinant Newcastle disease virus as a vaccine vector[J]. J Virol, 2001, 75(23): 11868-11873.

[40] DORTMANS J C F M, KOCH G, ROTTIER P J M, et al. Virulence of pigeon paramyxovirus type 1 does not always correlate with the cleavability of its fusion protein[J]. J Gen Virol, 2009, 90(11): 2746-2750.

[41] KRISHNAMURTHY S, HUANG Z, SAMAL S K. Recovery of a virulent strain of Newcastle disease virus from cLoned cDNA: expression of a foreign gene results in growth retardation and attenuation[J]. Virology, 2000, 278(1): 168-182.

[42] ESTEVEZ C, KING D, SEAL B, et al. Evaluation of Newcastle disease virus chimeras expressing the Hemagglutinin-Neuraminidase protein of velogenic strains in the context of a mesogenic recombinant virus backbone[J]. Virus Res, 2007(2), 129(2): 182-190.

[43] DE LEEUW O S, KOCH G, HARTOG L, et al. Virulence of Newcastle disease virus is determined by the cleavage site of the fusion protein and by both the stem region and globular head of the haemagglutinin-neuraminidase protein[J]. J Gen Virol, 2005, 86(6): 1759-1769.

[44] LIU Y L, HU S L, ZHANG Y M,et al. Generation of a velogenic Newcastle disease virus from cDNA and expression of the green fluorescent protein[J]. Arch Virol, 2007, 152(7): 1241-1249.

[45] MORALES J A, MERINO E, GARCIA D, et al.Development of recombinant Newcastle disease virus vaccine and its efficacy in a broiler farm[C]. In 1st International Avian Respiratory Disease Conference; May 15-18, 2011. Georgia, USA; 2011: 31-34.

[46] DUARTE E A, NOVELLA I S, WEAVER S C, et al. RNA virus quasispecies: significance for viral disease and epidemiology[J]. Infect Agents Dis, 1994, 3(4): 201-214.

[47] DUARTE E A, NOVELLA I S, LEDESMA S, et al. Subclonal components of consensus fitness in an RNA virus clone[J]. J Virol, 1994, 68(7): 4295-4301.

[48] AHLERT T, SCHIRRMACHER V. Isolation of a human melanoma adapted Newcastle disease virus mutant with highly seLective replication patterns[J]. Cancer Res, 1990, 50(18): 5962-5968.

[49] FABIAN Z, CSATARY C, SZEBERENYI J, et al. P53-independent endoplamic reticulum stree-mediated cytotoxicity of a Newcastle disease virus strain in tumor cell lines[J]. J Virol, 2007, 81(6): 2817-2830.

[50] ELANKUMARAN S, ROCKEMANN D, SAMAL S K. Newcastle Disease Virus exerts oncolysis by both intrinsic and extrinsic caspase-dependent pathways of cell death[J]. J Virol, 2006, 80(15): 7522-7534.

[51] AGHI M, MARTZUA R L. Oncolytic viral therapies-the Clinical experience[J]. Ocogene, 2005, 24(52): 7802-7815.

[52] LORENCE R M, ROBERTS M S, GROENE W S, et al. Replication-competent, Oncolytic Newcastle disease virus for cancer therapy. In: Replication-Competent Viruses for Cancer Therapy[M].(HernaizDriever P, Rabkin SD, eds.), Collection: Monographs in Virology Basel, Karger, 22: 160-182.

[53] SINKOVICS J G, HORVATH J C. Newcastle Disease Virus (NDV): brief history of its Oncolytic strains[J]. J Clin Virol, 2000, 16(1): 1-15.

[54] REICHARD M W, LORENCE R M, CASCINO C J. Newcastle disease virus selectively kills human tumor cells[J]. J Surg Res, 1992, 52(5): 448-453.

[55] APOSTOLIDIS L, SCHIRRMACHER V, FOURNIER P. Host mediated anti-tumor effect of Oncolytic Newcastle Disease Virus after LocoregionaL application[J]. Int J Oncol, 2007, 31(5): 1009-1019.

[56] KLENK H-D, GARTEN W. Host cell proteases controlling virus pathogenicity[J]. Trends Microbiol, 1994, 2(2): 39-43.

[57] GARTEN W, BERK W, NAGAI Y, et al. Mutational changes of the protease susceptibility of glycoprotein F of Newcastle disease virus: effects on pathogenicity[J]. J Gen Virol, 1980, 50(1): 135-147.

[58] MADANSKY C H, BRATT M A. Noncytopathic mutants of Newcastle disease virus[J]. J Virology, 1978, 26(3): 724-729.

[59] NAGAI Y, KLENK H D. Activation of precursors to both glycoproteins of Newcastle disease virus by proteolytic cleavage[J]. Virology, 1977, 77(1): 125-134.

[60] NAGAI Y, KLENK H D, ROTT R. Proteolytic cleavage of viral glycoproteins and its significance for the virulence of Newcastle disease virus[J]. Virology, 1976, 72(2): 494-508.

[61] CHOPPIN PW, SCHEID A. The role of viral glycoproteins in adsorption, penetration, and pathogenicity of viruses[J]. Rev Infect Dis, 1980, 2(1): 40-61.

[62] ROTT R, KLENK H D. Molecular basis of infectivity and pathogenicity of Newcastle disease virus. In Newcastle disease[M]. Boston: Kluwer Academic Publishers; 1988: 98-112.

[63] GLICKMAN R L, SYDDALL R J, LORIO R M, et al. Quantitative basic residue requirements in the determinant of virulence for Newcastle disease virus[J]. J Virol, 1988, 62(1): 354-356.

[64] OGASAWARA T, GOTOH B, SUZUKI H, et al. Expression of factor X and its significance for the determination of paramyxovirus tropism in the chick embryo[J]. EMBO J, 1992, 11(2): 467-472.

[65] PANDA A, HUANG Z, ELANKUMARAN S, et al. Role of fusion protein cleavage site in the virulence of Newcastle disease virus[J]. Microbial Pathogen, 2004, 36(1): 1-10.

[66] ROMER-OBERDORFER A, WERNER O, VEITS J, et al. Contribution of the length of the HN protein and the sequence of the F protein cleavage site to Newcastle disease virus pathogenicity[J]. J Gen Virol, 2003, 84(11): 3121-3129.

[67] HU S, MA H, WU Y, et al. A vaccine candidate of attenuated genotype VII Newcastle disease virus generated by reverse genetics[J]. Vaccine, 2009, 27(6): 904-910.

[68] SAMAL S, KUMAR S, KHATTAR SK, et al. A singal amino acid change, Q114R, in the cleavage-site sequence of Newcastle disease virus fusion protein attenuates viral replication and pathogenicity[J]. J Gen Virol, 2011, 92: 2333-2338.

[69] WAKAMATSU N, KING D J, SEAL B S, et al. The effect on pathogenesis of Newcastle disease virus LaSota strain from a mutation of the fusion cleavage site to a virulent sequence[J]. Avian Dis, 2006, 50(4): 483-488.

[70] OLAV S L, LEO H, GUUS K, et al. Effect of fusion protein cleavage site mutations on virulence of Newcastle disease virus: non-virulent cleavage site mutants revert to virulence after one passage in chiken brain[J]. J Gen Virol, 2003, 84(2): 475-484.

[71] SUBBIAH M, KHATTAR S K, COLLINS P L, et al. Mutations in the fusion protein cleavage site of avian paramyxovirus serotype 2 increase cleavability and ayncytium formation but do not increase viral virulence in chickens[J]. J Virol, 2011, 85(11):

5394-5405.

[72] ALEXANDER D J, PARSONS G. Avian paramyxovirus type 1 infections of racing pigeons: 2 pathogenicity experiments in pigeons and chikens[J]. Vet Rec, 1984, 114(19): 466-469.

[73] COLLIN M S, STRONG I, ALEXANDER D J. Evaluation of the molecular basis of pathogenicity of the variant Newcastle disease viruses termed"piogen PMV-1 viruses"[J]. Arch Virol, 1994, 134(3-4): 403-411.

[74] KOMMERS G D, KING D J, SEAL B S, et al.Virulence of pigeon-origin Newcastle disease virus isolates for domestic chikens[J]. Avian Dis, 2001, 45(4): 906-921.

[75] KOMMERS G D, KING D J, SEAL B S, et al. Virulence of six heterogeneous-origin Newcastle disease virus isolates before and after sequential passages in domestic chickens[J]. Avian Pathol, 2003, 32(1): 81-93.

[76] COLLINS M S, STRONG I, ALEXANDER D J. Pathogenicity and phylogenetic evaluation of the variant Newcastle disease viruses termed" pigeon PMV-1 viruses" based on the nucleotide sequence of the fusion protein gene[J]. Arch Virol, 1996, 141(3-4): 635-647.

[77] DORTMANS J C F M, KOCH G, ROTTIER P J M, et al. A comparative infection study of pigeon and avian paramyxovirus type 1 viruses in pigeons: evaluation of Clinical signs, virus shedding and seroconversion[J]. Avian Patho, 2011, 40(2): 125-130.

[78] SATO H, HATTORI S, ISHIDA N, et al. Nucleotide sequence of the hemagglutinin-neuraminidase gene of Newcastle disease virus avirulent strain D26: evidence for a longer coding region with a carboxyl terminal extension as compared to virulent strains[J]. Virus Res, 1987, 8(3): 217-232.

[79] GORMAN J J, NESTOROWICZ A, MITCHELL S J, et al. Characterization of the sites of proteolytic activation of Newcastle disease virus membrane glycoprotein precursors[J]. J Biol Chem, 1988, 263(25): 12522-12531.

[80] GARTEN W, KOHAMA T, KLENK H D. Proteolytic activation of the haemagglutinin-neuraminidase of Newcastle disease virus involves loss of glycopeptide[J]. J Gen Virol, 1980, 51(Pt1):207-211.

[81] HUANG Z, PANDA A, ELANKUMARAN S, et al. The hemagglutinin-neuraminidase protein of Newcastle disease virus determines tropism and virulence[J]. J Virol, 2004,

78(8): 4176-4184.
[82] WAKAMATSU N, KING D J, SEAL B S, et al. The pathogenesis of Newcastle disease: a comparison of selected Newcastle disease virus wild-type strains and their infectious clones[J]. Virology, 2006, 353(2): 333-343.
[83] KHATTAR S K, YAN Y, PANDA A, et al. A Y526Q mutation in the Newcastle disease virus HN protein reduces its functional activities and attenuates virus replication and pathogenicity[J]. J Virol, 2009, 83(15): 7779-7782.
[84] SUSTA L, MILLER P J, AFONSO C L, et al. Pathogenicity evaluation of different Newcastle disease virus chimeras in 4-week-old chickens[J]. Trop Anim Health Prod, 2010, 42(8): 1785-1795.
[85] KIM S H, SUBBIAH M, SAMUEL A S, et al. RoLes of the fusion and hemagglutinin-neuraminidase proteins in replication, tropism, and pathogenicity of avian paramyxovirus[J]. J Viro, 2011, 85(17): 8582-8596.
[86] ESTEVEZ C, KING D J, LUO M, et al. A single amino acid substitution in the haemagglutinin-neuraminidase protein of Newcastle disease virus results in increased fusion promotion and decreased neuraminidase activities without changes in virus pathotype[J]. J Gen Virol, 2011, 92(3): 544-551.
[87] VIGERUST D J, SHEPHERD V L. Virus glycosylation: role in virulence and immune interactions[J]. Trends Microbiol, 2007, 15(5): 211-218.
[88] PANDA A, ELANKUMARAN S, KRISHNAMUTHY S, et al. Loss of N-Linked glycosylation from the hemagglutinin-neuraminidase protein alters virulence of Newcastle disease virus[J]. J Virol, 2004, 78(10): 4965-4975.
[89] HANSON R P. Newcastle disease. In Isolation and Identification of Avian Pathogens[M]. Kennett Square: American Association of Avian Pathologists; 1975: 160-173.
[90] SCHLOER G M, HANSOM R P. Relationship of plaque size and virulence for chickens of 14 representative Newcastle disease virus strains[J]. J Virol, 1968, 2(1): 40-47.
[91] REEVE P, POSTE G. Studies on the cytopathogenicity of Newcastle disease virus: relation between virulence, polykaryocytosis and plaque size[J]. J Gen Virol, 1971, 11(1): 17-24.
[92] YAN Y, SAMAL S K. Role of intergenic sequences in Newcastle disease virus RNA

transcription and pathogenesis[J]. J Virol, 2008, 82(3): 1323-1331.

[93] DORTMANS J C F M, ROTTIER P J M, KOCH G, et al. The viral replication complex is associated with the virulence of Newcastle disease virus[J]. J virol, 2010, 84(19): 10113-10120.

[94] HORIMOTO T, KAWAOKA Y. Biologic effects of introducing additional basic amino acid residues into the hemagglutinin cleavage site of a virulent avian influenza virus[J]. Virus Res, 1997, 50(1): 35-40.

[95] MOORE B D, BALASURIYA U B, HEDGES J F, et al. Growth characteristics of a highly virulent, a moderately virulent, and an avirulent strain of equine arteritis virus in primary quine endothelial cells are predictive of their virulence to horses[J]. Virology, 2002, 298(1): 39-44.

[96] TEARLE J P, SMITH K C, PLATT A J, et al. In vitro characterization of high and low virulence isolates of equine herpesvirus-1 and -4[J]. Res Vet Sci, 2003, 75(1): 83-86.

[97] HANSON R P, BRANDLY C A. Identification of vaccine strains of Newcastle disease virus[J]. Science (New York, NY), 1955, 122(3160): 156-157.

[98] ALEXANDER D J. Newcastle disease diagnosis. In Newcastle Disease[M]. Boston: Kluwer Academic Publishers. 1988: 147-160.

[99] ALEXANDER D J. Newcastle disease[M]. Chapter 2.3.14. Manual of Diagnostic Tests and Vaccine fro Terrestrial Animals Paris, France: OIE, the world Organisation for Animal Health. 2009: 576-589.

[100] PERSON J E, SENNE D A, ALEXANDER D J, et al. Characterization of Newcastle disease virus (avian paramyxovirus-1) isolated from pigeons[J]. Avian Dis, 1987, 31(1): 105-111.

[101] ALEXANDER D J, GOUGH R E. Newcastle disease, other avian paramyxoviruses and pneumovirus infections[M]. In Disease of Poultry. 11 edition. Iowa State University Press USA. 2003: 63-92.

[102] TERREGINO C, CAPUA I. Conventional diagnosis of Newcastle disease virus infection. In Avian Influenza and Newcastle Disease[M]. Milan: Springer-Verlag. 2009: 123-125.

[103] SUSTA L, MILLER P J, BROWN C C. Clinicopathological characterization in poultry of three strains of Newcastle disease virus isolated from recent outbreaks[J]. Vet Pathol, 2011, 48(2): 349-360.

[104] HUANG Z, KRISHNAMURTHY S, PANDA A, et al. Newcastle disease virus V protein is associated with viral pathogenesis and functions as an alpha interferon antagonist[J]. J Virol, 2003, 77(16): 8676-8685.

[105] ALTOMONTE J, MAROZIN S, SCHMID R M, et al. Engineered Newcastle Disease Virus as an Improved Oncolytic Agent Against Hepatocellular Carcinoma[J]. Mol Ther, 2010, 18(2): 275-284.

[106] STEINER H H, BONSANTO M M, BECKHOVE P, et al. Antitumor Vaacination of Patients With GLioblastoma Multiforme: A Pilot Study to Assess Feasibility, Safety, and Clinical Benefit[J]. J Clin Oncol, 2004, 22(21): 4272-4281.

[107] KARCHER J, DYCKHOFF G, BECKHOVE P, et al.Antitumor Vaccination in Patients with Head and Neck Squamous Cell Carcinomas with Antologous Virus-Modified Tumor Cells[J]. Cancer Res, 2004, 64(21): 8057-8061.

[108] Bai F L, YU Y H, TIAN H, et al. Genetically engineered Newcastle disease virus expressing interleukin-2 and TNF-related apoptosis-inducing ligand for cancer therapy[J]. Cancer Biol Ther, 2014, 15: 1226-1238.

[109] REN G, TIAN G, LIU Y, et al. Recombinant Newcastle Disease Virus Encoding IL-12 and/or IL-2 as Potential Candidate for Hepatoma Carcinoma Therapy[J]. Technol Cancer Res Treat, 2016, 15(5): NP83-94.

[110] LAM H Y, YEAP S K, RASOLI M, et al. Safety and Clinical Usage of Newcastle Disease Virus in Cancer Therapy[J]. J Biomed Biotechnol, 2011, 718710.

[111] CASSEL W A, MURRAY D R. Treatment of stage II malignant melanoma patients with a Newcastle disease virus oncolysate[J]. Nat Immun Cell Growth Regul, 1988, 7: 351-352.

[112] CASSEL W A, MURRAY D R. A ten-year follow-up on stage II malignant melanoma patients treated postsurically with Newcastle disease virus oncolysate[J].Med Oncol Tumor Pharmacother, 1992, 9(4): 169-171.

[113] 王永, 葛金英, 解希帝, 等. 新城疫 F 蛋白裂解位点修饰及外源基因的插入对新城疫 LaSota 疫苗株致病力的影响[J]. 微生物学报, 2008, 48: 362-368.

[114] 魏林, 戴建新, 孙树汉.新城疫病毒 *HN* 基因真核表达质粒的构建及其抗肿瘤作用的

初步研究[J]. 第二军医大学学报, 2000, 21: 515-518.

[115] 龚伟, 薛丽娟, 孙大辉, 等. pIRVVP3/pIRVHNVP3 核酸表达质粒的构建及对肿瘤细胞的影响[J]. 免疫学杂志, 2002, 18: 30-32.

[116] 米志强, 金宁一, 龚伟, 等. pVVP3 和 pVHN 核酸疫苗的构建、表达及对肿瘤细胞的影响[J]. 中国生物化学与分子生物学报, 2003, 19: 704-708.

[117] 米志强, 金宁一, 龚伟, 等. 新城疫病毒 *HN* 基因构建的核酸疫苗抗肿瘤作用研究[J]. 中国肿瘤生物治疗杂志, 2003, 10: 93-96.

[118] 连海, 金宁一,李霄, 等. 新城疫病毒 *HN* 基因诱导人肺癌细胞 SPC-A1 凋亡的作用机制[J]. 中国生物化学与分子生物学报, 2006, 22: 222-227.

[119] DONG D, GAO J, SUN Y, et al. Adenovirus-mediated coexpression of the TRAIL and HN genes inhibits growth and induces apoptosis in Mareks disease tumor cell line MSB-1[J]. Cancer Cell Int, 2005, 15: 20.

[120] ZAMZAMI N, MARCHETTI P, CASTEDO M, et al. Sequential reduction of mitochondrial transmembrane potential and generation of reactive oxygen species in early programmed cell death[J]. J Exp Med, 1995, 182(2): 367-377.

[121] THORNBERRY N A, LAZEBNIK Y. Caspases: enemies within[J]. Science, 1998, 281: 1312-1316.

附　录

附录 A

LB 培养液及培养基：每 1 L LB 培养液加入酵母提取物、胰蛋白胨、NaCl 分别为 5 g、10 g、10 g，用 1 0 mol/L NaOH 调 pH 值至 7.2～7.4，15 磅高压灭菌 30 min。若制备固体培养基，则在 1 L LB 培养液中加入终浓度为 1.5～2.0%的琼脂，15 磅高压灭菌 30 min。

50×TAE（Tris-乙酸电泳缓冲液）：Tris-Cl 242 g，冰乙酸 57.1 g，EDTA（0.5 mol/L pH 8.0）100 mL，加去离子水定容至 1000 mL，用时稀释成 1×TAE。

EB（溴化乙锭）：在 100 mL 蒸馏水中加入 1g EB，磁力搅拌数小时以确保其完全溶解，然后用锡箔包裹容器或转移至棕色瓶中，保存于室温。

PBS（磷酸盐缓冲液，pH 7.4）（1L）：在 800ml 去离子水中溶解 8g NaCl，0.2g KCl，1. 44g Na_2HPO_4 和 0.24g KH_2PO_4，用 HCl 调节溶液的 pH 值至 7. 4，加去离子水定容至 1L，在 15 磅高压下蒸汽灭菌 30 min，保存于室温，细胞实验用 0.22μm 滤膜过滤除菌分装备用。

0.5%中性红溶液：称取0.5g中性红，加少量双蒸水溶解后，再加水至100ml，用0.22μm滤膜过滤除菌分装避光保存备用。

0.4%台盼兰溶液：称取0.4g台盼兰，加少量双蒸水溶解后，再加水至50ml，离心取上清，再加入1.8%NaCl溶液至100ml，过滤除渣，装入瓶内室温保存。

MTT 溶液：取 MTT 250mg 溶解于 50m1 PBS 中，置于电磁力搅拌器充分搅拌，用 0.2μm 微孔滤膜过滤除菌后，分装，4℃闭光冰箱保存。

1M DTT（二硫苏糖醇）：用 20 ml 0.01mol/L 乙酸钠溶液（pH 5.2）溶解 3.09 g DTT 过滤除菌后分装成 1mL 小份贮存于-20℃。

PBST：在 PBS（pH 7.4）中加入 0.05% Tween20 即为 PBST。

封闭液（20 ml）：1 g 脱脂乳，溶解于 20 mL PBS（pH 7.4），现用现配。

TBS 缓冲溶液：6.06 g Tris（50 mmol/L），8.78 g NaCl（150 mmol/L）以及 0.5 g 叠氮化钠（0.05%）溶于 1 L 蒸馏水中，并用 HCl 调节 pH 7.4。

200 mmol/L 谷氨酰胺：谷氨酰胺 2.922 g 溶于 80 mL 灭菌的 Mill-Q 超纯水中，定容至 100 mL，用 0.22 μm 滤膜过滤除菌，-20℃保存。

1 mol/L HEPES 溶液：将 23.83 g HEPES 溶于 80 ml 灭菌的 Mill-Q 超纯水中，用 NaOH 调 pH（6.8～8.2）值，定容至 100 mL，用 0.22 μm 滤膜过滤除菌，-20℃保存。

FBS 胎牛血清（TBD）：将血清置于 56℃水浴锅中 30 min，热灭活后，分装，-20℃保存备用。

CS 小牛血清（GIBCO）：将血清置于 56℃水浴锅中 30 min，热灭活后，分装，-20℃保存备用。

Amp/Streptomycin 贮存液（1000×）：每 1 mL 三蒸水中加青/链霉素各 100 mg，过滤，分装，-20℃保存，使用时 1000 倍稀释，即每 100 mL 培养基中加 100 μL 青霉素/链霉素贮存液。

L-glutamine：2.922 2 g 溶于 100 mL（50℃三蒸水中），过滤，分装，-20℃保存。使用时每 100 mL 培养基补加 1 mL。

DMEM高糖培养基：三蒸水1 L，DMEM培养基粉末1袋，$NaHCO_3$ 3.7 g，Hepes 2.38 g，调pH值至7.2，Amp μg/mL，Streptomycin 100 μg/mL，用0.2 μm滤器过滤除菌，4℃保存。

DMEM 生长培养基：DMEM 高糖培养基调 pH 值至 7.2，新生小牛血清 10%，青霉素 100 μg/mL，Streptomycin 100 μg/mL，用 0.2 μm 滤器过滤除菌，4℃保存。

0.25%胰蛋白酶消化液：DMEM高糖培养基100ml，胰蛋白酶0.25 g，Amp μg/mL，Streptomycin 100 μg/mL，用0.2 μm滤器过滤除菌，分装，-20℃保存。

细胞冻存液：DMEM 高糖培养基调 pH 值至 7.2，新生小牛血清 10%，Amp μg/mL，Streptomycin 100 μg/ml，DMSO 5%，用 0.2 μm 滤器过滤除菌，-20℃保存。

柠檬酸缓冲液（pH 4.4）:柠檬酸 2.1 g，柠檬酸钠 2.94 g，分别用生理盐水定容至 100 ml，使其各自的浓度均为 0.1 mol/L，取上述柠檬酸溶液 28 ml，柠檬酸钠溶液 22 ml，充分混匀，4℃冰箱保存备用。

附录 B

F1 的 cDNA 核苷酸序列：

gaagcggccgctaatacgactcactatagggaccaaacagagaatccgtaagttacgataaaaggcgaaggagcaattgaagtcgcacgggtagaaggtgtgaatctcgagtgcgagcccgaagcacaaactcgagaaagccttctgccaacatgtcttccgtatttgatgagtacgaacagctcctcgcggctcagactcgccccaatggagctcatggagggggagaaaaagggagtaccttaaaagtagacgtcccggtattcactcttaacagtgatgacccagaagatagatggagctttgtggtattctgcctccggattgctgttagcgaagatgccaacaaaccactcaggcaaggtgctctcatatctcttttatgctcccactcacaggtaatgaggaaccatgttgcccttgcagggaaacagaatgaagccacattggccgtgcttgagattgatggctttgccaacggcacgccccagttcaacaataggagtggagtgtctgaagagagagcacagagatttgcgatgatagcaggatctctccctcgggcatgcagcaacggaaccccgttcgtcacagccggggccgaagatgatgcaccagaagacatcaccgataccctggagaggatcctctctatccaggctcaagtatgggtcacagtagcaaaagccatgactgcgtatgagactgcagatgagtcggaaacaaggcgaatcaataagtatatgcagcaaggcagggtccaaaagaaatacatcctctaccccgtatgcaggagcacaatccaactcacgatcagacagtctcttgcagtccgcatctttttggttagcgagctcaagagaggccgcaacacggcaggtggtacctctacttattataacctggtaggggacgtagactcatacatcaggaataccgggcttactgcattcttcttgacactcaagtacggaatcaacaccaagacatcagcccttgcacttagtagcctctcaggcgacatccagaagatgaagcagctcatgcgtttgtatcggatgaaaggagataatgcgccgtacatgacattacttggtgatagtgaccagatgagctttgagcctgaagagtatgcacaactttactcctttgaaatgggtatggcatcagtcct

F2 的 cDNA 核苷酸序列：

tactcctttgccatgggtatggcatcagtcctagataaaggtactgggaaataccaatttgccagggactttatgagcacatcattctggagacttggagtagagtacgctcaggctcagggaagtagcattaacgaggatatggctgccgagctaaagctaaccccagcagcaaggagggcctggcagctgctgcccaacgggtctccgaggagaccagcagcatagacatgcctactcaacaagtcggagtcctcactgggcttagcgagggggggtcccaagctctacaaggcggatcgaatagatcgcaagggcaaccagaagccggggatggggagacccaattcctggatctgatgagagcggtagcaaatagcatgagggaggcgccaaactctgcacagggcactccccaatcggggcctcccccaactcctgggccatcccaagataacgacaccgactgggggtattgatggacaaaacccagcctgcttccacaaaaacatcccaatgccctcacccgtagtcgacccctcgatttgcggctctatatgaccacaccctcaaacaaacatccccctctttcctccctccccctgctgtacaactccgcacgccctagataccacaggcacaatgcggctcactaacaatcaaaacagagccgagggaattagaaaaaagtacgggtagaagagggatattcagagatcagggcaagtctcccgagtctctgctctctcctctacctgatagaccaggacaaacatggccacctttacagatgcagagatcgacgagctatttgagacaagtggaactgtcattgacaacataattacagcccagggtaaaccagcagagactgttggaaggagtgcaatcccacaaggcaagaccaaggtgctgagcgcagcatgggagaagcatgggagcatccagccaccggccagtcaagacaaccccgatcgacaggacagatctgacaaacaaccatccacacccgagcaaacgaccccgcatgacagcccgccggccacatccgccgaccagccccccacccaggccacagacgaagccgtcgacacacagctcaggaccggagcaagcaactctctgctgttgatgcttgacaagctcagc

aataaatcgtccaatgctaaaaagggcccatggtcgagcccccaagaggggaatcaccaacgtccgactcaacagcaggggagtcaa
cccagtcgcggaaacagtcaggaaagaccgcagaaccaagtcaaggccgcccctggaaaccagggcacagacgtgaacacagcat
atcatggacaatgggaggagtcacaactatcagctggtgcaacccctcatgctctccgatcaaggcagagccaagacaataccccttgtat
ctgcggatcatgtccagccacctgtagactttgtgcaagcgatgatgtctatgatggaggcgatatcacagagagtaagtaag

F3 的 cDNA 核苷酸序列：

gtctatgatggaggcgatatcacagagagtaagtaaggttgactatcagctagatcttgtcttgaaacagacatcctccatccctatgatgc
ggtccgaaatccaacagctgaaaacatctgttgcagtcatggaagccaacttgggaatgatgaagattctggatcccggttgtgccaacat
ttcatctctgagtgatctacgggcagttgcccgatctcacccggttttagtttcaggccctggagacccctctccctatgtgacacaaggag
gcgaaatggcacttaataaactttcgcaaccagtgccacatccatctgaattgattaaacccgccactgcatgcgggcctgatataggagt
ggaaaaggacactgtccgtgcattgatcatgtcacgcccaatgcacccgagttcttcagccaagctcctaagcaagttagatgcagccgg
gtcgatcgaggaaatcaggaaaatcaagcgccttgctctaaatggctaattactactgccacacgtagcgggtccctgtccactcggcatc
acacggaatctgcaccgagttccccccgcagacccaaggtccaactctccaagcggcaatcctctctcgcttcctcagccccactgaat
gatcgcgtaaccgtaattaatctagctacatttaagattaagaaaaaatacgggtagaattggagtgccccaattgtgccaagatggactca
tctaggacaattgggctgtactttgattctgcccattcttctagcaacctgttagcatttccgatcgtcctacaagacacaggagatgggaag
aagcaaatcgccccgcaatataggatccagcgccttgacttgtggactgatagtaaggaggactcagtattcatcaccacctatggattcat
ctttcaagttgggaatgaagaagccactgtcggcattatcgatgataaacccaagcgcgagttactttccgctgcgatgctctgcctaggaa
gcgtcccaaataccggagaccttattgagctggcaagggcctgtctcactatgatagtcacatgcaagaagagtgcaactaatactgaga
gaatggttttctcagtagtgcaggcaccccaagtgctgcaaagctgtagggttgtggcaaacaaatactcatcagtgaatgcagtcaagca
cgtgaaagcgccagagaagattcccgggagtggaaccctagaatacaaggtgaactttgtctccttgactgtggtaccgaagaaggatgt
ctacaagatcccagctgcagtattgaaggtttctggctcgagtctgtacaatcttgcgctcaatgtcactattaatgtggaggtagacccgag
gagtcctttggttaaatctctgtctaagtctgacagcggatactatgctaacctcttcttgcatattggacttatgaccaccgtagataggaag
gggaagaaagtgacatttgacaagctggaaaagaaaataaggagccttgatctatctgtcgggctcagtgatgtgctcgggccttccgtgt
tggtaaaagcaagaggtgcacggactaagcttttggcacctttcttc

F4 的 cDNA 核苷酸序列

agaggtgcacggactaagcttttggcacctttcttctctagcagtgggacagcctgctatcccatagcaaatgcttctcctcaggtggccaa
gatactctggagtcaaaccgcgtgcctgcggagcgttaaaatcattatccaagcaggtacccaacgcgctgtcgcagtgaccgccgacc
acgaggttacctctactaagctggagaaggggcacacccttgccaaatacaatccttttaagaaataagctgcgtctctgagattgcgctcc
gcccactcacccagatcatcatgacacaaaaaactaatctgtcttgattatttacagttagtttacctgtctatcaagttagaaaaaacacggg
tagaagattctggatcccggttggcgccctccaggtgcaagatgggctccagaccttctaccaagaacccagcacctatgatgctgactat
ccgggttgcgctggtactgagttgcatctgtccggcaaactccattgatggcaggcctcttgcagctgcaggaattgtggttacaggagac
aaagccgtcaacatatacacctcatcccagacaggatcaatcatagttaagctcctcccgaatctgcccaaggataaggaggcatgtgcg

aaagccccccttggatgcatacaacaggacattgaccactttgctcacccccccttggtgactctatccgtaggatacaagagtctgtgactac
atctggagggggggagacaggggcgccttataggcgccattattggcggtgtggctcttggggttgcaactgccgcacaaataacagcg
gccgcagctctgatacaagccaaacaaaatgctgccaacatcctccgacttaaagagagcattgccgcaaccaatgaggctgtgcatga
ggtcactgacggattatcgcaactagcagtggcagttgggaagatgcagcagtttgttaatggccaatttaataaaacagctcaggaatta
gactgcatcaaaattgcacagcaagttggtgtagagctcaacctgtacctaaccgaattgactacagtattcggaccacaaatcacttcacc
tgctttaaacaagctgactattcaggcactttacaatctagctggtggaaatatggattacttattgactaagttaggtgtagggaacaatcaa
ctcagctcattaatcggtagcggcttaatcaccggtaaccctattctatacgactcacagactcaactcttgggtatacaggtaactctacctt
cagtcgggaacctaaataatatgcgtgccacctacttggaaaccttatccgtaagcacaaccaagggatttgcctcggcacttgtcccaaa
agtggtgacacaggtcggttctgtgatagaagaacttgacacctcatactgtatagaaactgacttagatttatattgtacaagaatagtaac
gttccctatgtcccctggtatttattcctgcttgagcggcaatacgtcggcctgtatgtactcaaagaccgaaggcgcacttactacaccata
catgactatcaaaggttcagtcatcgccaactgcaagatgacaacatgtagatgtgtaaaccccccgggtatcatatcgcaaaactatgga
gaagccgtgtctctaatagataaacaatcatgcaatgttttatccttaggcgggataactttaaggctcagtggggaattcgatgtaacttatc
agaagaatatctcaatacaagattctcaagtaataataacaggcaatcttgatatctcaactgagcttgggaatgtcaacaactcgatcagta
atgctttgaataagttagaggaaagcaacagaaaactagacaaagtcaatgtcaaactgactagcacatctgctctcattacctatatcgtttt
gactatcatatctcttgtttttggtatacttagcctgattctagcatgctacctaatgtacaagcaaaaggcgcaacaaaagaccttattatggc
ttgggaataatactctagatgagatgagagccacta

F5 的 cDNA 核苷酸序列

gcttgggaataatactctagatgagatgagagccactacaaaaatgtgaacacagatgaggaacgaaggtttccctaatagtaatttgtgtg
aaagttctggtagtctgtcagttcagagagttaagaaaaaactaccggttgtagatgaccaaaggacgatatacgggtagaacggtaaga
gaggccgcccctcaattgcgagccaggcttcacaacctccgttctaccgcttcaccgacaacagtcctcaatcatggaccgcgccgttag
ccaagttgcgttagagaatgatgaaagagaggcaaaaaatacatggcgcttgatattccggattgcaatcttattcttaacagtagtgacctt
ggctatatctgtagcctccctttttatatagcatgggggctagcacacctagcgatcttgtaggcataccgactaggatttccagggcagaag
aaaagattacatctacacttggttccaatcaagatgtagtagataggatatataagcaagtggcccttgagtctccgttggcattgttaaatac
tgagaccacaattatgaacgcaataacatctctctcttatcagattaatggagctgcaaacaacagtgggtgggggggcacctatccatgac
ccagattatatagggggggataggcaaagaactcattgtagatgatgctagtgatgtcacatcattctatccctctgcatttcaagaacatctg
aattttatcccggcgcctactacaggatcaggttgcactcgaataccctcatttgacatgagtgctacccattactgctacacccataatgtaa
tattgtctggatgcagagatcactcacattcatatcagtatttagcacttggtgtgctccggacatctgcaacagggagggtattcttttctact
ctgcgttccatcaacctggacgacacccaaaatcggaagtcttgcagtgtgagtgcaactcccctgggttgtgatatgctgtgctcgaaag
tcacggagacagaggaagaagattataactcagctgtccctacgcggatggtacatgggaggttagggttcgacggccagtaccacga
aaaggacctagatgtcacaacattattcggggactgggtggccaactacccaggagtagggggtggatcttttattgacagccgcgtatg
gttctcagtctacggagggttaaaacccaattcacccagtgacactgtacaggaagggaaatatgtgatatacaagcgatacaatgacac

atgcccagatgagcaagactaccagattcgaatggccaagtcttcgtataagcctggacggtttggtgggaaacgcatacagcaggctat
cttatctatcaaggtgtcaacatccttaggcgaagacccggtactgactgtaccgcccaacacagtcacactcatgggggccgaaggca
gaattctcacagtagggacatctcatttcttgtatcaacgagggtcatcatacttctctcccgcgttattatatcctatgacagtcagcaacaaa
acagccactcttcatagtccttatacattcaatgccttcactcggccaggtagtatcccttgccaggcttcagcaagatgccccaactcgtgt
gttactggagtctatacagatccatatcccctaatcttctatagaaaccacaccttgcgaggggtattcgggacaatgcttgatggtgtacaa
gcaagacttaaccctgcgtctgcagtattcgatagcacatcccgcagtcgcattactcgagtgagttcaagcagta

F6 的 cDNA 核苷酸序列：

gtcgcattactcgagtgagttcaagcagtaccaaagcagcatacacaacatcaacttgttttaaagtggtcaagactaataagacctattgtc
tcagcattgctgaaatatctaatactctcttcggagaattcagaatcgtcccgttactagttgagatcctcaaagatgacggggttagagaag
ccaggtctggctagttgagtcaattataaaggagttggaaagatggcattgtatcacctatcttctgcgacatcaagaatcaaaccgaatgc
cggcgcgtgctcgaattccatgttgccagttgaccacaatcagccagtgctcatgcgatcagattaagccttgtcaatagtctcttgattaag
aaaaaatgtaagtggcaatgagatacaaggcaaaacagctcatggtaaataatacgggtaggacatggcgagctccggtcctgaaagg
gcagagcatcagattatcctaccagagtcacacctgtcttcaccattggtcaagcacaaactactctattactggaaattaactgggctacc
gcttcctgatgaatgtgacttcgaccacctcattctcagccgacaatggaaaaaaatacttgaatcggcctctcctgatactgagagaatgat
aaaactcggaagggcagtacaccaaactcttaaccacaattccagaataaccggagtgctccaccccaggtgtttagaagaactggctaa
tattgaggtcccagattcaaccaacaaatttcggaagattgagaagaagatccaaattcacaacacgagatatggagaactgttcacaagg
ctgtgtacgcatatagagaagaaactgctggggtcatcttggtctaacaatgtcccccggtcagaggagttcagcagcattcgtacggatc
cggcattctggtttcactcaaaatggtccacagccaagtttgcatggctccatataaaacagatccagaggcatctgatggtggcagctag
gacaaggtctgcggccaacaaattggtgatgctaacccataaggtaggccaagtctttgtcactcctgaacttgtcgttgtgacgcatacga
atgagaacaagttcacatgtcttacccaggaacttgtattgatgtatgcagatatgatggagggcagagatatggtcaacataatatcaacc
acggcggtgcatctcagaagcttatcagagaaaattgatgacattttgcggttaatagacgctctggcaaaagacttgggtaatcaagtcta
cgatgttgtatcactaatggagggatttgcatacggagctgtccagctactcgagccgtcaggtacatF7 的 cDNA
核苷酸序列：

tgtccagctactcgagccgtcaggtacatttgcaggagatttcttcgcattcaacctgcaggagcttaaagacattctaattggcctcctccc
caatgatatagcagaatccgtgactcatgcaatcgctactgtattctctggtttagaacagaatcaagcagctgagatgttgtgtctgttgcgt
ctgtggggtcacccactgcttgagtcccgtattgcagcaaaggcagtcaggagccaaatgtgcgcaccgaaaatggtagactttgatatg
atccttcaggtactgtctttcttcaagggaacaatcatcaacgggtacagaaagaagaatgcaggtgtgtggccgcgagtcaaagtggata
caatatatgggaaggtcattgggcaactacatgcagattcagcagagatttcacacgatatcatgttgagagagtataagagtttatctgca
cttgaatttgagccatgtatagaatatgaccctgtcaccaacctgagcatgttcctaaaagacaaggcaatcgcacaccccaacgataattg
gcttgcctcgtttaggcggaaccttctctccgaagaccagaagaaacatgtaaaagaagcaacttcgactaatcgcctcttgatagagttttt
agagtcaaatgattttgatccatataaagagatggaatatctgacgacccttgagtaccttagagatgacaatgtggcagtatcatactcgct

caaggagaaggaagtgaaagttaatggacggatcttcgctaagctgacaaagaagttaaggaactgtcaggtgatggcggaagggatc
ctagccgatcagattgcacctttctttcagggaaatggagtcattcaggatagcatatccttgaccaagagtatgctagcgatgagtcaact
gtcttttaacagcaataagaaacgtatcactgactgtaaagaaagagtatcttcaaaccgcaatcatgatccgaaaagcaagaaccgtcgg
agagttgcaaccttcataacaactgacctgcaaaagtactgtcttaattggagatatcagacaatcaaattgttcgctcatgccatcaatcagt
tgatgggcctacctcacttcttcgaatggattcacctaagactgatggacactacgatgttcgtaggagaccctttcaatcctccaagtgacc
ctactgactgtgacctctcaagagtccctaatgatgacatatatattgtcagtgccagagggggtatcgaaggattatgccagaagctatgg
acaatgatctcaattgctgcaatccaacttgctgcagctagatcgcattgtcgtgttgcctgtatggtacagggtgataatcaagtaatagca
gtaacgagagaggtaagatcagacgactctccggagatggtgttgacacagttgcatcaagccagtgataatttcttcaaggaattaattca
tgtcaatcatttgattggccataatttgaaggatcgtgaaaccatcaggtcagacacattcttcatatacagcaaacgaatcttcaaagatgg
agcaatcctcagtcaagtcctcaaaaattcatctaaattagtgctagtgtcaggtgatctcagtgaaaacaccgtaatgtcctgtgccaacatt
gcctctactgtagcacggctatgcgagaacgggcttcccaaagacttctgttactatttaaactatataatgagttgtgtgcagacatactttg
actctgagttctccatcaccaacaattcgcaccccgatcttaatcagtcgtggattgaggacatctcttttgtgcactcatatgttctgactcct
gcccaattagggggactgagtaaccttcaatactcaaggctctacactagaaatatcggtgacccggggactactgcttttg

F8 的 cDNA 核苷酸序列：

gaaatatcggtgacccggggactactgcttttgcagagatcaagcgactagaagcagtgggattactgagtcctaacattatgactaatatc
ttaactaggccgcctgggaatggagattgggccagtctgtgcaacgacccatactctttcaattttgagactgttgcaagcccaaatattgtt
cttaagaaacatacgcaaagagtcctatttgaaacttgttcaaatcccttattgtctggagtgcacacagaggataatgaggcagaagagaa
ggcattggctgaattcttgcttaatcaagaggtgattcatccccgcgttgcgcatgccatcatggaggcaagctctgtaggtaggagaaag
caaattcaagggcttgttgacacaacaaacaccgtaattaagattgcgcttactaggaggccattaggcatcaagaggctgatgcggata
gtcaattattctagcatgcatgcaatgctgtttagagacgatgtttttcctccagtagatccaaccaccccttagtctcttctaatatgtgttctct
gacactggcagactatgcacggaatagaagctggtcacctttgacgggaggcaggaaaatactgggtgtatctaatcctgatacgataga
actcgtagagggtgagattcttagtgtaagcggagggtgtacaagatgtgacagcggagatgaacaatttacttggttccatcttccaagc
aatatagaattgaccgatgacaccagcaagaatcctccgatgagggtaccatatctcgggtcaaagacacaggagaggagagctgcctc
acttgcaaaaatagctcatatgtcgccacatgtaaaggctgccctaagggcatcatccgtgttgatctgggcttatggggataatgaagtaa
attggactgctgctcttacgattgcaaaatctcggtgtaatgtaaacttagagtatcttcggttactgtcccctttacccacggctgggaatctt
caacatagactagatgatggtataactcagatgacattcacccctgcatctctctacagggtgtcaccttacattcacatatccaatgattctc
aaaggctgttcactgaagaaggagtcaaagaggggaatgtggtttaccaacagatcatgctcttgggtttatctctaatcgaatcgatgtttc
caatgacaacccgcgggga

F9 的 cDNA 核苷酸序列：

ggtttatctctaatcgaatcgatgtttccaatgacaacaaccaggacatatgatgagatcacactgcacctacatagtaaatttagttgctgtat
cagagaagcacctgttgcggttcctttcgagctacttggggtggtaccggaactgaggacagtgacctcaaataagtttatgtatgatccta

gccctgtatcggagggagactttgcgagacttgacttagctatcttcaagagttatgagcttaatctggagtcatatcccacgatagagctaa
tgaacattctttcaatatccagcgggaagttgattggccagtctgtggtttcttatgatgaagatacctccataaagaatgacgccataatagt
gtatgacaatacccgaaattggatcagtgaagctcagaattcagatgtggtccgcctatttgaatatgcagcacttgaagtgctcctcgact
gttcttaccaactctattacctgagagtaagaggcctagacaatattgtcttatatatgggtgatttatacaagaatatgccaggaattctacttt
ccaacattgcagctacaatatctcatcccgtcattcattcaaggttacatgcagtgggcctggtcaaccatgacggatcacaccaacttgca
gatacggattttatcgaaatgtctgcaaaactattagtatcttgcacccgacgtgtgatctccggcttatattcaggaaataagtatgatctgct
gttcccatctgtcttagatgataacctgaatgagaagatgcttcagctgatatcccggttatgctgtctgtacacggtactctttgctacaacaa
gagaaatcccgaaaataagaggcttaactgcagaagagaaatgttcaatactcactgagtatttactgtcggatgctgtgaaaccattactt
agtcccgatcaagtgagctctatcatgtctcctaacataattacattcccagctaatctgtactacatgtctcggaagagcctcaatttgatca
gggaaagggaggacagggatactatcctggcgttgttgttcccccaagagccattattagagttcccttctgtgcaagatattggtgctcga
gtgaaagatccattcacccgacaacctgcggcatttttgcaagagttagatttgagtgctccagcaaggtatgacgcattcacacttagtca
gattcatcctgaactcacatctccaaatccggaggaagactacttagtacgatacttgttcagagggatagggactgcatcttcctcttggta
taaggcatctcatctcctttctgtacccgaggtaagatgtgcaagacacgggaactccttatacttagctgaagggagcggagccatcatg
agtcttctcgaactgcatgtaccacatgaaactatctattacaatacgctcttttcaaatgagatgaaccccccgcaacgacatttcgggccg
accccaactcagtttttgaattcggttgtttataggaatctacaggcggaggtaacatgcaaagatggatttgtccaagagttccgtccattat
ggagagaaaatacagaggaaagtgacctgacctcagataaagtagtggggtatattacatctgcagtgccctacagatctgtatcattgct
gcattgtgacattgaaattcctccagggtccaatcaaagcttactagatcaactagc

F10 的 cDNA 核苷酸序列：

cagggtccaatcaaagcttactagatcaactagctatcaatttatctctgattgccatgcattctgtaagggagggcggggtagtaatcatca
aagtgttgtatgcaatgggatactactttcatctactcatgaacttgtttgctccgtgttccacaaaaggatatattctctctaatggttatgcatg
tcgaggagatatggagtgttacctggtatttgtcatgggttacctgggcgggcctacatttgtacatgaggtggtgaggatggcgaaaactc
tggtgcagcggcacggtacgcttttgtctaaatcagatgagatcacactgaccaggttattcacctcacagcggcagcgtgtgacagacat
cctatccagtcctttaccaagattaataaagtacttgaggaagaatattgacactgcgctgattgaagccgggggacagcccgtccgtcca
ttctgtgcggagagtctggtgagcacgctagcgaacataactcagataacccagatcatcgctagtcacattgacacagttatccggtctgt
gatatatatggaagctgagggtgatctcgctgacacagtatttctatttaccccttacaatctctctactgacggggaaaagaggacatcact
taaacagtgcacgagacagatcctagaggttacaatactaggtcttagagtcgaaaatctcaataaaataggcgatataatcagcctagtg
cttaaaggcatgatctccatggaggaccttatcccactaaggacatacttgaagcatagtacctgccctaaatatttgaaggctgtcctaggt
attaccaaactcaaagaaatgtttacagacacttctgtactgtacttgacccgtgctcaacaaaaattctacatgaaaactataggcaatgca
gtcaaaggatattacagtaactgtgactcttaacgaaaatcacatattaataggctcctttttggccaattgtattcttgttgatttaatcatattat
gttagaaaaaagttgaaccctgactccttaggactcgaattcgaactcaaataaatgtcttaaaaaaaggttgcgcacaattattcttgagtgt
agtctcgtcattcaccaaatctttgtttggtggccggcatggtcccagcctcctcgctggcgccttc

附录 C

NDV Clone30 株基因组全长 cDNA 序列：

accaaacagagaatccgtaagttacgataaaaggcgaaggagcaattgaagtcgcacgggtagaaggtgtgaatctcgagtgcgagcc
cgaagcacaaactcgagaaagccttctgccaacatgtcttccgtatttgatgagtacgaacagctcctcgcggctcagactcgccccaatg
gagctcatggagggggagaaaaagggagtaccttaaaagtagacgtcccggtattcactcttaacagtgatgacccagaagatagatgg
agctttgtggtattctgcctccggattgctgttagcgaagatgccaacaaaccactcaggcaaggtgctctcatatctcttttatgctcccact
cacaggtaatgaggaaccatgttgcccttgcagggaaacagaatgaagccacattggccgtgcttgagattgatggctttgccaacggca
cgccccagttcaacaataggagtggagtgtctgaagagagagcacagagatttgcgatgatagcaggatctctccctcgggcatgcagc
aacggaaccccgttcgtcacagccggggccgaagatgatgcaccagaagacatcaccgataccctggagaggatcctctctatccagg
ctcaagtatgggtcacagtagcaaaagccatgactgcgtatgagactgcagatgagtcggaaacaaggcgaatcaataagtatatgcag
caaggcagggtccaaaagaaatacatcctctaccccgtatgcaggagcacaatccaactcacgatcagacagtctcttgcagtccgcatc
tttttggttagcgagctcaagagaggccgcaacacggcaggtggtacctctacttattataacctggtaggggacgtagactcatacatca
ggaataccgggcttactgcattcttcttgacactcaagtacggaatcaacaccaagacatcagcccttgcacttagtagcctctcaggcga
catccagaagatgaagcagctcatgcgtttgtatcggatgaaaggagataatgcgccgtacatgacattacttggtgatagtgaccagatg
agctttgcgcctgccgagtatgcacaactttactcctttgccatgggtatggcatcagtcctagataaaggtactgggaaataccaatttgcc
agggactttatgagcacatcattctggagacttggagtagagtacgctcaggctcagggaagtagcattaacgaggatatggctgccgag
ctaaagctaaccccagcagcaaggaggggcctggcagctgctgcccaacgggtctccgaggagaccagcagcatagacatgcctact
caacaagtcggagtcctcactgggcttagcgagggggggtcccaagctctacaaggcggatcgaatagatcgcaagggcaaccagaa
gccggggatggggagacccaattcctggatctgatgagagcggtagcaaatagcatgagggaggcgccaaactctgcacagggcact
ccccaatcggggcctcccccaactcctgggccatcccaagataacgacaccgactgggggtattgatggacaaaacccagcctgcttcc
acaaaaacatcccaatgccctcacccgtagtcgacccctcgatttgcggctctatatgaccacaccctcaaacaaacatccccctctttcct
ccctccccctgctgtacaactccgcacgccctagataccacaggcacaatgcggctcactaacaatcaaaacagagccgagggaattag
aaaaaagtacgggtagaagagggatattcagagatcagggcaagtctcccgagtctctgctctctcctctacctgatagaccaggacaaa
catggccacctttacagatgcagagatcgacgagctatttgagacaagtggaactgtcattgacaacataattacagcccagggtaaacc
agcagagactgttggaaggagtgcaatcccacaaggcaagaccaaggtgctgagcgcagcatgggagaagcatgggagcatccagc
caccggccagtcaagacaaccccgatcgacaggacagatctgacaaacaaccatccacacccgagcaaacgaccccgcatgacagc
ccgccggccacatccgccgaccagcccccacccaggccacagacgaagccgtcgacacacagctcaggaccggagcaagcaact
ctctgctgttgatgcttgacaagctcagcaataaatcgtccaatgctaaaaagggcccatggtcgagcccccaagaggggaatcaccaac
gtccgactcaacagcaggggagtcaacccagtcgcggaaacagtcaggaaagaccgcagaaccaagtcaaggccgcccctggaaa
ccagggcacagacgtgaacacagcatatcatggacaatgggaggagtcacaactatcagctggtgcaacccctcatgctctccgatcaa

ggcagagccaagacaatacccttgtatctgcggatcatgtccagccacctgtagactttgtgcaagcgatgatgtctatgatggaggcgat
atcacagagagtaagtaaggttgactatcagctagatcttgtcttgaaacagacatcctccatccctatgatgcggtccgaaatccaacagc
tgaaaacatctgttgcagtcatggaagccaacttgggaatgatgaagattctggatcccggttgtgccaacatttcatctctgagtgatctac
gggcagttgcccgatctcacccggttttagtttcaggccctggagacccctctccctatgtgacacaaggaggcgaaatggcacttaataa
actttcgcaaccagtgccacatccatctgaattgattaaacccgccactgcatgcgggcctgatataggagtggaaaaggacactgtccgt
gcattgatcatgtcacgcccaatgcacccgagttcttcagccaagctcctaagcaagttagatgcagccgggtcgatcgaggaaatcagg
aaaatcaagcgccttgctctaaatggctaattactactgccacacgtagcgggtccctgtccactcggcatcacacggaatctgcaccgag
ttcccccccgcagacccaaggtccaactctccaagcggcaatcctctctcgcttcctcagccccactgaatgatcgcgtaaccgtaattaat
ctagctacatttaagattaagaaaaaatacgggtagaattggagtgccccaattgtgccaagatggactcatctaggacaattgggctgtac
tttgattctgcccattcttctagcaacctgttagcatttccgatcgtcctacaagacacaggagatgggaagaagcaaatcgccccgcaatat
aggatccagcgccttgacttgtggactgatagtaaggaggactcagtattcatcaccacctatggattcatctttcaagttgggaatgaaga
agccactgtcggcattatcgatgataaacccaagcgcgagttactttccgctgcgatgctctgcctaggaagcgtcccaaataccggaga
ccttattgagctggcaagggcctgtctcactatgatagtcacatgcaagaagagtgcaactaatactgagagaatggttttctcagtagtgc
aggcaccccaagtgctgcaaagctgtagggttgtggcaaacaaatactcatcagtgaatgcagtcaagcacgtgaaagcgccagagaa
gattcccgggagtggaaccctagaatacaaggtgaactttgtctccttgactgtggtaccgaagaaggatgtctacaagatcccagctgca
gtattgaaggtttctggctcgagtctgtacaatcttgcgctcaatgtcactattaatgtggaggtagacccgaggagtcctttggttaaatctct
gtctaagtctgacagcggatactatgctaacctcttcttgcatattggacttatgaccaccgtagataggaaggggaagaaagtgacatttg
acaagctggaaaagaaaataaggagccttgatctatctgtcgggctcagtgatgtgctcgggccttccgtgttggtaaaagcaagaggtg
cacggactaagcttttggcacctttcttctctagcagtgggacagcctgctatcccatagcaaatgcttctcctcaggtggccaagatactct
ggagtcaaaccgcgtgcctgcggagcgttaaaatcattatccaagcaggtacccaacgcgctgtcgcagtgaccgccgaccacgaggt
tacctctactaagctggagaaggggcacacccttgccaaatacaatccttttaagaaataagctgcgtctctgagattgcgctccgcccact
cacccagatcatcatgacacaaaaaactaatctgtcttgattatttacagttagtttacctgtctatcaagttagaaaaaacacgggtagaaga
ttctggatcccggttggcgccctccaggtgcaagatgggctccagaccttctaccaagaacccagcacctatgatgctgactatccgggtt
gcgctggtactgagttgcatctgtccggcaaactccattgatggcaggcctcttgcagctgcaggaattgtggttacaggagacaaagcc
gtcaacatatacacctcatcccagacaggatcaatcatagttaagctcctcccgaatctgcccaaggataaggaggcatgtgcgaaagcc
cccttggatgcatacaacaggacattgaccactttgctcaccccccttggtgactctatccgtaggatacaagagtctgtgactacatctgg
aggggggagacaggggcgccttataggcgccattattggcggtgtggctcttggggttgcaactgccgcacaaataacagcggccgca
gctctgatacaagccaaacaaaatgctgccaacatcctccgacttaaagagagcattgccgcaaccaatgaggctgtgcatgaggtcact
gacggattatcgcaactagcagtggcagttgggaagatgcagcagtttgttaatgaccaatttaataaaacagctcaggaattagactgcat
caaaattgcacagcaagttggtgtagagctcaacctgtacctaaccgaattgactacagtattcggaccacaaatcacttcacctgctttaaa
caagctgactattcaggcactttacaatctagctggtggaaatatggattacttattgactaagttaggtgtagggaacaatcaactcagctc

attaatcggtagcggcttaatcaccggtaaccctattctatacgactcacagactcaactcttgggtatacaggtaactctaccttcagtcgg
gaacctaaataatatgcgtgccacctacttggaaaccttatccgtaagcacaaccaggggatttgcctcggcacttgtcccaaaagtggtg
acacaggtcggttctgtgatagaagaacttgacacctcatactgtatagaaactgacttagatttatattgtacaagaatagtaacgttccctat
gtcccctggtatttattcctgcttgagcggcaatacgtcggcctgtatgtactcaaagaccgaaggcgcacttactacaccatacatgactat
caaaggttcagtcatcgccaactgcaagatgacaacatgtagatgtgtaaaccccccgggtatcatatcgcaaaactatggagaagccgt
gtctctaatagataaacaatcatgcaatgttttatccttaggcgggataactttaaggctcagtggggaattcgatgtaacttatcagaagaat
atctcaatacaagattctcaagtaataataacaggcaatcttgatatctcaactgagcttgggaatgtcaacaactcgatcagtaatgctttga
ataagttagaggaaagcaacagaaaactagacaaagtcaatgtcaaactgactagcacatctgctctcattacctatatcgttttgactatca
tatctcttgtttttggtatacttagcctgattctagcatgctacctaatgtacaagcaaaaggcgcaacaaaagaccttattatggcttgggaat
aatactctagaccagatgagagccactacaaaaatgtgaacacagatgaggaacgaaggtttccctaatagtaatttgtgtgaaagttctg
gtagtctgtcagttcagagagttaagaaaaaactaccggttgtagatgaccaaaggacgatatacgggtagaacggtaagagaggccgc
ccctcaattgcgagccaggcttcacaacctccgttctaccgcttcaccgacaacagtcctcaatcatggaccgcgccgttagccaagttgc
gttagagaatgatgaaagagaggcaaaaaatacatggcgcttgatattccggattgcaatcttattcttaacagtagtgaccttggctatatct
gtagcctcccttttatatagcatgggggctagcacacctagcgatcttgtaggcataccgactaggatttccagggcagaagaaaagatta
catctacacttggttccaatcaagatgtagtagataggatatataagcaagtggccccttgagtctccgttggcattgttaaatactgagacca
caattatgaacgcaataacatctctctcttatcagattaatggagctgcaaacaacagtgggtggggggcacctatccatgacccagattat
atagggggggataggcaaagaactcattgtagatgatgctagtgatgtcacatcattctatccctctgcatttcaagaacatctgaattttatcc
cggcgcctactacaggatcaggttgcactcgaataccctcatttgacatgagtgctacccattactgctacacccataatgtaatattgtctg
gatgcagagatcactcacattcatatcagtatttagcacttggtgtgctccggacatctgcaacagggagggtattcttttctactctgcgttc
catcaacctggacgacacccaaaatcggaagtcttgcagtgtgagtgcaactcccctgggttgtgatatgctgtgctcgaaagtcacgga
gacagaggaagaagattataactcagctgtccctacgcggatggtacatgggaggttagggttcgacggccagtaccacgaaaaggac
ctagatgtcacaacattattcggggactgggtggccaactacccaggagtagggggtggatcttttattgacagccgcgtatggttctcagt
ctacggagggttaaaacccaattcacccagtgacactgtacaggaagggaaatatgtgatatacaagcgatacaatgacacatgcccag
atgagcaagactaccagattcgaatggccaagtcttcgtataagcctggacggtttggtgggaaacgcatacagcaggctatcttatctatc
aaggtgtcaacatccttaggcgaagacccggtactgactgtaccgcccaacacagtcacactcatgggggccgaaggcagaattctcac
agtagggacatctcatttcttgtatcaacgagggtcatcatacttctctcccgcgttattatatcctatgacagtcagcaacaaaacagccact
cttcatagtccttatacattcaatgccttcactcggccaggtagtatcccttgccaggcttcagcaagatgccccaactcgtgtgttactggag
tctatacagatccatatcccctaatcttctatagaaaccacaccttgcgaggggtattcgggacaatgcttgatggtgtacaagcaagactta
accctgcgtctgcagtattcgatagcacatcccgcagtcgcattactcgagtgagttcaagcagtaccaaagcagcatacacaacatcaa
cttgttttaaagtggtcaagactaataagacctattgtctcagcattgctgaaatatctaatactctcttcggagaattcagaatcgtcccgttac
tagttgagatcctcaaagatgacggggttagagaagccaggtctggctagttgagtcaattataaaggagttggaaagatggcattgtatc

acctatcttctgcgacatcaagaatcaaaccgaatgccggcgcgtgctcgaattccatgttgccagttgaccacaatcagccagtgctcat
gcgatcagattaagccttgtcaatagtctcttgattaagaaaaaatgtaagtggcaatgagatacaaggcaaaacagctcatggtaaataat
acgggtaggacatggcgagctccggtcctgaaagggcagagcatcagattatcctaccagagtcacacctgtcttcaccattggtcaagc
acaaactactctattactggaaattaactgggctaccgcttcctgatgaatgtgacttcgaccacctcattctcagccgacaatggaaaaaa
tacttgaatcggcctctcctgatactgagagaatgataaaactcggaagggcagtacaccaaactcttaaccacaattccagaataaccgg
agtgctccaccccaggtgtttagaagaactggctaatattgaggtcccagattcaaccaacaaatttcggaagattgagaagaagatccaa
attcacaacacgagatatggagaactgttcacaaggctgtgtacgcatatagagaagaaactgctggggtcatcttggtctaacaatgtcc
cccggtcagaggagttcagcagcattcgtacggatccggcattctggtttcactcaaaatggtccacagccaagtttgcatggctccatata
aaacagatccagaggcatctgatggtggcagctaggacaaggtctgcggccaacaaattggtgatgctaacccataaggtaggccaagt
ctttgtcactcctgaacttgtcgttgtgacgcatacgaatgagaacaagttcacatgtcttacccaggaacttgtattgatgtatgcagatatga
tggagggcagagatatggtcaacataatatcaaccacggcggtgcatctcagaagcttatcagagaaaattgatgacattttgcggttaata
gacgctctggcaaaagacttgggtaatcaagtctacgatgttgtatcactaatggagggatttgcatacggagctgtccagctactcgagc
cgtcaggtacatttgcaggagatttcttcgcattcaacctgcaggagcttaaagacattctaattggcctcctccccaatgatatagcagaat
ccgtgactcatgcaatcgctactgtattctctggtttagaacagaatcaagcagctgagatgttgtgtctgttgcgtctgtggggtcacccact
gcttgagtcccgtattgcagcaaaggcagtcaggagccaaatgtgcgcaccgaaaatggtagactttgatatgatccttcaggtactgtctt
tcttcaagggaacaatcatcaacgggtacagaaagaagaatgcaggtgtgtggccgcgagtcaaagtggatacaatatatgggaaggtc
attgggcaactacatgcagattcagcagagatttcacacgatatcatgttgagagagtataagagtttatctgcacttgaatttgagccatgta
tagaatatgaccctgtcaccaacctgagcatgttcctaaaagacaaggcaatcgcacaccccaacgataattggcttgcctcgtttaggcg
gaaccttctctccgaagaccagaagaaacatgtaaaagaagcaacttcgactaatcgcctcttgatagagtttttagagtcaaatgattttga
tccatataaagagatggaatatctgacgacccttgagtaccttagagatgacaatgtggcagtatcatactcgctcaaggagaaggaagtg
aaagttaatggacggatcttcgctaagctgacaaagaagttaaggaactgtcaggtgatggcggaagggatcctagccgatcagattgca
cctttctttcagggaaatggagtcattcaggatagcatatccttgaccaagagtatgctagcgatgagtcaactgtcttttaacagcaataag
aaacgtatcactgactgtaaagaaagagtatcttcaaaccgcaatcatgatccgaaaagcaagaaccgtcggagagttgcaaccttcata
acaactgacctgcaaaagtactgtcttaattggagatatcagacaatcaaattgttcgctcatgccatcaatcagttgatgggcctacctcact
tcttcgaatggattcacctaagactgatggacactacgatgttcgtaggagaccctttcaatcctccaagtgaccctactgactgtgacctct
caagagtccctaatgatgacatatatattgtcagtgccagaggggtatcgaaggattatgccagaagctatggacaatgatctcaattgct
gcaatccaacttgctgcagctagatcgcattgtcgtgttgcctgtatggtacagggtgataatcaagtaatagcagtaacgagagaggtaa
gatcagacgactctccggagatggtgttgacacagttgcatcaagccagtgataatttcttcaaggaattaattcatgtcaatcatttgattgg
ccataatttgaaggatcgtgaaaccatcaggtcagacacattcttcatatacagcaaacgaatcttcaaagatggagcaatcctcagtcaag
tcctcaaaaattcatctaaattagtgctagtgtcaggtgatctcagtgaaaacaccgtaatgtcctgtgccaacattgcctctactgtagcacg
gctatgcgagaacgggcttcccaaagacttctgttactatttaaactatataatgagttgtgtgcagacatactttgactctgagttctccatca

ccaacaattcgcaccccgatcttaatcagtcgtggattgaggacatctcttttgtgcactcatatgttctgactcctgcccaattaggggggact
gagtaaccttcaatactcaaggctctacactagaaatatcggtgacccggggactactgcttttgcagagatcaagcgactagaagcagtg
ggattactgagtcctaacattatgactaatatcttaactaggccgcctgggaatggagattgggccagtctgtgcaacgacccatactctttc
aattttgagactgttgcaagcccaaatattgttcttaagaaacatacgcaaagagtcctatttgaaacttgttcaaatcccttattgtctggagtg
cacacagaggataatgaggcagaagagaaggcattggctgaattcttgcttaatcaagaggtgattcatccccgcgttgcgcatgccatc
atggaggcaagctctgtaggtaggagaaagcaaattcaagggcttgttgacacaacaaacaccgtaattaagattgcgcttactaggagg
ccattaggcatcaagaggctgatgcggatagtcaattattctagcatgcatgcaatgctgtttagagacgatgtttttttcctccagtagatcca
accacccccttagtctcttctaatatgtgttctctgacactggcagactatgcacggaatagaagctggtcacctttgacgggaggcaggaaa
atactgggtgtatctaatcctgatacgatagaactcgtagagggtgagattcttagtgtaagcggagggtgtacaagatgtgacagcggag
atgaacaatttacttggttccatcttccaagcaatatagaattgaccgatgacaccagcaagaatcctccgatgagggtaccatatctcgggt
caaagacacaggagaggagagctgcctcacttgcaaaaatagctcatatgtcgccacatgtaaaggctgccctaagggcatcatccgtg
ttgatctgggcttatggggataatgaagtaaattggactgctgctcttacgattgcaaaatctcggtgtaatgtaaacttagagtatcttcggtt
actgtcccctttacccacggctgggaatcttcaacatagactagatgatggtataactcagatgacattcaccccctgcatctctctacagggt
gtcaccttacattcacatatccaatgattctcaaaggctgttcactgaagaaggagtcaaagaggggaatgtggtttaccaacagatcatgc
tcttgggtttatctctaatcgaatcgatgtttccaatgacaacaaccaggacatatgatgagatcacactgcacctacatagtaaatttagttgc
tgtatcagagaagcacctgttgcggttcctttcgagctacttggggtggtaccggaactgaggacagtgacctcaaataagtttatgtatgat
cctagccctgtatcggagggagactttgcgagacttgacttagctatcttcaagagttatgagcttaatctggagtcatatcccacgatagag
ctaatgaacattctttcaatatccagcgggaagttgattggccagtctgtggtttcttatgatgaagatacctccataaagaatgacgccataa
tagtgtatgacaatacccgaaattggatcagtgaagctcagaattcagatgtggtccgcctatttgaatatgcagcacttgaagtgctcctcg
actgttcttaccaactctattacctgagagtaagaggcctagacaatattgtcttatatatgggtgatttatacaagaatatgccaggaattcta
ctttccaacattgcagctacaatatctcatcccgtcattcattcaaggttacatgcagtgggcctggtcaaccatgacggatcacaccaactt
gcagatacggattttatcgaaatgtctgcaaaactattagtatcttgcacccgacgtgtgatctccggcttatattcaggaaataagtatgatct
gctgttcccatctgtcttagatgataacctgaatgagaagatgcttcagctgatatcccggttatgctgtctgtacacggtactctttgctacaa
caagagaaatcccgaaaataagaggcttaactgcagaagagaaatgttcaatactcactgagtatttactgtcggatgctgtgaaaccatta
cttagtcccgatcaagtgagctctatcatgtctcctaacataattacattcccagctaatctgtactacatgtctcggaagagcctcaatttgat
cagggaaagggaggacagggatactatcctggcgttgttgttcccccaagagccattattagagttcccttctgtgcaagatattggtgctc
gagtgaaagatccattcacccgacaacctgcggcatttttgcaagagttagatttgagtgctccagcaaggtatgacgcattcacacttagt
cagattcatcctgaactcacatctccaaatccggaggaagactacttagtacgatacttgttcagagggatagggactgcatcttcctcttgg
tataaggcatctcatctcctttctgtacccgaggtaagatgtgcaagacacgggaactccttatacttagctgaagggagcggagccatcat
gagtcttctcgaactgcatgtaccacatgaaactatctattacaatacgctcttttcaaatgagatgaaccccccgcaacgacatttcgggcc
gaccccaactcagtttttgaattcggttgtttataggaatctacaggcggaggtaacatgcaaagatggatttgtccaagagttccgtccatta

tggagagaaaatacagaggaaagtgacctgacctcagataaagtagtggggtatattacatctgcagtgccctacagatctgtatcattgct
gcattgtgacattgaaattcctccagggtccaatcaaagcttactagatcaactagctatcaatttatctctgattgccatgcattctgtaaggg
agggcggggtagtaatcatcaaagtgttgtatgcaatgggatactactttcatctactcatgaacttgtttgctccgtgttccacaaaaggata
tattctctctaatggttatgcatgtcgaggagatatggagtgttacctggtatttgtcatgggttacctgggcgggcctacatttgtacatgagg
tggtgaggatggcgaaaactctggtgcagcggcacggtacgcttttgtctaaatcagatgagatcacactgaccaggttattcacctcaca
gcggcagcgtgtgacagacatcctatccagtcctttaccaagattaataaagtacttgaggaagaatattgacactgcgctgattgaagcc
gggggacagcccgtccgtccattctgtgcggagagtctggtgagcacgctagcgaacataactcagataacccagatcatcgctagtca
cattgacacagttatccggtctgtgatatatatggaagctgagggtgatctcgctgacacagtatttctatttaccccttacaatctctctactga
cggggaaaagaggacatcacttaaacagtgcacgagacagatcctagaggttacaatactaggtcttagagtcgaaaatctcaataaaat
aggcgatataatcagcctagtgcttaaaggcatgatctccatggaggaccttatcccactaaggacatacttgaagcatagtacctgcccta
aatatttgaaggctgtcctaggtattaccaaactcaaagaaatgtttacagacacttctgtactgtacttgacccgtgctcaacaaaaattctac
atgaaaactataggcaatgcagtcaaaggatattacagtaactgtgactcttaacgaaaatcacatattaataggctcctttttggccaattgt
attcttgttgatttaatcatattatgttagaaaaaagttgaaccctgactccttaggactcgaattcgaactcaaataaatgtcttaaaaaaaggt
tgcgcacaattattcttgagtgtagtctcgtcattcaccaaatctttgtttggt

附录 D

中等毒力株 Anh 的 *HN* 基因序列

GGCCTGAGAGGCCATGGATCATGTAGTCAGCAGAGTTGTACTAGAGAATGAAGAAA
GGGAAGCAAAAAACACATGGCGCTTGGTTTTTCGGATCACAGTCTTATCTCTAATAG
TAATGACTTTAGCCATCTCTGTAGCCGCCCTGATTTACAGCATGGGGGCTAGCATACC
GAGTGATCTTGCAGGCATATCGACAGTGATCTCTAAGGCAGAAGATAGGGTTACATC
TTTACTCAGTCTGAATCAAGACGTGGTGGACAGGATATATAAACAAGTGGCCCTAGA
GTCCCCACTAGCGTTGCTAAATACTGAATCCATAATTATGAATGCAATAACGTCTCTC
TCTTATCAAATTAATGGGGCTGCAAATAATAGTGGGTGTGGGGCACCTGTTCATGAC
CCAGATTATATTGGGGGGGTAGGCAAAGAACTCATAGTAGATGACACAAGTGATGTC
ACATCATTCTATCCTTCAGCATACCAAGAACACCTGAATTTTATCCCAGCGCCCACCA
CAGGATCAGGCTGCACTCGGATACCTTCATTCGACATGAGCGCCACCCATTACTGTT
ATACCCACAATGTGATGCTATCTGGTTGTAGGGATCACTCACATTCACATCAGTATTT
AGCATTAGGTGTACTTCGGACATCCGCAATAGGAAGAGTATTCTTTTCTACTCTGCGT
TCCATCAATTTAGATGACACCCAAAATCGGAAGTCTTGCAGTGTGAGTGCAACTCCT
TTAGGCTGTGATATACTGTGCTCTAAAGTCATTGAGACTGAGGAGGAGGATTATAAG
TCAGTTACCCCTACATCAATGGTGCATGGAAGGTTAGGGTTTGACGGTCAATACCAT
GAGAAGGACCTAGACGTCACAGTTTTGTTTAAGGATTGGGTTGCAAATTACCCGGG
AGTGGGAGGAGGGTCTCTTATTGACGACCGTGTATGGTTCCCAGTTTATGGAGGGCT
AAGACCCAACTCGCCCAGCGACACTGCACAAGAAGGGAGATATGTAATATACAAGC
GCTATAATAACACATGTCCCGATGAACAAGATTACCAAGTTCGGATGGCCAAGTCTT
CGTATAAGCCTGGGCGGTTTGGTGGAAAACGCGTACAGCAAGCCATCTTATCTATCA
AAGTATCAACATCTTTGGGCGAGGATCCGGTGCTGACTGTACCGCCAAATACAGTTA
CACTCATGGGGGCTGAAGGCAGAGTCCTCACAGTAGGGACATCTCATTTCTTATACC
AACGAGGGTCTTCATACTTCTCGCCTGCCTTATTATACCCTATGACAGTACACAATAA
AACAGCTACTCTTTATAGTCCTTATACATTTAATGCTTTCACTCGCCCAGGTAGTGTC
CCTTGCCAGGCATCAGCAAGGTGCCCTAACACATGTATCACTGGAGTTTATACTGAT
CCGTATCCTGTAGTCTTTCATAGGAATCACACCTTGCGAGGGGTGTTTGGGACAATG
CTTGATAATGAGCGAGCAAGGCTCAACCCCGTATCTGCAGTATTTGATTACACATCTC
GCAGTCGCATAACCCGGGTAAGTTCAAGCAGCACTAAGGCAGCATACACGACATCG

ACATGTTTTAAAGTTGTTAAGACTAATAAAATTTATTGCCTTAGCATTGCAGAAATAT
CCAATACCCTATTTGGGGAATTTAGGATTGTCCCTCTACTGGTCGAGATCCTCAAGG
AAGACAGGGTTTAACGTAC

附录 E

弱毒株 Clone30 的 *HN* 基因序列

ATGGACCGCGCCGTTAGCCAAGTTGCGTTAGAGAATGATGAAAGAGAGGCAAAAA

ATACATGGCGCTTGATATTCCGGATTGCAATCTTATTCTTAACAGTAGTGACCTTGGC

TATATCTGTAGCCTCCCTTTTATATAGCATGGGGGCTAGCACACCTAGCGATCTTGTAG

GCATACCGACTAGGATTTCCAGGGCAGAAGAAAAGATTACATCTACACTTGGTTCCA

ATCAAGATGTAGTAGATAGGATATATAAGCAAGTGGCCCTTGAGTCTCCGTTGGCATT

GTTAAATACTGAGACCACAATTATGAACGCAATAACATCTCTCTCTTATCAGATTAAT

GGAGCTGCAAACAACAGTGGGTGGGGGGCACCTATCCATGACCCAGATTATATAGG

GGGGATAGGCAAAGAACTCATTGTAGATGATGCTAGTGATGTCACATCATTCTATCCC

TCTGCATTTCAAGAACATCTGAATTTTATCCCGGCGCCTACTACAGGATCAGGTTGC

ACTCGAATACCCTCATTTGACATGAGTGCTACCCATTACTGCTACACCCATAATGTAA

TATTGTCTGGATGCAGAGATCACTCACATTCATATCAGTATTTAGCACTTGGTGTGCT

CCGGACATCTGCAACAGGGAGGGTATTCTTTTCTACTCTGCGTTCCATCAACCTGGA

CGACACCCAAAATCGGAAGTCTTGCAGTGTGAGTGCAACTCCCCTGGGTTGTGATA

TGCTGTGCTCGAAAGTCACGGAGACAGAGGAAGAAGATTATAACTCAGCTGTCCCT

ACGCGGATGGTACATGGGAGGTTAGGGTTCGACGGCCAGTACCACGAAAAGGACCT

AGATGTCACAACATTATTCGGGGACTGGGTGGCCAACTACCCAGGAGTAGGGGGTG

GATCTTTTATTGACAGCCGCGTATGGTTCTCAGTCTACGGAGGGTTAAAACCCAATT

CACCCAGTGACACTGTACAGGAAGGGAAATATGTGATATACAAGCGATACAATGAC

ACATGCCCAGATGAGCAAGACTACCAGATTCGAATGGCCAAGTCTTCGTATAAGCCT

GGACGGTTTGGTGGGAAACGCATACAGCAGGCTATCTTATCTATCAAGGTGTCAACA

TCCTTAGGCGAAGACCCGGTACTGACTGTACCGCCCAACACAGTCACACTCATGGG

GGCCGAAGGCAGAATTCTCACAGTAGGGACATCTCATTTCTTGTATCAACGAGGGTC

ATCATACTTCTCTCCCGCGTTATTATATCCTATGACAGTCAGCAACAAAACAGCCACT

CTTCATAGTCCTTATACATTCAATGCCTTCACTCGGCCAGGTAGTATCCCTTGCCAGG

CTTCAGCAAGATGCCCCAACTCGTGTGTTACTGGAGTCTATACAGATCCATATCCCCT

AATCTTCTATAGAAACCACACCTTGCGAGGGGTATTCGGGACAATGCTTGATGGTGT

ACAAGCAAGACTTAACCCTGCGTCTGCAGTATTCGATAGCACATCCCGCAGTCGCAT

TACTCGAGTGAGTTCAAGCAGTACCAAAGCAGCATACACAACATCAACTTGTTTTA

AAGTGGTCAAGACTAATAAGACCTATTGTCTCAGCATTGCTGAAATATCTAATACTCT
CTTCGGAGAATTCAGAATCGTCCCGTTACTAGTTGAGATCCTCAAAGATGACGGGGT
TAGAGAAGCCAGGTCTG